Rustによる
Webアプリケーション開発
設計からリリース・運用まで

豊田 優貴・松本 健太郎・吉川 哲史 ● 著

講談社

- 本書の執筆にあたっては、以下の計算機環境を利用しています。
  macOS Sonoma 14
  Ubuntu 24.04 LTS
  Rust 1.78.0

  本書に掲載されているサンプルプログラムやスクリプト、およびそれらの実行結果や出力などは、上記の環境で再現された一例です。本書の内容に関して適用した結果生じたこと、また、適用できなかった結果について、著者および出版社は一切の責任を負えませんので、あらかじめご了承ください。
- 本書に記載されている情報は、2024 年 8 月時点のものです。
- 本書に記載されているウェブサイトなどは、予告なく変更されていることがあります。
- 本書に記載されている会社名、製品名、サービス名などは、一般に各社の商標または登録商標です。なお、本書では ™、®、©マークを省略しています。

  本書に掲載するソースコードは以下からダウンロードできます。
  https://github.com/rust-web-app-book/rusty-book-manager

はじめに

本書は「Rust で Web アプリケーションを実装する」本である。Web アプリケーションというのは、要するにブラウザ上で画面操作することのできるアプリケーションのことを指している。現代の多くの Web アプリケーションはいくつかのコンポーネントによって構築されているが、大まかに分けるとすれば、ブラウザ上で動作する部分である「フロントエンド（ないしは、クライアントサイド）」と、ブラウザ以外の環境、たとえば自身のローカルマシンやクラウド上のマシンをはじめとした別環境で動作する「バックエンド（ないしは、サーバーサイド）」とに分かれるはずである。本書は、このうちの「バックエンド」側を Rust で構築することを題材とする。

本書では、Rust でのバックエンド開発に必要な知識やテクニックなどを、蔵書管理アプリケーションを実装しながら解説する。蔵書管理アプリケーションというのは、たとえば図書館の蔵書管理のアプリケーションをイメージしてもらうとわかりやすいだろう。蔵書の登録や管理ができたり、あるいは貸し借りを管理できたりする。この蔵書管理アプリケーションの実装を通じて、Rust 特有の実装方法をメインに解説する。

本書は基本的には、他のプログラミング言語でバックエンド開発に従事する開発者をメインに、Rust で実装するためには何をどのようにすればよいか、という疑問に答えることを主眼に置いて書かれている。筆者らは実務において数年程度の Rust を使ったアプリケーションの開発や運用経験がある。本書は、筆者らが日頃 Rust でバックエンド開発をしている中で、同僚とコミュニケーションを取りながら開発を進めた経験や知識をもとに執筆されている。

本書では、近年現場で標準的に使われるであろうコンテナ技術や HTTP などの Web を支える基本的な技術については説明を省略している。また、Rust の文法や言語機能についても応用的なものを除き、一切の解説を省いている。Rust の言語機能の習得に不安のある読者は、講談社から出版されている『ゼロから学ぶRust』などの書籍で一度学んでから本書を開くことをすすめる。

Web アプリケーションのバックエンドをなぜ Rust で作るのか？

Web アプリケーションのバックエンドの技術選定は、日々の業務において悩みの種である。現にさまざまな候補があり、Ruby や PHP、はたまた Java や Go を用いる現場などさまざまである。なぜなら、バックエンド開発はたとえば Swift や Kotlin のように候補が絞られるモバイル開発とは異なり、「このプログラミング言語やフレームワークを必ず用いなければ、アプリケーションを開発することすら難しい」といった制約が少ないためである。制約が少ないということは自由度が高いということであり、「どの言語を用いてもある程度アプリケーションを組み上げ運用するところまでは持っていける」状況になっている。これがますます開発者を悩ませる。

そんな中で、Rust を使ってバックエンドを実装するのは「アリ」な選択肢なのだろうか？　筆者らの答えは「イエス」である（そうでなければこの本は書かない）。

筆者らは、バックエンドでの Rust の利用には次のようなメリットがあるのではないかと考えている。

1. Rust の高いパフォーマンスに伴う恩恵を受けることができる。
2. より体験の優れたチーム開発を行うことができる。

Rust の高いパフォーマンスに伴う恩恵を受けることができる

　Rust は非常にパフォーマンスの高いプログラミング言語として知られる。パフォーマンス計測の仕方にもよるところはあるが、体感として Python や Ruby などのプログラミング言語と比べると実行スピードが 1 桁違う速さである。もちろん魔法の類ではないので、まずいコードを書けば当然遅いコードが生み出されるのは他のプログラミング言語と変わらないが、まずくないコードを書いた際に「遅いということはまずないだろう」と考えられるのは、一定程度の安心感がある。

　パフォーマンスの高さはバックエンド開発においては、処理時間の短さや使用リソースの少なさとして現れてくる。処理時間は当然短いが、さらにメモリや CPU などの必要リソースも、他のプログラミング言語で同等の処理を書いた場合と比較してもかなり小さくなる傾向にある。これは Rust がきめ細かなリソースの管理をさせてくれるうえに、たとえばメモリ使用量を増やすような余計な処理を、明示的に書かない限りはほとんど行わないことに起因する。

　こうしたパフォーマンスの高さは、現代の Amazon Web Services（AWS）や Google Cloud、Microsoft Azure をはじめとしたクラウドインフラストラクチャの利用を前提としたアーキテクチャの設計にも影響を与えることになる。こうしたサービスでは、課金形態が大半のケースでは CPU やメモリの大きさをはじめとする「必要とされるリソース」と、場合によっては処理時間をはじめとする「実行時間」に比例して課金される従量課金方式が採用されていることが多い。パフォーマンスが高い、つまり実行時間が短く済み、必要なリソースが小さく済む Rust は、アプリケーションを保守運用するうえでかかるコストを低く抑えることができる。

　実際に運用していて感じるパフォーマンスの高さからくるもう一つの恩恵として、他のプログラミング言語を採用した場合と比較して、Rust はメモリのスパイクが非常に少ない。メモリのスパイクの少なさは、たとえばエラーアラートの発出度合いの低さと必要リソースの予測の立てやすさにつながる。エラーアラートの発出度合いが低いと、その分だけ障害対応が少なく済む。必要なリソースの予測が立てやすいと、必要なインフラのコストを見積りやすく、無駄を少なく済ませられる。

より体験の優れたチーム開発を行うことができる

　次に、Rust の提供する言語機能がより優れたチーム開発体験を提供できているのではないかと筆者らは考えている。具体的には、非常に使いやすい Rust のツール群、保守や運用のタイミングで大きく役立つであろうモダンな言語機能、型システムなどが挙げられるだろう。

　Rust を使いはじめた初学者が多く驚くのが、Rust のツール群の使いやすさである。ビルドツール兼パッケージマネージャーの Cargo が提供する一貫した使いやすい開発環境をはじめとし、他のプログラミング言語の Language Server[*1] と比較しても完成度の高い rust-analyzer、さらにはよりよい Rust のコードを書くためのヒントをたくさん提供するリンターの Clippy などは、Rust のツール周りの使いやすさの象徴としてよく言及されるように思う。

　また、Rust の独特ながらもモダンな言語機能も保守運用のしやすさに一役買っているといえるように思う。モダンな言語機能は数多く導入されておりここで列挙し切るのは難しいが、一例を挙げるとしたら、いわゆる可変性の制御がある。たとえばある関数の引数に対し、関数内でその引数の値に対して可変的な処理を行わせたい場合、Rust では必ず mut というキーワードを明示する必要がある。これは関数の奥深いところで可

[*1] Language Server は、たとえば Visual Studio Code のようなエディターであっても、IDE（統合開発環境）に近い機能を提供できるようにするものである。たとえば、変数名の変更や関数定義へのジャンプなどの機能を提供する。どのようなプログラミング言語であっても同等の機能を提供できるよう、Language Server で扱える仕様は Language Server Protocol（LSP）として定義されている。

変的な処理を行わせたい場合、呼び出し側の関数すべてについて mut をつける必要があることを意味する。大規模なアプリケーションの開発現場に参画したことがある方であれば思い当たる節があるかもしれないが、関数の呼び出しツリーの奥深くで行われる可変的な処理はとても気づきにくい。結果的にプログラマのあずかり知らぬところで状態が変更され、不可解なバグを生んでいるケースに出くわした方もいるだろう。Rust の場合、mut を必ずつける必要があるため、原因箇所の追跡や推定を非常に迅速に行うことができる。

　あるいは優れた型システムもまた、保守運用のしやすさに寄与しているといえる。静的型付き言語である Rust では、基本的に多くの概念や事象が細かく型付けされるような設計になっている。コードは、書くことよりも読むことのほうがずっと多い。型として情報がコード上に落ちていると、コードを読んだだけで伝わる情報がその分だけ多くなる。型はドキュメントとなりうる、などといわれることもある。

　一例として、値がないことを示す Option<T> 型や、処理の中でエラーが発生する可能性があることを示す Result<T, E> 型を紹介したい。他のプログラミング言語では、たとえば null となっているだけで型付けまではされていないため、関数のシグネチャを見ただけではその関数が何を返すかは、すべてを把握することはできない。関数本体のコードを読んではじめて判明する。また、例外を持つ言語でもやはり、関数のシグネチャを見ただけでは、その関数がエラーを起こすかどうかを判別することは難しい傾向にある。やはり関数本体を読み込む必要が出てくる。Rust の場合、そうした情報が型として関数のシグネチャに現れていることが多いため、コードリーディングが非常にスムーズになる。

　そして、Rust は 2024 年現在では、バックエンド開発をするにあたっては十分な言語機能、プラットフォームのサポート、ライブラリ群を兼ね備えている。

　まずこの 5 年ほどで、Rust は最大のエコシステム上の懸念であった非同期処理周りの機能の安定化を達成した。この達成に伴い、多くの会社、とくに Amazon や Microsoft をはじめとする「ビッグテック」と呼ばれる企業群を筆頭に、実アプリケーションへの Rust の導入がはじまったように見受けられる。Rust Survey Team が毎年統計を取る Rust の利用状況のアンケートを見ていても、「バックエンド開発への利用」は毎年利用カテゴリとしては 1 位に君臨し続けている[2]。Web 上で動くプロダクトを作る会社はその数が多いことから、Rust がそうした会社にも広く普及するであろうことを考えると、今後もこの傾向は止まらないだろう。

　幅広いプラットフォームのサポートは、バックエンドサーバーを動かすインフラの選択肢を広げられるという点で重要である。Rust は macOS や Windows はもちろんのこと、さまざまな CPU アーキテクチャを採用するプラットフォーム上で幅広く動作する。このことはたとえば、自社サービスを幅広いクラウドインフラストラクチャ上で動かせることを意味する。

　バックエンド開発に必要なライブラリも、ここ数年で急速に充実しつつある。本書では axum という HTTP サーバーを構築するためのライブラリを使用するが、これ以外にも actix-web や最近では Ruby on Rails を意識した loco というフレームワークも登場しつつあるなど、バックエンド開発に必要となるフレームワークやライブラリ群が次々登場してきている。バックエンドの実装にはデータベースへの接続が欠かせないことが多いだろうが、たとえば本書で採用する sqlx や、O/R マッパーの sea-orm など、ライブラリの選択肢が増えつつある。数年前であれば、Rust はまだまだライブラリが少なく、必要機能が提供されていなかった場合に採れる選択肢の幅が少ない可能性があるという課題感があった。が、2024 年時点では、運用上はとくに困らない程度には必要となるライブラリ群がそろいつつある。一般にそのプログラミング言語の利用者の増加に伴ってライブラリも充実度が上がっていく傾向にあるが、Rust もしばらくはこの流れに乗ることができるだろう。

---

[2]　https://blog.rust-lang.org/2024/02/19/2023-Rust-Annual-Survey-2023-results.html

ここまでさまざまな理由をつけてきたが、技術選定にあたって筆者らが最も重要であると考えているのは、やはりその技術を「好き」になれるかどうかである。当たり前だが筆者らは Rust が好きなので利用している。
　もちろんこれは、同じ目的を達成するために採れる手段がいくつかある前提での話である。モバイル開発における Kotlin か Swift か、あるいは Flutter つまり Dart かのように、そもそもそれ以外の選択肢を採ると険しい道のりになるものは、限られた選択をするほうが合理的な戦略となる。
　だが、ことバックエンド開発においては、正直なところ言語間の差異は微々たるものである。ここで大事になるのはやはり「好き」かどうかだ。Rust 以外にも自分たちの求めるパフォーマンスを出せる言語はあるだろう。また、Rust が持つようなモダンな言語機能を持つプログラミング言語はいくらでもあるだろう。同じ目的を達成するために採れる手段がいくつかある中で最後の決め手となるのは、やはり好きになれるかどうかである。好きかどうかは立派な理由であることを忘れてはならない。

バックエンド開発を Rust で行う際の課題

　どのような技術を選定したとしても、何かしらのトレードオフに直面することになる。Rust でのバックエンド開発もやはり、必ずしもバラ色とは限らない。実際、他のプログラミング言語を採用する場合と比較するとまだまだ足りない部分も多い。この点を少し整理する。
　Rust でバックエンド開発を行うとなったとき、まず悩むのはいわゆるベストプラクティス的な情報が世の中に流通していない点である。近年ではたしかにいくつか候補となりうる参考実装やサイトが登場してきているが、まだまだ数が少ないうえに英語圏のものが多い。
　たとえばどの**クレート**（crate; Rust ではライブラリのことをクレートと呼ぶ）を使ったらよいか悩むだろう。Rust は標準ライブラリが意図的に薄く作られている関係で、たとえば HTTP サーバーは標準ライブラリ以外のもの、つまりサードパーティのクレートを使用する必要がある。サードパーティの HTTP サーバーを提供するクレートを検索してみると、いくつも候補を発見する。どのクレートもデファクトスタンダードと呼べる地位にはまだいないものが多く、したがって Rust のエコシステムに習熟していないプログラマは、クレートの選択に頭を悩ませることになる。
　あるいは、Rust の言語機能をどう実アプリケーションの実装にいかしていくかという課題に直面することも考えられる。Rust の言語機能は、たとえば Python や Java など他の人気のプログラミング言語にあった機能がなかったり、あるいはそれらにない独自の機能があったりする。バックエンド開発では、たとえばレイヤードアーキテクチャや DI といった設計概念を導入しつつ実装を進めていくことが多々あるが、Rust 独特の言語機能でそれらをどう実現すればよいかは、大きな悩みの種となりうる。この話を「学習コストが高い」と呼ぶプログラマも多くいる。
　Rust を自身の会社のバックエンド開発に採り入れる際に問題になりうるのが、こうしたベストプラクティス情報の流通の少なさである。一度実装の型を作ってしまいさえすれば、横展開して機能を追加するだけで済むようになるのである程度の開発スピードを担保できる可能性は高いが、問題はベストプラクティス情報の流通の少なさゆえ、一度型を作るまでに時間がかかる点にある。これが、Rust の導入を難しくしている一つの障壁になっているのではないかと考えている。
　別の課題として、開発には一通り十分なエコシステムが整っていると上述したものの、エコシステムがまだまだ発展中な点には注意されたい。Rust では、いわゆる async/await というキーワードを使った非同期処理の基盤が整備されたのが 2019 年ごろである。整備それ自体がごく最近のことであったため、まだまだ他のプログラミング言語と比べると、エコシステムの充実度合いが低い傾向にある。たとえば最近まで AWS SDK は公式のものが用意されていなかった。

非同期処理周りもまだまだ発展途上であることには留意されたい。基本的な機能はおおむね用意されているものの、少し高度なことをしようとするとまだ Rust にはそれを達成するための機能がないケースがある。たとえば非同期的にドロップを行う機能（Async Drop）[*3]はその代表例である。2024 年時点で、Rust は近日中に大型のアップデートを控えているのだが、今回のアップデートでこうした非同期周りの修正もいくつか含まれる予定である。このように Rust の非同期処理周りはまだ発展途上であり、必ずしも枯れているとは限らない点には注意が必要である。

そのほかに抱える課題として、Rust のバックエンド開発への採用は若干オーバーキルなのではないか、というユーザーからの疑義を拭えない点がある。この言説は国内海外問わずソーシャルメディアでよく見かける議論である。「オーバーキル」というのは、「そもそもそこまでの結果を求めていないし他の選択肢が採れるうえに、他の選択肢をとった場合と比べてしなくてもいい苦労をすること」である。

Rust は、メモリ安全性と高パフォーマンス性を両立するためのトレードオフとして、かなり奇抜で複雑な言語仕様を含む。バックエンド開発が必要なアプリケーションは、Rust で追求できるほどの高いパフォーマンスをそもそも必要としていないことが多い。必要となる可能性があるアプリケーションの候補としては、たとえばトレーディングシステムや広告配信システムなどが挙げられるが、プログラマの多くがこうしたパフォーマンスクリティカルな産業に従事しているとは限らない。このため日々そうした複雑な言語仕様と闘いながら開発する行為自体、そもそもオーバーキルなのではないかという指摘である。

この場ではこうした課題感には筆者らは見解を述べないことにする。本書では、こうした課題感に対して一定程度応えられるように執筆したつもりである。こうした課題感がどの程度開発現場への採用のハードルとなりうるかは、読者自身の目で確かめてみてほしいと考えている。

本書の目的

本書は、ここまで紹介した Rust でのバックエンド開発における疑問に答える書籍である。

筆者らはバックエンド開発に実務で Rust を数年用いて開発・運用してきた経験がある。本書はこうした現場での知見を多分に盛り込み、これからバックエンド開発を Rust でやってみたい方の先導役となれることを目的としている。

本書で紹介されるコードは、実装の一例にすぎないものの本番運用にも十分耐えうるものとなることを目指している。バックエンドのアプリケーションの実装それ自体だけでなく、アプリケーションを運用するうえで保守性を高められるようなトピックも十分盛り込むよう注意して書籍を執筆した。このトピックには、Rust 特有の事情を記述したものもあれば、そもそも実務で保守運用するにあたり必要になる話題も盛り込むようにしている。

対象読者

本書の読者は、Web アプリケーションの開発に Rust を使ってみたい、または Rust を採用する計画があるような方を対象としている。Rust の言語機能についてはある程度理解している前提で書いているため、これから新しく Rust を学ぶといった方は、公式ドキュメントや講談社から刊行済みの『ゼロから学ぶ Rust』[*4] もあわせて参照されたい。

[*3] Rust ではリソースのドロップ処理を Drop トレイトないしは `std::mem::drop` を用いて行うが、その非同期版が現状ない。現状非同期文脈でドロップを行おうとすると、かなり工夫が必要になる。https://rust-lang.github.io/async-fundamentals-initiative/roadmap/async_drop.html

[*4] 高野祐輝・著『ゼロから学ぶ Rust』（講談社、2022）

本書の進め方

本書では「蔵書管理アプリケーションを開発する」というテーマを立てて、ハンズオン形式で開発を進める。そのため、Rust の言語機能の解説よりは開発のステップを段階的に進めることに焦点を当てて解説する。

本書の構成

本書の構成は以下のとおりである。

● 第 1 章　本書で開発するもの

本書を通じて開発する「蔵書管理アプリケーション」の概要を説明する。開発する対象の機能や構成について読者にイメージしてもらえるよう最初に説明を行う。

● 第 2 章　開発環境の構築

蔵書管理アプリケーションを開発するための環境構築を行う。Rust のコードを書くための環境構築に加え、Docker Compose 環境の構築や、タスクランナーである cargo-make を使った統一的なコマンド操作などについて解説する。

● 第 3 章　最小構成アプリケーションの実装

ミニマムな実装でアプリケーションのビルド・実行からデプロイまでを体験できるようにする。Web アプリケーション開発の全体の流れを把握することで、詳細実装に集中できるようになる。

● 第 4 章　蔵書管理サーバーアプリケーションの設計

アプリケーションの実装を拡充していくにあたり、アプリケーション全体の構造が見えやすく、かつテストやコード変更がしやすくなるようなレイヤードアーキテクチャの設計と、その実装方法について解説する。

● 第 5 章　蔵書管理サーバーの実装

第 4 章で実装した土台をさらに拡張し、蔵書管理アプリケーションの各機能を実装する。

● 第 6 章　システムの結合とテスト

Rust でテストを書く際のテクニックを紹介する。ならびに、結合テストを実装する方法を示す。

● 第 7 章　アプリケーションの運用

運用する際必要となるかもしれないテクニックや技術をいくつか紹介する。主には、オブザーバビリティ、CI 上のテクニック、OpenAPI について紹介する。

● 第 8 章　エコシステムの紹介

本書の「蔵書管理アプリケーション」を開発するにあたり利用したクレートや、関連するクレートなどについて簡単な説明をしている。本書では用途ごとに 1 種類のクレートしか利用していないが、選択肢があるものについてはその選択肢を提示する。

サンプルコード

本書のサンプルコードは下記のリポジトリに用意してある。
https://github.com/rust-web-app-book/rusty-book-manager

謝辞

本書のレビューには河野達也氏(『実践 Rust 入門』(技術評論社、2019)の共著者)にご参加いただいた。氏には、本書の文章のみならず、コードや周辺ツールに至るまでさまざまな角度からフィードバックをいただいた。この場を借りて深く御礼申し上げる。

目次

はじめに iii

第1章 本書で開発するもの　1
- 1.1 本書で開発する蔵書管理システムの概要 1
- 1.2 アプリケーションの機能 2
- 1.3 システムの設計 5

第2章 開発環境の構築　9
- 2.1 一般的なRustの開発環境構築 9
- 2.2 Docker Composeを用いたローカルPCでの開発環境構築 14
- 2.3 タスクランナーcargo-makeの導入 17
- 2.4 フロントエンドの環境構築 26

第3章 最小構成アプリケーションの実装　29
- 3.1 新しくプロジェクトを作る 29
- 3.2 「axum」でサーバーを起動する 30
- Rustの非同期ランタイム 42
- 3.3 ヘルスチェックを実装する 47
- impl IntoResponse 49
- 3.4 ユニットテストを書く 52
- 3.5 データベースと接続する 54
- 3.6 デプロイパイプラインを構築する 59
- GitHub Actions 61

第4章 蔵書管理サーバーアプリケーションの設計　　65

- 4.1 レイヤードアーキテクチャとは　　65
- 4.2 なぜレイヤードアーキテクチャを採用するか　　66
- 4.3 今回採用するレイヤードアーキテクチャ　　67
- 4.4 依存性注入　　69
- 4.5 レイヤードアーキテクチャをRustで実現するには　　76
- 4.6 レイヤードアーキテクチャで再実装　　76
- 4.7 各ワークスペースメンバーへのコードの移動　　80
- async-trait とは何か　　86
- Rust の DI コンテナの候補としての「shaku」　　90

第5章 蔵書管理サーバーの実装　　97

- 5.1 実装の概要　　97
- 5.2 シンプルな蔵書データの登録・取得処理の作成　　98
- todo! マクロと unimplemented! マクロ　　109
- コンパイルが成功するのに rust-analyzer のエラーが表示される場合の対応　　116
- 5.3 本格実装の事前準備　　126
- 5.4 ユーザー管理機能の実装　　144
- 5.5 蔵書のCRUD機能のアップデート　　191
- 5.6 蔵書の貸出機能の実装　　208
- 5.7 蔵書データへの貸出情報追加の実装　　233
- 5.8 フロントエンドとの結合動作確認　　242

第6章 システムの結合とテスト　　243

- 6.1 本書のアプリケーションのテスト戦略　　243
- 6.2 rstest を使ったテスト　　244
- 6.3 mockall を使ったテスト　　250
- 「モック」　　251
- 6.4 sqlx を使ったテスト　　252
- 6.5 アプリケーションのテスト実装　　254

第7章 アプリケーションの運用　　265

7.1　オブザーバビリティ　　265
7.2　ビルドスピードの改善　　277
☕ lld　　283
☕ Cranelift を利用する　　284
7.3　OpenAPI　　289

第8章 エコシステムの紹介　　297

- axum　　297
- actix-web　　297
- rocket　　297
- warp　　298
- tonic　　298
- async-graphql　　298
- tower　　298
- tracing　　298
- utoipa　　299
- hyper　　299
- reqwest　　299
- sqlx　　299
- diesel　　300
- sea-orm　　300
- redis　　300
- futures　　300
- tokio　　300
- async-std　　300
- serde　　301
- anyhow　　301
- eyre　　301
- thiserror　　301
- chrono　　301
- time　　302
- mockall　　302
- mockito　　302
- rstest　　302

- itertools 302
- aws-sdk-rust 303

索引　305

第 1 章 本書で開発するもの

> **本章の概要**
>
> 第 1 章では、本書で開発する蔵書管理システムの全体像を説明する。職場や友人同士などの小さなコミュニティでは、書籍を貸し借りすることも多いだろう。本書ではそのような環境向けの小さな蔵書管理システムを開発し、蔵書のリストや貸し借りの状況を管理できるようにする。本書の実践を通じて開発したシステムをベースに、読者がさらに機能拡張などを行って実践的な開発対象としてもらえれば幸いである。
>
> システムの構成は、Rust で作成する API サーバーに、認証機能、SPA（Single Page Application）で作ったフロントエンド、データベースを備えた構成である。フロントエンドは TypeScript+React をベースとしたサンプル実装を提供するが、詳細については本書の範囲外とする。フロントエンドを Rust で開発する野心的なフレームワークも開発されているが、本書では取り扱わないものとする。

1.1　本書で開発する蔵書管理システムの概要

　近年、電子書籍が普及していることから、漫画や小説などの書籍はスマートフォンやタブレットで読むことも多いと思われる。一方で、技術書や専門書は、価格も高価であることから、すべて会社の部署やコミュニティで貸し借りすることもあるだろう。そのようなとき「現在、どの本を誰が持っているのか」を、意外と忘れてしまいがちである（筆者だけかもしれないが）。

　この身近な課題を解決するツールとして、本書では蔵書管理システム（以下、本システムと呼ぶ）を開発する。本システムが備えるべき機能を洗い出したのち、具体的な実装計画を立てる。なお、本書で説明可能な分量とするため、意図的に機能や構成を簡素化している部分がある旨、あらかじめご理解いただきたい。「こんな機能もあったらいいな」という部分は、読者自身で機能拡張に挑戦してもらいたい。

　本システムに実装したい機能は、カテゴリごとに以下の 3 つである。

- ユーザーの管理
    - 本システムを利用するユーザーを識別し、操作するための機能である。複数人で蔵書を共有するため、ユーザーを追加したり、利用ユーザーを識別したりできる機能が必要となる。
- 蔵書の管理
    - 蔵書を貸し借りするには、まず貸し借りの対象となる蔵書をシステム上で管理しておく必要がある。その蔵書のデータを追加・削除できるようにする。

- 蔵書の貸し借りの管理
  - ある蔵書が貸出可能かどうかや、誰に貸しているのかを管理する。

1.2 アプリケーションの機能

本節では、本システムのアプリケーション機能について説明する。

1.2.1 ユーザーの管理

本システムは複数名で利用する前提であり、かつ誰が利用したかの識別が必要である。本システムを利用する人をユーザーと呼ぶ。すべてのユーザーは、本システムの利用前のログイン操作によって一意に識別されるようにしたい（つまり、認証機能が必要である）。

ユーザーの中には、特別な操作を行える管理者という権限も用意する。管理者は、次項における蔵書の削除など、特権的な操作(すべてのユーザーができてしまうと困る場合がある操作)を行う権限を有する。以下に、ユーザー管理にかかる操作の一覧と、権限ごとに行える操作について分類する。

- 管理者のみが行える操作
  - ユーザーの追加
  - ユーザーの権限の変更
  - ユーザーの削除
- ユーザー全員が行える操作
  - 自身に対する操作
    - ログイン
    - ログアウト
    - ユーザー情報の表示
    - パスワード変更
  - ユーザーの一覧の閲覧

● ユーザーの追加

本システムを利用するユーザーを追加する操作である。ID とパスワードを入力することで、システム上にユーザーを作成し、以降その ID とパスワードを用いて次項のログイン操作を行えるようにする。

システムを利用開始するタイミングでは管理者 1 人が登録されている状態にし、その後その管理者が他のユーザーを追加していくという方式を想定する。本システムにおいてはユーザー自身がサインアップする仕組みは用意せず、管理者のみがユーザーを追加できるようにする。

● ユーザーの権限の変更

管理者は、自分以外のユーザーが管理者権限を持つようにできる。また管理者権限を持つユーザーの権限を奪うこともできる。複数名の管理者で運用することにしてもよいし、最初の管理者 1 名だけで運用することも可能とする。

● **ユーザーの削除**

会社であれば退職や異動などで、本システムを使うユーザーが抜けることもある。その場合は、管理者がユーザーを削除することができる。

● **ログイン・ログアウト**

あらかじめ本システムに登録されたユーザーを認証する機能である。IDとパスワードを入力することで、ユーザーや蔵書に関する操作を実行できるようになる。次節の設計に一部踏み込むが、このログイン操作の結果、アクセストークンを発行して、それ以降のユーザーや蔵書に対する操作を実行可能とする。ログアウト機能は、このアクセストークンを無効化することで実現する。

● **ユーザー情報の表示**

ユーザーが自分自身のアカウントでログインできていることを確認するための機能である。また、同じ画面でも管理者とユーザーで異なる見え方を提供したい場合は、画面側で制御する用途でもこのアカウント情報を取得する機能は必要となる。

● **パスワード変更**

本システムでは管理者がアカウントを作成し、パスワードを伝達する方式とする。管理者がパスワードを知っている状態のまま利用するのは安全ではないため、パスワード変更の機能を提供する。

● **ユーザーの一覧の閲覧**

本システムを利用するユーザーの一覧を画面で表示する。管理者権限を持たないユーザーは、ただ他に誰がいるのかを確認するためだけの画面だが、管理者は本画面を起点に前述の以下操作を可能とする。

- ユーザーの追加
- ユーザーの権限の変更
- ユーザーの削除

1.2.2 蔵書の管理

本システムにおける蔵書の情報とは、書籍に関する情報（タイトル、著者など）と、その書籍の所有者と定義する。本システムそのものは、蔵書を配置する共用の本棚のようなものとイメージしてもらえればよい。オフィスや大学の研究室で、個人が持ってきた本、あるいは会社で買った本など、いろいろあるだろう。

最初は蔵書は一冊もない状態であるので、手元にある本や新しく買った本を登録して蔵書を溜めていく。これを蔵書の登録ということにする。登録した蔵書は本棚に入るので、一覧として表示したり、個別の蔵書の情報だけ見たりすることもできる（現実の本棚と異なるのは、蔵書のページをパラパラめくることができないことである）。蔵書を登録したときの情報に誤りがあればそれを修正（変更）もできるし、その蔵書自体を廃棄するなら削除もできる必要があるだろう。

ここまでに書いた蔵書に対する操作をまとめると以下のとおりである。

- 蔵書を登録する
- 蔵書を一覧する

- 個別の蔵書の情報を見る
- 蔵書の情報を編集する
- 蔵書を削除する

慣れている方は、一般的な CRUD（Create/Read/Update/Delete）だとすぐにおわかりかと思うが、本項では文章表現を中心に記載する点をご容赦いただきたい。

● 蔵書を登録する

蔵書を登録する際は、書籍を識別できる情報を入力して行う。具体的には、以下を登録できるようにする。

- 書籍のタイトル
- 著者
- ISBN 番号
- 書籍の説明文

なお、同じ書籍が複数冊あることも考えられるが、システム側では蔵書のデータで冊数を管理するのではなく、同じタイトル・著者の書籍を複数回登録できるようにし、ユーザー側で所持している冊数分だけ登録を繰り返すこととする。

● 蔵書を一覧する

登録された蔵書は画面上で一覧表示できるようにする。蔵書の数が多くなることも想定して、ページ単位で一覧の情報を表示できるようにする。

● 個別の蔵書の情報を見る

蔵書の一覧は複数の蔵書の情報を表示するが、その中から 1 冊を指定したときにその蔵書の情報のみを表示できるようにする。

● 蔵書の情報を編集する

蔵書を登録する際に指定したタイトルや著者名などの情報は、登録後に編集できるようにする。最初に入力した情報に不足や誤りがあることが想定されるからである。ただし、あるユーザーが登録した蔵書を他の人が簡単に変更できてしまうと困るため、登録したユーザー本人または特権的な権限を持つ管理者のみがこの操作を行えるようにする。

● 蔵書を削除する

実際の書籍を廃棄するなどで、物理的に貸し借りが不可能になることがある。その際は本システム上からも蔵書を削除できるようにしておく。削除も、前述の編集と同じく本人か管理者のみが実行できるものとする。

1.2.3　蔵書の貸し借りの管理

蔵書の貸出および返却の操作を行えるようにする。蔵書を借りたいユーザーは、本システムにログインし、該当の蔵書に対し貸出操作を行う。これにより本システム上では蔵書は「貸出中」となり、その期間は他のユー

ザーは借りることはできない。返却時は、借りたユーザー自身が貸出中の状態の蔵書に対して返却操作をすることで誰にも借りられていない状態とする。

また、どの本が誰に貸し出されているのかを一覧可能とする。現実世界に実物で存在する蔵書を対象とするため、現在どの本がどこにあるのかを知ることは重要であるためである。

本節では、簡単に文章で機能を説明したが、次節で具体的に設計していこう。

1.3　システムの設計

本節では、前節で記述した機能を具体的に設計に落とし込んでいくこととする。

1.3.1　システム構成

本システムは、Web ブラウザ上のユーザーインタフェースを持ち、バックエンドの API サーバー、およびデータベース（PostgreSQL）とキャッシュ（Redis）の 2 つのストレージから構成する（図 1.1）。

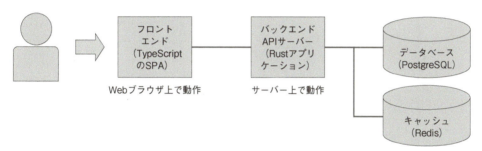

図 1.1　システムの概要図

フロントエンドは TypeScript による SPA（single page application）の実装であり、Web ブラウザ上で動作する。ここは Rust ではないため本書で詳細な実装は割愛する。

バックエンドとなる API サーバーは、本書で主に取り扱うもので、Rust で記述されたアプリケーションとなる。

データベース（PostgreSQL）は、前節のユーザーや蔵書、蔵書の貸し借りのデータなどを保存する。

キャッシュは、認証時のアクセストークンの有効性を管理するために用いる。本システムでは、ユーザーの認証機能を実装する必要があるが、本書では簡易的な実装を行うものとする。セキュリティ面を考慮すると、一から自身で実装するよりもいわゆる IDaaS（Identity as a Service）[*1]を利用するほうが望ましいが、サービスごとに仕様が異なるため本書では簡易な独自実装を用いることとした。

1.3.2　データモデル

前節のアプリケーション機能をもとに、データモデルを設計していこう。これらはデータベース上に保持するテーブルのスキーマとして実装に反映する。

今回作成するデータベースのテーブル構成は図 1.2 のとおりである。

[*1]　有名どころでは、Auth0 (https://auth0.com) や Firebase Authentication (https://firebase.google.com/products/auth) がある。

第 1 章 本書で開発するもの

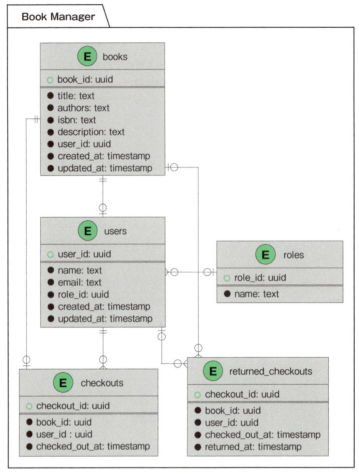

図 1.2 今回用意するデータモデル

この中でユーザーは users テーブル、蔵書は books テーブルのレコードとして表現する。関係するテーブルの用途は以下のとおりである。

- roles テーブルは管理者か一般ユーザーかの役割をレコードとして持つ。users のレコードは roles のレコードのいずれかへの参照を持つ。
- 貸出状況は、貸出中のレコードは checkouts、返却済みの貸出履歴は returned_checkouts テーブルに保持される。それぞれのテーブルでは、貸出に関係する蔵書と借りたユーザーの ID をレコードごとに保持する。少し構成としては複雑であるが、貸出が発生すると checkouts テーブルにレコードが追加され、それが返却されるときに returned_checkouts テーブルにレコードを移動する、という仕様とする。

1.3.3 API 仕様

ここまでの設計をもとに、フロントエンド（画面）向けに構成する API をリストアップする（表 1.1）。具体的な API 仕様は、サンプルコードを手元で実行すると OpenAPI 形式で閲覧できるようにしている（「7.3 節　OpenAPI」を参照）ので、参照してもらいたい。

表 1.1　実装予定の API 一覧

区分	作成する API	管理者権限
認証	ログイン	
認証	ログアウト	
ユーザー	ユーザーの追加	要
ユーザー	ユーザーの権限の変更	要
ユーザー	ユーザーの削除	要
ユーザー	ユーザー情報の取得	
ユーザー	ユーザーのパスワードを変更する	
ユーザー	ユーザーの一覧を取得	
蔵書	蔵書の登録	
蔵書	蔵書の一覧を取得	
蔵書	蔵書の情報を取得	
蔵書	蔵書の情報を編集する	
蔵書	蔵書を削除する	
貸出	蔵書の貸出を行う	
貸出	蔵書の返却を行う	
貸出	貸出中の蔵書の一覧を取得する	
貸出	蔵書の貸出履歴の一覧を取得する	
貸出	蔵書の貸出履歴の一覧を取得する	
貸出	ユーザーが借りている書籍の一覧を取得する	

第2章 開発環境の構築

> **本章の概要**
>
> 第 2 章では、アプリケーションを開発するための環境構築を行う。アプリケーション開発のための Rust ツールチェインやエディターの設定に加え、開発者のコンピューター上でシステム全体の結合動作の確認もできるよう、Docker Compose の設定も説明する。
>
> まずはじめに、Rust ツールチェインのインストールを行う。ここは、公式ドキュメント含め多数情報があるので、外部リンクの参照に留める。エディターについても rust-analyzer のインストールのみなので、同様に記載する。
>
> これらのアプリケーション開発環境が整備できたら cargo new でのプロジェクト作成とビルド、簡単なコードの実行を行う。そのうえで、compose.yaml ファイルを作成して、PostgreSQL と Redis を構築し、それぞれへのアクセスまで確認しておく。実際に最小構成でアプリケーションを構築するのは第 3 章にて説明されるので、この章では compose.yaml 以外は破棄されてもよいような作りとする。
>
> 最後に、cargo-make を使ったタスク実行の簡易化について説明する。Makefile.toml ではいろいろなコマンドを記載できるので、あとの章で利用するコマンドにわかりやすい名前をつけて定義しておく。

2.1 一般的な Rust の開発環境構築

本書では、以下のバージョンを前提として環境を構築する。

- macOS Sonoma 14
- Ubuntu 24.04 LTS

もし、Windows を使っているなら、WSL2 上で Ubuntu を使うことをおすすめする[1]。そうすることで本書の手順に従って環境構築を進められるはずだ。

Rust の開発環境を構築する方法には大きく分けて 2 つがある。一つは、Rust の Language Server を導入し対応したエディターを使う方法、もう一つは Rust に対応した IDE を利用する方法である。2.1.2 項で VS Code で Language Server を使う方法を、2.1.3 項で IDE として RustRover を利用して環境構築する方法を説明する。それ以外の項はどちらの方法でも必要になる。

---

[1] WSL2 のインストール手順：https://learn.microsoft.com/ja-jp/windows/wsl/install

2.1.1 Rust ツールチェインのインストール

環境構築のための基本的なツールチェインのインストールには、まず Rust の公式サイト（https://www.rust-lang.org/）にアクセスする。ページ上部のナビゲーションメニューから「インストール」（英語の環境の場合は「Install」）をクリックすると、閲覧している OS ごとのインストール方法が表示されるので、その案内に従ってツールチェインをインストールする。

筆者のような macOS や Linux を利用している人の場合、以下のシェルコマンドが記載されていることだろう。このコマンドは、Rust のツールチェインのインストールやバージョン管理を行う rustup というツールをインストールするコマンドである。

```
$ curl --proto '=https' --tlsv1.2 -sSf https://sh.rustup.rs | sh
```

このコマンドを実行すると rustup コマンドをはじめツールチェイン一式がインストールされる。コマンドのインストール後は、同ページでの案内どおり PATH 環境変数の設定も忘れないようにしよう。Windows を利用しているユーザーの場合は、実行バイナリ（exe ファイル）のダウンロードか、Windows Subsystem for Linux 向けの上記コマンドのそれぞれのパターンが記載されていることだろう。ここは、読者の実際に利用している環境に合わせて選択する。

ツールチェインのインストールが完了したら、コマンドの動作を確認する。

```
# rustup, rustc のバージョン確認
$ rustup --version
rustup 1.27.1 (54dd3d00f 2024-04-24)
info: This is the version for the rustup toolchain manager, not the rustc compiler.
info: The currently active `rustc` version is `rustc 1.78.0 (9b00956e5 2024-04-29)`
$ rustc --version
rustc 1.78.0 (9b00956e5 2024-04-29)
```

ここで注意だが、ツールチェインをインストールして実際にアプリケーションを開発する際は、コンパイルしたファイルを 1 つのバイナリにまとめるための**リンカ**（linker）が必要になる。リンカは C コンパイラに付属しているのであらかじめインストールしておこう。

```
# macOS の場合
$ xcode-select --install

# Ubuntu の場合
$ sudo apt install gcc
```

不明な点がある場合は、公式のドキュメント[*2]を参照すること。

[*2] https://doc.rust-lang.org/book/ch01-01-installation.html

2.1.2 Language Serverを利用する場合：rust-analyzerの設定

続いてRustのコードを書くためのエディターを設定する。項のタイトルにある**rust-analyzer**[3]は、Rust用のLanguage Serverで、Visual Studio Code（以下、VS Code）[4]やEmacs、VimなどのエディターにコードÂ補完機能などを提供する。JetBrains社のRustRoverやCLionなどのIDEを利用している場合は、付属のコード補完機能があるので設定は必要ないが、前述のエディターを利用している場合はぜひ設定しておこう。

ここでは例としてVS Codeの場合のインストール方法について記載する。他のエディターでの設定方法は、rust-analyzerのマニュアル[5]を参照されたい。

VS Codeは、https://code.visualstudio.com/downloadからOSに合ったバイナリをダウンロードできる。VS Codeでは、拡張機能をインストールする機能がある。検索窓に「rust-analyzer」と入力してインストールページを表示しよう（図2.1）。

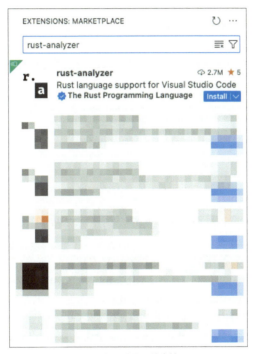

図2.1　拡張機能の検索結果

「Install」と書かれたボタンをクリックすることで拡張機能のインストールがはじまる。図2.2のような画面が表示されればインストール完了だ。

---

[3]　https://rust-analyzer.github.io/
[4]　https://code.visualstudio.com/
[5]　https://rust-analyzer.github.io/manual.html

図 2.2 rust-analyzer のインストール画面

2.1.3 IDE を利用する場合：RustRover の導入

　続いて IDE を利用する方法を説明する。これまでは IntelliJ に Rust プラグインを使う方法が有力であったが、Rust 専用の IDE である **RustRover** が JetBrains 社からリリースされたため、そちらを導入する。2024 年 6 月時点では、個人の非商用利用は無料、商用利用は有料ライセンスが必要という形で提供されている。

　JetBrains 社の RustRover のページ（https://www.jetbrains.com/ja-jp/rust/）からダウンロードリンクをたどり、使っている OS に合わせたバージョンをダウンロードしよう。ダウンロードしたバイナリから IDE が起動できる。

2.1.4 Hello, world! プログラムの作成

　ここまでできたら、一度簡易的なプログラムを作成してみよう。cargo コマンドがインストールされているので、これを使用してパッケージを作成する。

```
$ cargo new helloworld
     Created binary (application) `helloworld` package
```

tree コマンドで作成されたファイルを確認してみよう。

```
$ tree helloworld
helloworld
├── Cargo.toml
└── src
    └── main.rs

2 directories, 2 files
```

Cargo.toml、main.rs という 2 つのファイルが作成されている。Cargo.toml は、パッケージの設定やプログラムの依存関係などを記述する設定ファイルであり、以下のような内容が記載されている。

Cargo.toml
```
[package]
name = "helloworld"
version = "0.1.0"
edition = "2021"

[dependencies]
```

[package] にはこのパッケージの名前やバージョンが記載される。edition（エディション）は Rust の後方互換性を破壊する機能のリリースを表す値で、通常の（1.78.0 のような）「バージョン」とは別に設定される。これまで 2015、2018、2021 があり、本書出版時には 2024 がリリースされていることだろう。

[dependencies] には、依存するクレートを追加したときに追記されるが、このプログラムでは必要としないためこのままで構わない。

src/main.rs をエディターで開くと、以下のとおり「Hello, world!」を出力するプログラムが最初から記述されている。

src/main.rs：自動作成される main 関数
```
fn main() {
    println!("Hello, world!");
}
```

なので、何も編集しなくてもこのまま実行できる。以下のコマンドを実行してみよう。

```
$ cargo run
   Compiling helloworld v0.1.0 (/path/to/helloworld)
    Finished dev [unoptimized + debuginfo] target(s) in 3.74s
     Running `target/debug/helloworld`
Hello, world!
```

無事出力されたら、次節で Docker 操作をするときのために、Cargo.toml の [dependencies] 行の上に、以下の 3 行を追加しておこう。

Cargo.toml
```
[[bin]]
```

```
name = "app"
path = "src/main.rs"
```

これは、ビルドしたときの実行バイナリのファイル名を指定する設定で、この設定をしておくことで常にビルドして作成されるバイナリは app というファイル名になる。この設定なしでは、上記の実行ログに出力されているとおり helloworld プロジェクトではファイル名は helloworld になる。次節で Docker で扱うために、生成する実行ファイル名は固定しておき Dockerfile を変更しなくてもよいようにしておく。

これで、Rust の実行環境は整った。

2.2 Docker Compose を用いたローカル PC での開発環境構築

本書ではサーバープログラムを開発するが、開発・運用にあたっては Docker を活用する。開発時は Docker Compose によりデータベースなどの既製のアプリケーションとの接続も含めた構築を簡易化し、実運用では、コンテナ化されたアプリケーションを簡単にデプロイできるサービスである Amazon ECS (Elastic Container Service) [6] を利用する想定とする。

ここからは、開発するプログラムの Docker コンテナ化、および Docker Compose によりローカルマシン上でデータベースなどと連携できる環境の構築について解説する。説明のベースとする Docker のバージョンは以下とする。Linux 環境の場合、デフォルトでは実行時に sudo が必要になるはずなので、sudo なしで実行できるよう設定しておくか、適宜紹介するコマンドを sudo で実行するよう読み替えてもらいたい。

```
$ docker --version
Docker version 24.0.6, build ed223bc
```

2.2.1 Rust アプリケーションの Dockerfile の作成

helloworld プロジェクト直下に compose.yaml を作成する。プログラムを実行するコンテナ名も app としておく。

compose.yaml
```
services:
  app:
    build:
      context: .
      dockerfile: Dockerfile
      network: host

volumes:
  db:
    driver: local
```

実行イメージのファイルサイズを削減するためにビルド用のコンテナと実行用のコンテナは分離する。helloworld プロジェクト直下に Dockerfile を作成し、それぞれ下記のように定義する。Rust プログラムをビルドするためのツールチェインが一式インストールされている rust というコンテナイメージが公開されて

---

[6] https://docs.aws.amazon.com/ja_jp/AmazonECS/latest/developerguide/Welcome.html

Dockerfile：リリースビルドを作成するコンテナ

```
# マルチステージビルドを使用し、Rust のプログラムをビルドする。
FROM rust:1.78-slim-bookworm AS builder
WORKDIR /app
COPY . .
RUN cargo build --release

# 不要なソフトウェアを同梱する必要はないので、軽量な bookworm-slim を使用する。
FROM debian:bookworm-slim
WORKDIR /app

# 後続の説明で使用するため、ユーザーを作成しておく。
RUN adduser book && chown -R book /app
USER book
COPY --from=builder ./app/target/release/app ./target/release/app

# 8080 番ポートを開放し、アプリケーションを起動する。
ENV PORT 8080
EXPOSE $PORT
ENTRYPOINT ["./target/release/app"]
```

2.2.2 Docker Compose での起動

2.1.4 項で app という名前にしたプログラムは、以下のコマンドにて実行できる。ログが大量に流れたあと、最後下から 2 行目で「Hello, world!」が出力されているのがわかるだろう。

```
$ docker compose up app --build
(中略)
[+] Running 1/0
 ✔ Container helloworld-app-1 Created
Attaching to app-1
app-1  | Hello, world!
app-1 exited with code 0
```

のちの章で、サーバープログラムとして実行する場合は、すぐに終了するプログラムではないため、-d オプションをつけて常駐プログラム（**デーモン**という）として動作させる。

```
$ docker compose up -d app --build
[+] Running 1/1
 ✔ Container helloworld-app-1  Started
```

このときは、ターミナル上ではログは出力されないため、docker compose logs コマンドを使ってログを表示させる。

```
$ docker compose logs
app-1  | Hello, world!
```

これらのコマンドは、2.3 節以降で「cargo-make」というツールを導入して以降は、開発用に定義するコマンドで隠蔽してしまうため意識することはなくなるが、Docker で実行するプログラムごとに使い分けられると便利なので知っておくとよいだろう。

2.2.3 PostgreSQL、Redis の追加と起動確認

ローカルマシンで開発する際は、アプリケーションで使用する PostgreSQL と Redis も同じマシン上で使えるようにしておきたい。Docker Compose に定義を追加することで、Docker Hub からコンテナイメージを取得して簡単に利用できるようになる。

compose.yaml services

```yaml
services:
  app:
    # 変更なしのため省略

  redis:
    image: redis:alpine
    ports:
      - 6379:6379

  postgres:
    image: postgres:15
    ports:
      - 5432:5432
    volumes:
      - db:/var/lib/postgres/data
    environment:
      # データベースに接続する際のユーザー名
      POSTGRES_USER: app
      # データベースに接続する際のパスワード
      POSTGRES_PASSWORD: passwd
      # 使用するデータベース名
      POSTGRES_DB: app

volumes:
  # 変更なしのため省略
```

redis コンテナ、postgres コンテナを起動しよう。コマンドは `docker compose up -d redis postgres` である。実行後に以下のコマンドを実行すると PostgreSQL や Redis が起動しているのがわかる。ローカルで `psql` コマンド（PostgreSQL の接続クライアント）や `redis-cli`（Redis への接続クライアント）がすぐ使える読者は、接続を試してみるとよいだろう。これらのコマンドは別途インストールしていないと使えないため、その場合は `docker compose logs` を実行して、各サービスのログが出力されていることを確認する。

Redis への接続コマンド `redis-cli` の実行例を以下に示す。

```
$ redis-cli -h localhost -p 6379
localhost:6379>
```

psql の実行例は以下。

```
$ psql "postgresql://localhost:5432/app?user=app&password=passwd"
(中略)
app=#
```

ログを確認するコマンドは以下。

```
$ docker compose logs
```

2.3 タスクランナー cargo-make の導入

ここまで直接コマンドを入力する形で動作確認を行ってきたが、タスクランナーの cargo-make[*7]を導入する。

2.3.1 cargo-make 導入のねらい

タスクランナー（task runner）を導入するモチベーションとして複数のコマンドをまとめて扱ったり、依存関係を整理したりできることが挙げられる。実行時の環境変数の設定などわかりやすさのメリットもある。本書のアプリケーションを動かしていく中で 1 つのコマンドで複数の処理が実行される便利さを感じることができるだろう。

伝統的なタスクランナーである make コマンドと比べると、cargo-make を使うことで、cargo の各コマンドがインストールされていない場合に自動でインストールされるようにできるなどのメリットがある。toml ファイルで書けるため Makefile に比べて文法がわかりやすいと感じる人も多いだろう。また、スクリプトを同一ファイル内に書くことができ、タスクのための小さなスクリプトファイルが乱立するのを防げる。

make コマンドにもいえることだが、アプリケーションのための環境変数を設定しておくことで cargo make run とコマンドを実行するだけで起動でき、コマンド実行の都度、手動で環境変数を設定する必要がなくなり開発効率を向上させられるだろう。複雑な手順もコマンド 1 つにまとめられる嬉しさがある。さらには、ソースコードを変更したときに自動で実行されるようにする watch コマンドも定義することができ、「ソースコードを保存したら自動的にコンパイル、フォーマット、リント、テストをまとめて実行する」ということができる。

2.3.2 cargo-make のインストール

cargo-make は次のコマンドでインストールできる。

```
$ cargo install --force cargo-make
```

成功すれば次の行が表示される。

```
Installed package `cargo-make v0.37.10` (executables `cargo-make`, `makers`)
```

[*7] https://github.com/sagiegurari/cargo-make

次のコマンドでバージョン情報が表示されればインストール完了である。

```
$ cargo make --version
cargo-make 0.37.10
```

2個前のログにも出力されているが、`cargo make` と同じ効果のある `makers` コマンドも合わせてインストールされる。これはつまり、`cargo make some-task` というコマンドは `makers some-task` とも実行できることを示している。本書では、`cargo make some-task` の形式で通すが、読者自身の環境では、好みで `makers` を使ってもよいだろう。

2.3.3 Makefile.toml の設定と動作を試す

たくさんのコマンドを設定する前に、簡単な Makefile.toml を設定して動作を試しておくとよいだろう。

Makefile.toml

```toml
# cargo-make で実行するコマンド全体に共通で設定する環境変数
[env]
GLOBAL = "global env"

# extend でタスクごとで追加できる環境変数
[tasks.set-env-local.env]
LOCAL = "local env"

[tasks.run]
extend = "set-env-local"
command = "cargo"
args = ["run"]
```

`[env]` と `[tasks.set-env-local.env]` の2種類の環境変数の設定方法がある。環境変数を表示できるように `src/main.rs` を以下のように変更しておく。

src/main.rs：環境変数を確認するソースコード

```rust
fn main() {
    println!("global: {}", std::env::var("GLOBAL").unwrap());
    println!("local: {}", std::env::var("LOCAL").unwrap());
}
```

この状態で run タスクを実行してみる。

```
$ cargo make run
[cargo-make] INFO - cargo make 0.37.12
(中略)
[cargo-make] INFO - Execute Command: "cargo" "run"
    Compiling helloworld v0.1.0 (/path/to/helloworld)
     Finished `dev` profile [unoptimized + debuginfo] target(s) in 0.41s
      Running `target/debug/app`
global: global env
```

```
local: local env
[cargo-make] INFO - Build Done in 0.90 seconds.
```

このように両方の環境変数が表示される。上記 Makefile.toml で extend の行を削除すると環境変数 LOCAL は読み込めずに**パニック**（panic）するので、読者の手元で試しておくとよいだろう。

2.3.4 実際の開発に使う Dockerfile、compose.yaml、Makefile.toml

ここまでサンプルの簡易なプロジェクト（helloworld）とお試しのプログラムで Docker および cargo-make を試してきたが、以降の章では Web アプリケーションを開発するために、より多くの設定や定義を必要とする。ただし、以降の章では Rust でのアプリケーション開発を中心に説明するため、開発環境に関わる見出しの各ファイルは本項ですべて定義してしまうことにする。すべてを紙面から手打ちするのは大変なので、公開しているリポジトリから適宜取得して利用してほしい。

● Dockerfile

Dockerfile は最初に出現する `WORKDIR /app` の下に 2 行を追加しよう。これは、第 3 章で説明する sqlx クレートを使ったビルドを行う際に必要となる環境変数である。詳細は第 3 章で確認いただきたい。

Dockerfile：環境変数 `DATABASE_URL` を追加する

```
FROM rust:1.78-slim-bookworm AS builder
WORKDIR /app

# 以下の 2 行を追加
ARG DATABASE_URL
ENV DATABASE_URL=${DATABASE_URL}

COPY . .
RUN cargo build --release

FROM debian:bookworm-slim
WORKDIR /app
RUN adduser book && chown -R book /app
USER book
COPY --from=builder ./app/target/release/app ./target/release/app

ENV PORT 8080
EXPOSE $PORT
ENTRYPOINT ["./target/release/app"]
```

● compose.yaml

Docker Compose で利用するための compose.yaml の全体は以下である。`${...}` で囲っている記載がたくさん増えているが、これは Makefile.toml 側で指定した環境変数をこちらに反映させるためだ。変更できる設定を Makefile.toml 側に寄せておくことで、異なる実行環境で環境変数を変えて実行する際に柔軟な対応ができるようになる。

compose.yaml：各種環境変数を定義する

```yaml
services:
  app:
    build:
      context: .
      dockerfile: Dockerfile
      args:
        DATABASE_URL: ${DATABASE_URL}
      network: host
    ports:
      - 8080:${PORT}
    environment:
      HOST: ${HOST}
      PORT: ${PORT}
      DATABASE_HOST: ${DATABASE_HOST}
      DATABASE_PORT: ${DATABASE_PORT}
      DATABASE_USERNAME: ${DATABASE_USERNAME}
      DATABASE_PASSWORD: ${DATABASE_PASSWORD}
      DATABASE_NAME: ${DATABASE_NAME}
      REDIS_HOST: ${REDIS_HOST}
      REDIS_PORT: ${REDIS_PORT}
      AUTH_TOKEN_TTL: ${AUTH_TOKEN_TTL}
      JAEGER_HOST: ${JAEGER_HOST}
      JAEGER_PORT: ${JAEGER_PORT}
    depends_on:
      - redis
      - postgres

  redis:
    image: redis:alpine
    ports:
      - ${REDIS_PORT_OUTER}:${REDIS_PORT_INNER}

  postgres:
    image: postgres:15
    command: postgres -c log_destination=stderr -c log_statement=all -c log_connections=on -c log_disconnections=on
    ports:
      - ${DATABASE_PORT_OUTER}:${DATABASE_PORT_INNER}
    volumes:
      - db:/var/lib/postgres/data
    environment:
      POSTGRES_USER: ${DATABASE_USERNAME}
      POSTGRES_PASSWORD: ${DATABASE_PASSWORD}
      POSTGRES_DB: ${DATABASE_NAME}
    healthcheck:
      test: ["CMD", "pg_isready", "-U", "${DATABASE_USERNAME}"]
      interval: 1m30s
      timeout: 30s
      retries: 5
      start_period: 30s
```

```
    volumes:
      db:
        driver: local
```

● Makefile.toml

cargo-make の定義を以下に示す。数が多いため、複数ブロックに分けて説明するが 1 ファイルに記載する。

Makefile.toml：config テーブル

```
[config]
default_to_workspace = false
```

まずファイル先頭にこの設定をしておく。第 4 章で Rust のワークスペースという機能を用いるが、ここでのタスクをワークスペース内に作成する各クレートごとに実行することのないように `false` とする。

続いては環境変数の設定である。前述のとおり、全体で共通の環境変数とタスクごとに変える環境変数をそれぞれ定義している。以下のコードブロック内のコメントにも記載しているが、set-env-docker と set-env-local で環境変数の設定値を分けている。このようにしているのは、Docker Compose で起動した PostgreSQL や Redis にアクセスする際に、「Docker Compose ネットワークの内側からアクセスする場合」と「Docker Compose の外側（たとえば Mac 上のターミナル）からアクセスする場合」でホストやポートの指定を変える必要があるためである。前者では compose.yaml で指定した postgres や redis などのサービス名を使ってアクセスするが、後者ではすべて `localhost` 上のサービスとして見えているためホスト名の指定も `localhost` となる。

後述のタスクでは、タスクごとに `extend` 属性でどちらを継承するかを選択している。

環境変数内に `JAEGER_HOST` や `JAEGER_PORT` とあるが、これは第 7 章で説明するオブザーバビリティを実現するためのサービスのための設定であり、第 7 章で説明する。ここでは設定の紹介だけに留める。

Makefile.toml：env テーブルと環境変数を設定するタスク定義

```
[env]
HOST = "0.0.0.0"
PORT = 18080
DATABASE_USERNAME = "app"
DATABASE_PASSWORD = "passwd"
DATABASE_NAME = "app"
DATABASE_PORT_OUTER = 5432
DATABASE_PORT_INNER = 5432
REDIS_PORT_OUTER = 6379
REDIS_PORT_INNER = 6379
AUTH_TOKEN_TTL = 86400

# Docker Compose のネットワーク内での DB などへの接続情報
[tasks.set-env-docker.env]
DATABASE_HOST = "postgres"
DATABASE_PORT = "${DATABASE_PORT_INNER}"
DATABASE_URL = "postgresql://${DATABASE_HOST}:${DATABASE_PORT}/${DATABASE_NAME}?user=${DATABASE_USERNAME}&password=${DATABASE_PASSWORD}"
REDIS_HOST = "redis"
```

```
REDIS_PORT = "${REDIS_PORT_INNER}"
JAEGER_HOST = "jaeger"
JAEGER_PORT = 6831

# Docker Compose 外から DB などにアクセスする際の接続情報
[tasks.set-env-local.env]
DATABASE_HOST = "localhost"
DATABASE_PORT = "${DATABASE_PORT_OUTER}"
DATABASE_URL = "postgresql://${DATABASE_HOST}:${DATABASE_PORT}/${DATABASE_NAME}?user=${DATABASE_USERNAME}&password=${DATABASE_PASSWORD}"
REDIS_HOST = "localhost"
REDIS_PORT = "${REDIS_PORT_OUTER}"
JAEGER_HOST = "localhost"
JAEGER_PORT = 6831
```

続いてはビルドや実行に関するタスクである。依存関係が複雑になっているが、プログラムを実行する際には `cargo make run` または `cargo make run-in-docker` のどちらかを実行する形となる。前者は、ローカルマシン上で Rust プログラムを実行する場合に使うタスク、後者は Docker 上で Rust プログラムを実行する場合に使うタスクである。後者は、たとえばフロントエンド開発をする際に Rust に関連するツールチェインのインストールを最小限で済ませるためなどに使える（もちろん使わなくてもよい）。

`run` の上で定義している `before-build` は、ビルド前に DB（PostgreSQL）と Redis を起動しておくためのコマンドである。これは `run`、`run-in-docker` の `dependencies` に設定されており、`run` のコマンドが実行されたら先に `dependencies` に記載のタスクが実行される、というように、タスクごとの依存関係を設定できる。

`run-in-docker` の場合はさらに `compose-build-app` という Docker のコンテナイメージをビルドするためのタスクを追加で依存関係に設定している。その理由は少しややこしいが説明する。本書では sqlx という Rust のクレートを使ってアプリケーションを開発するのだが、sqlx[8] はビルド時にデータベースへの接続を要求する。これにより、コンテナイメージのビルド時にも PostgreSQL に接続するための環境変数の設定が必要となる。したがって、別のタスクとして切り出しておき、共通化を図っている。

Makefile.toml：ビルド・実行に関するタスク群

```
[tasks.before-build]
run_task = [
    { name = [
        "compose-up-db",
        "compose-up-redis",
    ] },
]

[tasks.compose-build-app]
extend = "set-env-local"
command = "docker"
args = [
  "compose", "build", "app",
  "--build-arg", "BUILDKIT_INLINE_CACHE=1", "${@}"
```

---

[8] より正確には、「sqlx で query!、query_as! マクロを使う場合」である。

```toml
]

[tasks.run]
extend = "set-env-local"
dependencies = ["before-build"]
command = "cargo"
args = ["run", "${@}"]

[tasks.run-in-docker]
extend = "set-env-docker"
dependencies = ["before-build", "compose-build-app"]
command = "docker"
args = ["compose", "up", "-d", "app"]

[tasks.logs]
extend = "set-env-docker"
dependencies = ["before-build"]
command = "docker"
args = ["compose", "logs", "${@}"]


[tasks.build]
extend = "set-env-local"
dependencies = ["before-build"]
command = "cargo"
args = ["build", "${@}"]

[tasks.check]
extend = "set-env-local"
dependencies = ["before-build"]
command = "cargo"
args = ["check"]
```

以下はRustのコードを実装時に使うコマンドである。ここでは watch というタスクを定義している。cargo-makeでは、タスクの watch 属性を true に設定することで、プロジェクト内のファイルが変更されたときに実行されるタスクを定義できる。ここでは、fmt、clippy、test という開発時に頻繁に実行したい3つのタスクを実行するように設定している。ソースコードのファイルを保存したことをトリガーにして、自動的にこれらのコマンドが自動で実行され、開発効率が非常に向上するので実装時は cargo make watch をターミナル上で実行したままコードを書くことをおすすめする。ただし、かなりの頻度でコンパイルからテストまで行うことによりCPUやメモリが多くないとコーディングに支障が出るかもしれない。その場合はある程度コードを書いてからデバッグ用にこのコマンドを使うとよいだろう。

Makefile.toml：開発補助用のタスク群

```toml
[tasks.watch]
extend = "set-env-local"
dependencies = ["before-build"]
run_task = [{ name = ["fmt", "clippy", "test"] }]
watch = true
```

```
[tasks.fmt]
extend = "set-env-local"
command = "cargo"
args = ["fmt", "--all", "${@}"]

[tasks.clippy]
extend = "set-env-local"
command = "cargo"
args = ["clippy", "--all", "--all-targets", "${@}"]

[tasks.test]
extend = "set-env-local"
install_crate = { crate_name = "cargo-nextest", binary = "cargo", test_arg = [
  "nextest", "--help",
] }
command = "cargo"
args = [
  "nextest", "run", "--workspace",
  "--status-level", "all", "--test-threads=1",
]

[tasks.clippy-ci]
dependencies = ["before-build"]
run_task = "clippy"

[tasks.test-ci]
dependencies = ["before-build"]
run_task = "test"
```

次は、データベース操作用のタスク群である。migrate は sqlx-cli をインストールして、シェルスクリプトのコマンドを実行する。sqlx migrate run --source adapter/migrations を実行し、完了まで待つ動作を行う。第 5 章までは、マイグレーションファイルを作成しないため、この時点で実行してもエラーとなる。

タスク psql は、PostgreSQL と接続しクエリを実行するためのコマンドラインツールである psql を実行する。ただ、先述したが psql は PostgreSQL に同梱されるツールで、コマンドを開発用マシンで使うためには PostgreSQL のインストールから必要になる。その煩雑さを避けるため、postgres の Docker イメージを使ってインストールせずに psql を実行する形としている。initial-setup は、同様に Docker の psql コマンドを使って初期データ投入のクエリを実行するタスクである。これも psql コマンドを必要とするため、Docker 経由で psql ファイルを実行する。この中で実行している initial_setup.sql も第 5 章で作成するものであるので現時点では実行してもエラーとなる。

Makefile.toml：DB マイグレーション用のタスク群

```
[tasks.migrate]
extend = "set-env-local"
install_crate = { crate_name = "sqlx-cli", binary = "sqlx", test_arg = "--help",
version = "0.7.3" }
script = '''
#!/bin/bash
until sqlx migrate run --source adapter/migrations; do
```

```
    sleep 1
done
'''

[tasks.sqlx]
extend = "set-env-local"
install_crate = { crate_name = "sqlx-cli", binary = "sqlx", test_arg = "--help",
version = "0.7.3" }
command = "sqlx"
args = ["${@}", "--source", "adapter/migrations"]

[tasks.psql]
extend = "set-env-local"
command = "docker"
args = [
  "run", "-it", "--rm",
  "--network", "host",
  "-v", "${PWD}:/work",
  "postgres:15", "psql", "${DATABASE_URL}", "${@}"
]

[tasks.initial-setup]
extend = "set-env-local"
command = "docker"
args = [
  "run", "-it", "--rm",
  "--network", "host",
  "-v", "${PWD}:/work",
  "postgres:15", "psql", "${DATABASE_URL}",
  "-f", "/work/data/initial_setup.sql"
]
```

最後に、以下は Docker Compose 内の各種サービスを起動したり壊したりするためのコマンドである。docker compose 系のコマンドも環境変数などを設定した状態で実行するために、引数を取る compose というコマンドを用意しておく。

Makefile.toml：Docker Compose 操作用のタスク群

```
[tasks.compose]
extend = "set-env-docker"
command = "docker"
args = ["compose", "${@}"]

[tasks.compose-up-db]
extend = "set-env-docker"
command = "docker"
args = ["compose", "up", "-d", "postgres"]

[tasks.compose-up-redis]
extend = "set-env-docker"
command = "docker"
```

```
args = ["compose", "up", "-d", "redis"]

[tasks.compose-down]
extend = "set-env-docker"
command = "docker"
args = ["compose", "down"]

[tasks.compose-remove]
extend = "set-env-docker"
command = "docker"
args = ["compose", "down", "-v"]
```

これらのコマンドを使いながら、開発を進める。

2.4 フロントエンドの環境構築

本書で実装する蔵書管理アプリケーションには、ブラウザで閲覧可能な画面が用意されている。本書で紹介するサーバーサイドの実装を埋めていくことで、少しずつフロントエンド側も動くように作られている。フロントエンドは、主に React（Next.js）と TypeScript によって実装されている。フロントエンドを立ち上げるためには環境構築が Rust とは別に必要になるため、これについても説明する。

2.4.1　Node.js のインストール

読者のマシンに Node.js がインストールされていない場合、まずインストールする必要がある。Node.js のセットアップにはいくつか方法があるが、最も簡単なのは公式サイトからダウンロードしたインストーラを経由してインストールするか、Homebrew もしくは apt を利用するかである。

● **インストーラを使う**

Node.js の公式サイトにアクセスし、LTS（Long Term Support）のバージョンをダウンロードする。トップページに用意されている「Download Node.js (LTS)」というボタンをクリックするとインストーラが起動する。指示に従ってダウンロードするとよいだろう。

インストールが完了したら、ターミナルで次のコマンドを実行し、正しくインストールできているか動作確認する。

```
$ node -v
$ npm -v
```

● **Homebrew ないしは apt を利用する**

macOS の場合は Homebrew、Ubuntu の場合は apt を利用してダウンロードすることもできる。Homebrew の場合は、

```
$ brew install node
# インストール完了後
$ node -v
```

```
$ npm -v
```

apt の場合は、

```
$ sudo apt update
$ sudo apt install nodejs
$ node -v
$ sudo apt install npm
$ npm -v
```

をそれぞれ実行することにより Node.js をインストールすることができる。

2.4.2　リポジトリのクローン

GitHub 上のリポジトリをクローンして手元に用意する。

```
$ git clone https://github.com/rust-web-app-book/rusty-book-manager
```

2.4.3　依存関係のインストール

リポジトリをクローンしたあと、「frontend」ディレクトリに入り、npm install コマンドを実行する。このコマンドを実行すると、フロントエンドを立ち上げるために必要な依存するライブラリを手元の環境にダウンロードすることができる。実行後、「node_modules」というディレクトリが作成され、中にライブラリのディレクトリが存在することを確認できれば、処理が成功した証拠となる。

```
$ cd frontend
$ npm install
```

2.4.4　ローカルでの立ち上げ

ローカルでの立ち上げには開発者モードでのサーバーの立ち上げを使用するとよい。開発者モードでのサーバーの立ち上げには、下記のコマンドを実行する。このコマンドを実行するとローカルホストの 3000 番ポートにアプリケーションが立ち上がる。

```
$ npm run dev
# ブラウザなどで、`localhost:3000`にアクセスする
```

すると /login というパスにリダイレクトされるはずである。表示されたページはログイン用のページとなっており、現在はサーバーを実装しておらず、データベースにもデータを投入していない関係で、ログインすることはできない。第 5 章でログイン機能を実装したあとはログインできるようになり、その際ログイン動作を試すことができる。

以上がフロントエンドの環境構築となる。

第3章 最小構成アプリケーションの実装

本章の概要

　最小構成のアプリケーションを実装し、Rust を使ったサーバーサイド Web アプリケーションの開発の流れを理解する。エンドポイントを実装し、サーバーを立ち上げ、このサーバーをデプロイできるところまで完成させる。このエンドポイントは、外部からのアクセスがきちんとサーバーに疎通しているかを確かめたり、あるいはデータベースとの接続がきちんと通っているかを確かめたりする際（「ヘルスチェック」と呼ぶ）に利用される。このヘルスチェックを行うエンドポイントの実装を通じて、ハンドラやルーターと呼ばれるものの実装と、データベースへの接続方法、ユニットテストの実装までを俯瞰する。

　また同時に、アプリケーションをチームで開発する際に非常に重要になる、デプロイパイプラインの構築も行う。早い段階でデプロイパイプラインまで一気に構築しておくことは、安定的な開発のために非常に重要である。実際に本書でも、早いタイミングでの構築による恩恵を読者に体感してもらいたいと考えている。

　この章が終わるころには、Rust を用いたアプリケーションが開発され、そのアプリケーションが所定の環境にデプロイされた状態になっている。第 4 章以降は、この開発環境をベースに解説を続けていく。

3.1 新しくプロジェクトを作る

　これからアプリケーションを実装していくにあたり、新しく「プロジェクト」を作成する。プロジェクトは、Rust のコードとそのコードの依存関係を管理するための単位である。本書を通してこれから作成するプロジェクトを一貫して使用する。完成したソースコードの全体像は GitHub リポジトリにて閲覧できる。

3.1.1 cargo new でプロジェクトを作成する

　「rusty-book-manager」という名前のプロジェクトを作成する。「rusty」は「rust」の形容詞である。これから作成するアプリケーションは書籍管理ツールであるから、「book-manager」という名前を後ろにつけている。新しいプロジェクトの作成には cargo new というコマンドを使用する。次のコマンドをターミナル上で実行する。

```
$ cargo new rusty-book-manager
```

作成後、新しく「rusty-book-manager」というディレクトリが作られているはずだ。このディレクトリに移動し、`cargo run` コマンドを使って、Rust プログラムを動かす。Hello, world! という出力が得られれば準備完了である。

```
$ cd rusty-book-manager
$ cargo run
Hello, world!
```

さらに、第 2 章にて作成済みの「Dockerfile」「compose.yaml」「Makefile.toml」についても、新しく作成した「rusty-book-manager」プロジェクトのルートディレクトリに移動しておくとよいだろう。`cargo make run` コマンドを使って Hello, world! の文字列が出力されるのを確認できれば、問題なく移動できたことになる。

● `bin` モードと `lib` モード

`cargo new` には 2 つのモードがある。`bin` モードと `lib` モードである。

`bin` モードは、バイナリを用意したい場合に指定する。このモードでプロジェクトを新規作成すると、`main.rs` が作られ、そのプロジェクトは最初から実行可能な状態になる。

`lib` モードは、ライブラリを用意する場合に使用する。このモードでプロジェクトを新規作成すると、`lib.rs` が作られ、そのプロジェクトはライブラリとしての利用が可能になる。ライブラリとして利用できるということは、Rust ではクレートとして頒布できるということである。

3.2　「axum」でサーバーを起動する

axum（アクサム）[*1] という HTTP サーバーを実装する際に使用できるクレートを用いて開発を行う。先んじてクレートをプロジェクトの依存関係に追加する。なお、これ以降のプロジェクトへのクレートの追加すべてにいえることだが、本書では、コマンド実行時に指定したバージョンで作業を進めることを前提としている。それ以外のバージョンでは、本書のコードでは動かない状態になっている可能性が大いにありうる。クレートの追加時は、都度自身のプロジェクトに追加されたクレートのバージョンを確認してもらいたい。

3.2.1　`cargo add` でクレートを追加する

`cargo add` というコマンドを使用する。依存関係を追加できる。たとえば「axum」を追加したい場合には、

```
# 下記は例なので実際にターミナルで実行はしない
$ cargo add axum
```

と、ターミナル上で実行する。これは、「axum」という名前のクレートを最新バージョンで取得する、という意味になる。執筆時点では最新バージョン「0.7.5」を取得できる。

ここで注意だが、本書ではバージョン「0.7.5」を前提として実装しているため、改めて後続の指示に従ってバージョン 0.7.5 の axum を設定するようにしてほしい。本書で利用しているメソッドや機能が非推奨に

[*1]　https://crates.io/crates/axum

されていたり、場合によっては廃止されていたりすることがありうるためである。他のクレートにおいてもこの事情は同様である。本書で指定するバージョンのみを使用すると、作業がスムーズに進むだろう。

　バージョンを指定せずに cargo add コマンドを実行すると、cargo add は現時点での最新バージョンを指定する。どのバージョンが取得されるかを確かめるには、たとえば「crates.io」で取得対象のクレートのページを閲覧して確認することができる (図 3.1)。crates.io は Rust のクレートを管理するレジストリである。ここから必要なクレートをダウンロードして使用することができる。

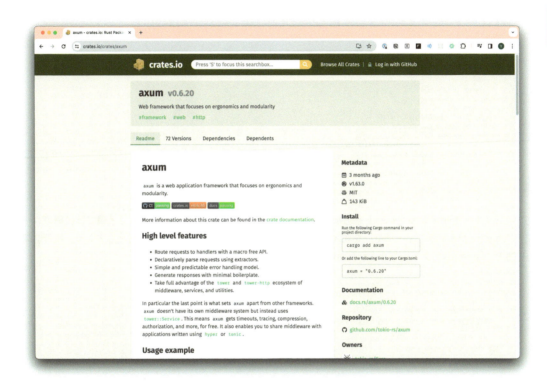

図 3.1　crates.io でのクレートの詳細ページ

● `cargo add` コマンドについて

一般には、

```
$ cargo add [クレート名](@[ほしいバージョン])
```

のように利用する。他にもいくつか細かい制御方法があるが、詳細は「The Cargo Book」の「cargo-add(1)」セクションを参照されたい[*2]。

　Rust のクレート管理ではよく**フィーチャーフラグ**（feature flag）と呼ばれるものを用いる。このフィーチャーフラグをオン・オフすると、依存に特定のコードを含ませる・含ませないを制御することができる。実は何も指定せず cargo add axum を実行すると、次のようなデフォルトの **フィーチャー**（機能; feature）

---

*2　https://doc.rust-lang.org/cargo/commands/cargo-add.html

が入ってきていることがわかる。「Features:」以下の行頭に「+」がついているものが今回有効にされたフィーチャーで、「-」がついているものがまだ有効化されていないフィーチャーである。

```
$ cargo add axum@0.7.5
    Updating crates.io index
      Adding axum v0.7.5 to dependencies
             Features:
             + form
             + http1
             + json
             + macros
             + matched-path
             + original-uri
             + query
             + tokio
             + tower-log
             + tracing
             - __private_docs
             - http2
             - multipart
             - ws
```

フィーチャーを指定してクレートを追加するには、「--features」フラグを用いる。本書では後続のコードで「macros」というフィーチャーを利用する予定であるため、あらかじめ 2 つを追加しておく。実行結果を見ると、「macros」フィーチャーを有効化したことがわかる。

```
$ cargo add axum@0.7.5 --features macros
    Updating crates.io index
      Adding axum v0.7.5 to dependencies
             Features:
             + form
             + http1
             + json
             + macros
             + matched-path
             + original-uri
             + query
             + tokio
             + tower-log
             + tracing
             - __private_docs
             - http2
             - multipart
             - ws
    Updating crates.io index
```

axumによるHTTPサーバーを実装するためには、**tokio**(トキオ、あるいはトウキョウ)[*3]と呼ばれるクレートも必要になる。これはのちほど解説するが、axumのサーバーを動かすための「非同期ランタイム」と呼ばれる実行基盤を提供するクレートである。

```
$ cargo add tokio@1.37.0 --features full
```

● Cargo.tomlの読み方

Cargo.tomlはcargoプロジェクト全体の管理情報を記載する設定ファイルである。ここまでコマンドを上から実行してきた場合、Cargo.tomlは次のような設定情報を持っているだろう。

Cargo.toml：axumとtokioを追加した直後

```
[package]
name = "rusty-book-manager"
version = "0.1.0"
edition = "2021"

[dependencies]
axum = { version = "0.7.5", features = ["macros"] }
tokio = { version = "1.37.0", features = ["full"] }
```

先ほど追加した「axum」の情報は[dependencies]という場所に書かれている。[]で囲まれたものは、Cargo.tomlの仕様上は**セクション**（section）と呼ばれ[*4]、[dependencies]は「dependenciesセクション」と呼ばれる[*5]。このdependenciesセクションにはリリースビルドに含まれる依存関係を定義する。

ところで、運用上テストやベンチマークのみで使用し、リリースビルドには含めたくないクレートが出てくることがある。リリースビルドに含まれるクレートの依存関係を最小限に抑えることは、ビルド速度の劣化を防ぐために重要である。テストやベンチマークのビルドのみで使用したい依存クレートを追加したい場合には「dev-dependenciesセクション」（[dev-dependencies]）を用いる[*6]。代表的な例は、このあとの第6章で用いるパラメータテスト用のクレートrstestを追加したいケースである。たとえばrstestをcargo addコマンドで追加してみる。--devオプションをつけると、dev-dependenciesセクションに依存を追加できる。

```
$ cargo add --dev rstest@0.18.2
```

Cargo.tomlを再び確認してみると、次のようにdev-dependenciesセクションにrstest用の情報が付与されている。

[*3] https://crates.io/crates/tokio 。余談だが、名前が「tokio（ネイティブスピーカーはtokyoを「トキオ」に近い発音で読む。tokioはその音をアルファベットに起こしたものと思われる）」なのは、作者が東京を好きなためらしい。
[*4] もとのtoml形式の仕様では「テーブル」（ないしは、「ハッシュテーブル」「ディクショナリ」）と呼ばれる。テーブルにはキー・値のペアを記述しておくことができる。
[*5] https://doc.rust-lang.org/cargo/guide/dependencies.html#adding-a-dependency
[*6] https://doc.rust-lang.org/cargo/reference/specifying-dependencies.html#development-dependencies

Cargo.toml：dev-dependencies に rstest を追加した直後

```toml
[package]
name = "rusty-book-manager"
version = "0.1.0"
edition = "2021"

[dependencies]
axum = { version = "0.7.5", features = ["macros"] }
tokio = { version = "1.37.0", features = ["full"] }

[dev-dependencies]
rstest = "0.18.2"
```

3.2.2　「axum」とは何か

「axum」はいわゆる Web フレームワークと呼ばれるカテゴリのクレートである。他のプログラミング言語にも似たようなライブラリがあり、Node.js であれば「Express」[7]、Python なら「Flask」[8]、Ruby なら「Sinatra」[9]、Go であれば「Echo」[10] などが近い位置付けにあたるのではないかと、筆者は考えている。Web フレームワークという言葉を一意に定義するのは難しいが、たとえば HTTP を扱う Web フレームワークに絞ると次のような機能を持っていることが多い。

- 特定ポートで待ち受けるサーバーを立ち上げる。
- HTTP リクエストを受け取り、中でパスやヘッダなどを解析し、それらに応じた処理を行ったのち、HTTP レスポンスを返す。
- サーバー内の状態を管理する。

axum も基本的には上述した機能を持っており、普段のサーバーサイドの Web アプリケーション開発で必要になる機能は一通り用意されている。

3.2.3　axum のデザイン

ここからは axum の内部実装に少しだけ立ち入ることにしよう。ただしこの項は、axum のデザインに興味がある読者向けである。本書の主題である「Rust による Web アプリケーションのサーバーサイドの実装手法」に強い興味があり、早く手法を知りたい読者は読み飛ばして構わない。一方でこの項は、本書の用例を越えて読者自身で追加機能を実装したい場合には少し役に立つはずであるから、そのときに立ち戻って読んでも構わない。

●「tokio + hyper + tower」

まず、axum それ自体はのちに詳述する**ハンドラ**(handler)と**ルーター**(router)の2つしか役割を持たない。ハンドラはリクエストが来た際に、どのような処理をし、どのようなレスポンスを返すかまでの責務を持つ。

---

[7] https://expressjs.com/
[8] https://flask.palletsprojects.com/en/3.0.x/
[9] https://sinatrarb.com/
[10] https://echo.labstack.com/

ルーターは、主にはやってきたリクエストをどのように振り分けるかを、リクエストの情報をもとに決めるまでの責務を持つ。

当然ながらHTTPサーバーはこれら2つだけで成り立っているわけではない。axumだけでは機能不足である。やってくるリクエストを待ち受けるサーバーを立てなければならないし、そのサーバーは、リクエスト数が多く負荷の高い状況にも耐えうる実行基盤のうえで実行されなければならない。あるいは、標準機能だけでは足りない機能（たとえば認証機能など）は、ユーザーが自身で追加しなければならなくなる可能性が高いが、拡張のためのインタフェースを用意しておく必要がある。

axumは、こうしたaxum以外のHTTPサーバーの構築に必要な機能は次の2つのクレートを使用している。

- hyper[11]: HTTPクライアントやHTTPサーバーを立ち上げられる機能を提供する。
- tower[12]: たとえばタイムアウトやレートリミット、認証、ロードバランシングなど必要な要素を「Service」と「Layer」という抽象単位にして、プラグイン的に差し込むことを可能にする。この単位を**ミドルウェア**（middleware）と呼ぶ。

さらに非同期処理を実行する基盤として、tokioを使う。

● すべては`tower::Service`

towerは、クライアントとサーバーのネットワーキングにおける実装や処理を、より柔軟で平易に扱えることを目指したクレートである。towerには`tower::Service`（「サービス」）という抽象的な概念がある。このServiceは任意のRequestを受け取り、任意のResponseを返すということだけが定義されている。`tower::Service`はトレイトだが、このトレイトに対して具体的な実装、たとえばリクエスト送信後のタイムアウト判定や、リクエストに含まれるトークンをベースに認証処理を走らせる実装を行うことができる[13]。

サービスが非常に抽象的な概念であることはもう一つのポイントである。towerはこのサービス群を`tower::layer::Layer`（「レイヤー」）という単位で管理する。「レイヤー」という言葉が指すとおりで、何層にも重ねて1つの処理基盤を作ることができる。サービスにはたとえば、ロギングや認証、リトライのためのミドルウェアが挙げられる。`tower::Service`トレイトを自身の定義した構造体などの独自の型に対して実装してやることで、その型をtowerのサービスとして認識させることができる。

axum固有の機能であるルーターも実はサービスであると同時に、レイヤーとして管理されている。ハンドラも同様に内部的に多少の処理を挟んだあと、サービスになる。つまりaxumの構成物は、いくつかのサービスとして定義されており、それらサービスはレイヤーとして登録され、1つの「axum」というフレームワークを作っている。

axumがいくつかのtowerのサービスの連なりであるとよいポイントの一つは、axumのレイヤー（つまり、ハンドラとルーター）を仮にごそっと別のクレートに入れ替えたとしても、towerで定義したロギングなどのサービス群を使い回すことができるという点にある。つまり、仮にaxum以外の別の`tower::Service`に対応したフレームワークを使いたくなったときには、towerのサービスを使い回すことができる、ということである。過去の自身で用意したサービスの実装やtowerに関連するエコシステムを再度活かせる。

---

[11] https://crates.io/crates/hyper

[12] https://crates.io/crates/tower

[13] `tower::Service`のデザインの動機や実装方法などは、この記事に詳しい。https://tokio.rs/blog/2021-05-14-inventing-the-service-trait

3.2.4 Rust における非同期プログラミング

さて、「非同期処理」「tokio」というキーワードが出てきたので少し解説する。これらのキーワードは総じて「非同期プログラミング」と Rust では呼ばれることが多い。この非同期プログラミングは、Web バックエンド開発においては理解が求められる場面が多々ある。これを行う必要性や Rust での設計などについて簡単に説明する。

まずは**非同期プログラミング**（asynchronous programming）について簡単に説明したあと、なぜそれをする必要があるのか、どのようなメリットを享受できるのかについて簡単に解説する。

● 非同期プログラミングとは何か

たとえばある掲示板サービスを運営していたとして、そのサーバーには複数のネットワーク接続が入ってくるものとする。直列でやってくる接続を一つ一つ捌いていると、とても遅いアプリケーションになってしまうのは容易に想像がつくはずである。できれば、ある時間軸の中で複数のことを同時に処理させたいと考えるのが自然である。

これに対応するための方法として、一つはやってくるネットワーク接続に対して個別にスレッドを割り当てる方法が考えられる。これはシンプルだし理想的である。リクエスト A にはスレッド A を、リクエスト B にはスレッド B を……というように、新しく接続が来るごとにスレッドを起動して、そのスレッドで処理を行わせる。この手法はいくばくかはうまくいくのだが、掲示板サービスに突然人気が出て、突如同時接続してくるユーザーが数十万人に到達するようになったと仮定してみよう。すると、1 つのスレッドが確保するメモリの大きさがかなり大きなものになり、数 GiB 〜数十 GiB まで到達してしまうことがありうる。こうなると、サーバーは多くの場合、リソース不足でパンクしてしまうことになる。

こうした問題に対処するための別の手法として、非同期プログラミングという手法がある。非同期プログラミングというのは要するに、Rust では async や .await を使うプログラミング手法のことを指す。次のページで裏側は詳細に説明するが、async や .await というキーワードを使ってコードを記述すると、裏で「非同期タスク」と呼ばれる概念的な単位を生成し、そのタスクをキューに登録する。ランタイムでは複数タスクの進捗をスケジューラが管理しており、スケジューラがどのタスクをその時点で実行するかを司る。

非同期タスクそれ自体は、スレッドを軽量にしたものである。どういうことかというと、通常はランタイム内に仮想的に動作するスレッド（グリーンスレッド）を実装しておき、軽量化されたスレッドを使って処理させる。生成される軽量なスレッドは、OS ネイティブで生成されるスレッドと比較するとリソースの消費量が少なく、かつたとえばスレッド間の切り替えのような操作であっても、高速に動作する。

非同期プログラミングではさらに、I/O の多重化と呼ばれる手法を用いることにより、複数の I/O を並行処理させることができる。I/O というのはたとえば、ネットワークを介したデータのやりとりや、ファイルの読み書きなどのことを指す。I/O の多重化というのは、要するに I/O の待ち時間に CPU に別の処理を行わせることである。各タスクは、自身の I/O 待ち時間の間に自身の制御を手放し、他に実行できるタスクを実行させる。待ち時間が終わると改めて自身に制御を戻し、処理をさらに進められるようになったタイミングでタスクの処理を再開する。これを繰り返しながら、タスクに定義された処理の最後まで行き着くことで、タスクを完了させる。これにより、ある単位時間あたりで見た処理能力を向上させることができる。

軽量なスレッドとしての非同期タスクと I/O の多重化の 2 つを組み合わせることで、OS のネイティブスレッドを用いた多重化と比べ、必要となるリソース量が少ないままに、処理効率を大きく高めることができるようになる。これにより、数十万件の同時接続が仮に発生したとしても、現実的なリソース量と時間で処理を完了させることができる。

Rust でもやはり同じような方法で非同期プログラミングを実現している。Rust では、これから説明するが、主には Future というトレイトを中心に非同期タスクを生成し、それらの非同期タスクを管理する機構と、非同期タスクをあるアルゴリズムやスケジュールに従って実行させるランタイムと呼ばれる仕組みの 2 つを独自に用意することにより、非同期プログラミングが実現される。

ここまでの説明において、いくつか大雑把に済ませている箇所がある。本書の時点ではまず、非同期プログラミングがどのようなものかを直感的につかむことを目的としているため、仔細な議論は一部省いている。より詳細に詳しく知りたい読者は、たとえば次のような文献にあたるのをおすすめする。

- 高野祐輝・著『並行プログラミング入門』(オライリー・ジャパン、2021)：主題は並行処理であるが、一部非同期処理に関する章もある。
- 「Web サーバーアーキテクチャ進化論 2023」(https://blog.ojisan.io/server-architecture-2023/)：個人の方が書いたブログ記事ではあるものの、大変優れた資料である。

● async/.await と Future トレイト

Rust の非同期プログラミングの中心には Future トレイトがある。このトレイトを実装した型は「まだ利用できないかもしれないが、将来値を生成する」ことを示す。Future トレイトは次のように定義されている。

Future トレイトの定義

```rust
trait Future {
    type Output;
    fn poll(&mut self) -> Poll<Self::Output>;
}
```

Output という**型エイリアス**（type alias）には、その Future が返す値の型情報が設定される。たとえばここに i32 という型が設定されるような実装を Future トレイトに対して行うと、将来 i32 型を生成する型であることを示すようになる。

poll という関数はいわゆる**ポーリング**（polling）を司る。Future トレイトが実装された型は、自身の値を生成できる準備が整うまで何度もポーリングする。そして、どこかのタイミングで値の準備が整うと、値が準備できた旨を返す。それを示すのが返りの Poll という型である。Poll は enum になっており、まだ準備中であることを示す Pending と、すでに値を返す準備ができたことを示す Ready の 2 つのヴァリアントを持つ。

Poll<T> の定義

```rust
enum Poll<T> {
    Ready(T),
    Pending
}
```

一度ポーリングされてまだ準備が整っていない状態（Pending）を返すと、呼び出した側はそのポーリングを一度中断して処理をやめ、他にできる別の処理をさせに処理を移すことができる。これにより呼び出し元が特定の操作を完了するまでスリープして待つ必要がなくなり、その間に別のことをする機会を得られるわけである。そしてもう一度しかるべきタイミングで処理を再開して状況を確認し、値を返却可能であれば

(Ready) その結果を受け取る。

　非同期処理であることを示す関数のシグネチャは、Rustではいったん次のとおりになる。たとえば**ユニット型**（unit type; `()`）を返す計算を表現すると、次のように表記できる。impl FutureというのはimplTraitというRustの機能で、「Output型にユニット型が指定された、Futureトレイトを実装した型であればなんでもここに入れられる」くらいの意味合いになる。

非同期処理の関数のシグネチャ例

```
fn async_calculation() -> impl Future<Output = ()> { ... }
```

　このシグネチャを使った実装でも特に問題はないのだが、一つ可読性に関する重大な問題点がある。それは、impl Futureを返す関数を複数個連続して呼び出すときに、複雑なコールバックを記述する必要が出てくるという点である。たとえば3つくらいの関数を重ねるとき、下記のように記述する必要が出てくるが、これは結構読みづらいと感じられるだろう。thenを使って一時変数として得られる値を取り出しながら、別のFutureに関する処理を行うためにもう一度thenをつなげる必要があることがわかる。ネストが深くなり、さらに**クロージャ**（closure）は変数のムーブなどをいくつかのクロージャをまたいで発生させることになる。Rustではクロージャをまたぐ変数の受け渡しは時として所有権周りの面倒ごとを多々発生させるため、扱いが大変になることがある。

　下記はFutureを実装しつつ、上述したネストが深くなる問題を示した例である。main関数内のコードを見るとわかるように、最も外側のFutureに対して.thenを呼び出し、クロージャ内部でさらに外側のFutureの値の一時変数に対して、内側のFutureの.thenに対してその値を渡す、というバケツリレーを繰り返している。

Futureトレイトを実装してネストが深くなる例

```
use std::future::Future;
use std::pin::Pin;
use std::task::{Context, Poll};
// 1. futuresクレートは、Futureの操作に関するユーティリティを提供するクレートである。
use futures::executor::block_on;
use futures::future::FutureExt;

struct Number {
    val: i32,
}

// 2. Number型に対してFutureトレイトを実装する。
// この実装は、単に保持するvalフィールドの値を即座に返すだけである。
impl Future for Number {
    // 3. Futureの返す値としてi32型を指定する。
    type Output = i32;
    // 4. poll関数を実装する。呼び出されると、常にReadyで内部に保持する値を返す。
    // 第1引数のselfはPinという特殊なものになる。
    fn poll(self: Pin<&mut Self>, cx: &mut Context) -> Poll<Self::Output> {
        std::task::Poll::Ready(self.val)
    }
}
```

```rust
// 5．下記は例であるが、Future を返す関数を定義する。
fn a1() -> impl Future<Output = i32> {
    Number { val: 1 }
}

fn a2() -> impl Future<Output = i32> {
    Number { val: 2 }
}

fn ans(a: i32, b: i32) -> impl Future<Output = i32> {
    Number { val: a + b }
}

fn main() {
    // 6．futures::executor::block_on 関数は、Future を実行するために必要になる。
    // a1 関数と a2 関数を実行後、それらの値を ans 関数に渡して足し算させる。
    let ans = block_on(a1().then(|a| a2().then(move |b| ans(a, b))));
    println!("{}", ans);
}
```

1. Future に関する操作を拡張するために、futures[14] というクレートを使用している。futures::future::FutureExt というトレイトを読み込んでおくと、Future 操作に関するさまざまな便利関数を利用できるようになる。block_on については後述する。
2. Number という構造体に対して Future トレイトを実装している。この構造体は val というフィールドに値を保持するが、今回実装する Future トレイトの poll 関数は、単に val を返すだけである。
3. Output という型エイリアスに i32 型を指定することにより、その Future が返す型を決定している。
4. 先ほど説明したポーリングを（本来は）行うための poll 関数を実装する。この関数は単純化のために、常に値を返す準備が完了したことを示す Ready 状態を返す。第 1 引数の self: Pin<&mut Self> が目を引くが、Pin はラップした内部の値をムーブさせないという取り決めをする型である。これは Future を実装する際に必要になる[15]。いったんは、「自身の型が Pin であった場合に呼び出しできる」と読み解いておけばよい。Rust では、self は実は self: Self のエイリアスである。この self には他には、Box<Self>、Rc<Self>、Arc<Self>、Pin<&mut Self> などを指定することができる。
5. impl Future<Output = i32> を返す関数を定義している。
6. futures::executor::block_on 関数を使い、Future を実行させている。まず a1 関数が生成する Future を呼び出して値を取得し、次に a2 関数が生成する Future を呼び出す。a2 関数の処理が完了したのち、a1 関数と a2 関数の値を使って ans 関数に渡し、ans 関数の処理が実行されるのを待つ。クロージャを何個も重ねて ans 関数にたどり着く構図になっており、可読性が低いといえる。

これを簡単に記述できるように導入されたのが async ならびに .await という記法である。これら 2 つを用いながらコードを記述すると、先ほど説明した 2 つのコード上の問題点を発生させないように記述することができる。下記のコードは、先ほどの impl Future をそのまま使った例を、async ならびに .await を使っ

---

[14] https://crates.io/crates/futures
[15] Pin については Rust 特有の事情を詳しく説明する必要があり、本書では詳細に説明することはできない。詳しくはネット上の解説記事（https://tech-blog.optim.co.jp/entry/2020/03/05/160000）などを参照してほしい。

て書き直したものである。先ほどの例では and_then を使ってメソッドチェーンをひたすらつなげるように記述する必要があった。一方で async や .await を使うと、通常の手続き型のプログラミングのように変数を宣言しながら処理を記述することができるようになった。元来手続き型プログラミングの側面を強く持つ Rust のコードでは、この async/.await を用いた記法のほうが所有権絡みの難しさも回避でき、相性がよかったといえる。

async/.await により見通しがよくなったコード例

```rust
// tokio クレートを使えることを前提としている。

async fn a1() -> i32 {
    1
}

async fn a2() -> i32 {
    2
}

async fn ans(a: i32, b: i32) -> i32 {
    a + b
}

#[tokio::main]
async fn main() {
    let a1 = a1().await;
    let a2 = a2().await;
    let ans = ans(a1, a2).await;
    println!("{}", ans);
}
```

async fn ではじまる関数は、裏側では先ほど説明したような impl Future を返りの型に持つ関数にコンパイル時に実質的に変換される。Future の poll の呼び出し自体は、.await するポイントで差し込まれることになる。

Rust の async と await の導入は、Future にまつわる Rust のもともとの非同期処理の使いづらさやとっつきづらさを大幅に解消し、Rust の非同期処理の実装の新しい地平を切り拓くことになった。とくに Web バックエンド開発において Rust が広く使われはじめたのは、この async/.await が導入されたからといっても過言ではない。async/.await は、Rust の利用を導入前と比較してさらに推し進める結果となった。ある意味で成功した機能だったといえるだろう。

一方で、一つの関数を async 化すると、その関数の呼び出し元の関数を async 化し、さらに呼び出し元の関数を……というように、芋づる式に修正が必要になることがある。この問題はもともとは JavaScript で指摘されていた、「Function Coloring Problem（関数色付け問題）」[*16] などと呼ばれる。非同期処理をソフトウェアに導入すると、同期処理ですべて済ませられていた場合と比較して、ある関数の async 化が必要になったタイミングで雪崩のように急に修正コストが上がることがある。これを解消するため、議論中の段階ではあ

[*16] https://journal.stuffwithstuff.com/2015/02/01/what-color-is-your-function/

るが、Rust では Keyword Generics[17]をはじめとする新しい言語機能の導入によってこの問題を解消しようとする動きもある。

● tokio を使った非同期プログラミング

さて、非同期処理実行基盤の tokio を使った実装を行う。

tokio は非同期処理ランタイムと呼ばれ、tokio が提供するいくつかの機能を利用すると非同期化された処理を実行することができる。Rust では、`fn`（同期関数）内で`async fn`（非同期関数）を呼び出すことはできず、コンパイルエラーとなる。これを行うためには、一度非同期関数を同期関数に直す必要がある。つまり、非同期化された関数を一度、**脱糖**（desugar）された同期関数、つまり `fn ...() -> impl Future` の形に直す必要がある。

非同期化された関数を都度ユーザー側で脱糖された関数に戻すのは手間である。加えて先ほども説明したように、脱糖された関数で処理を実装するとどうしてもコールバック地獄に陥りやすい。

Rust では、常に `main` 関数は同期関数である必要があるため、非同期化された関数を呼び出すためには必ず脱糖された関数に直さなければならない。このあたりを上手に扱うようにできるのが、tokio の一つの大きな役割にあたる。

下記は具体的に tokio を用いるプログラミングを示した例である。**reqwest** という、HTTP クライアントを提供するクレートを使い、指定された URL に対して並行に GET リクエストを送る。

tokio を使ったコード例

```
fn main() {
    // 1．GET リクエストを送信する機構を 2 つ作成する。
    let req1 = reqwest::get("https://www.google.com/");
    let req2 = reqwest::get("https://www.example.com/");

    // 2．2 つのリクエストを並行して実行する。
    let parallel_reqs = async move { futures::future::join(req1, req2).await };

    // 3．tokio の非同期ランタイムを起動する。
    let rt = tokio::runtime::Builder::new_multi_thread()
        .enable_all()
        .build()
        .unwrap();

    // 4．非同期ランタイムにて処理を実行する。
    rt.block_on(parallel_reqs);
}
```

1. GET リクエストを送信するための処理を定義している。`reqwest::get` は Future を返す。この時点ではまだ GET リクエストの処理自体は開始されない。これは、Future がいわゆる遅延評価を行うためである。
2. 2 つのリクエストを並行して実行する。`futures` クレートは、Future の操作の便利なメソッドや関数を提供するクレートである。この処理では、2 つの GET リクエスト送信の Future を待ち合わせする。`parallel_reqs` の型は Future であり、やはりこの時点でも処理は開始されない。

---

[17] https://blog.rust-lang.org/inside-rust/2023/02/23/keyword-generics-progress-report-feb-2023.html

3. tokio の非同期ランタイムを起動する。
4. 非同期ランタイムにて、先ほど定義した `parallel_reqs` の処理を実行する。もちろん非同期処理を実行するため、即時実行されるわけではない。Future を発火するためのスケジューラへの登録が行われ、スケジューラのタイミングで Future が実行される。

tokio にはさらに、非同期ランタイムにて処理を実行する部分はマクロで代替させることができる。具体的には、次のように書き直すことができる。このマクロを cargo-expand などのツールで展開してみるとよくわかるが、内部的には先ほどの例に登場した `block_on` を最後に呼び出している。

tokio を使ったコード例（main マクロ利用）

```rust
// 1. tokio::mainマクロを付与する。これにより、main 関数を async fnとして定義できる。
#[tokio::main]
async fn main() {
    let req1 = reqwest::get("https://www.google.com/");
    let req2 = reqwest::get("https://www.example.com/");

    let parallel_reqs = async move { futures::future::join(req1, req2).await };

    // 2. async fn関数内であるため、.await を呼び出せる。
    parallel_reqs.await;
}
```

1. `tokio::main` マクロを main 関数に付与すると、main 関数を非同期関数化できる。このマクロは裏で `block_on` を使用する処理を展開する。
2. main 関数が非同期関数になったため、関数内で `.await` を呼び出すことができるようになる。

Rust の非同期ランタイム

先ほども説明したが、Rust では async/.await を用いて非同期処理を実装する。Rust は非同期処理を実行するために**非同期ランタイム**（asynchronous runtime）と呼ばれる外部ライブラリを使用する。本書では、現状のデファクトスタンダードである tokio を用いて実装を行うが、tokio 以外にも次のような非同期ランタイムが開発されている。

- async-std: https://crates.io/crates/async-std
- smol: https://crates.io/crates/smol
- glommio: https://crates.io/crates/glommio
- embassy: https://github.com/embassy-rs/embassy

async-std は、Rust 標準（std）に準拠した非同期処理 API を提供することを目指したクレートである。smol は名前からも想像できるが、非同期処理クレートの軽量化とコンパイル時間の短縮を狙って開発されているクレートである。glommio は `io_uring` という Linux カーネル 5.1 から導入された高速な API をベースにしたクレートである。embassy は組み込み開発向けのクレートである。

　非同期ランタイムが複数あることに疑問を持つ読者もいるだろう。Rust は抽象的な非同期処理を行う機構を標準で提供してはいるが、肝心のランタイムはサードパーティクレートに任せるという戦略をとっている。理由に定説があるわけではないが、さまざまな議論の痕跡から筆者が推察した理由を挙げておく。

　まず、Rust 標準にランタイムが組み込まれていないためにこのような状況になっているわけではあるが、非同期ランタイムはそもそも処理が複雑で、これを成果物に含めてしまうと大幅に成果物のサイズを膨らませることになるためである。非同期処理は必ずしもアプリケーションの実装に欠かせないものというわけではなく、あくまでオプショナルな実装手段である。オプショナルなものを標準として提供し、あらゆるアプリケーションの成果物のサイズを膨らませるのは現実的ではない。あるいは単純に、標準に入れてしまうと後方互換性を担保しなければならなくなるが、この担保はメンテナにとってコストが高い。

　そのほかに考えられる理由としては、Rust というプログラミング言語はそもそも扱う領域が広範である、という点が挙げられるだろう。クラウドサービス上で動く Web アプリケーションから、いわゆるベアメタル環境で動くようなアプリケーションまでかなり幅広く扱えるのが Rust の特徴である。これらのアプリケーションすべてのニーズを一挙に満たすランタイムを、標準が安定的に提供することは残念ながら難しいだろう。むしろ用途に特化したランタイムが作られるべきであるといえる。embassy などはまさにそうした用途特化の事例の一つである。

　最後に、筆者が非同期プログラミングの項を書くにあたって参考にした文献を挙げておく。この分野を深く学びたい読者向けの参考文献にもなるだろう。残念ながら日本語で書かれた文献は少ないのが実情であり、英語で読み解く必要がある資料が多い。しかしその分得られることも多く、英語でのリーディングに抵抗がない読者は、ぜひ英語圏の文献にもあたってみてほしい。

- 高野祐輝・著『並行プログラミング入門』（オライリー・ジャパン、2021）
- Jon Gjengset・著『Rust for Rustaceans: Idiomatic Programming for Experienced Developers』（No Starch Press, 2021）
- 『Asynchronous Programming in Rust』（https://rust-lang.github.io/async-book/）
- Async in depth
    - 英語：https://tokio.rs/tokio/tutorial/async
    - 日本語：https://zenn.dev/magurotuna/books/tokio-tutorial-ja/viewer/async_in_depth

3.2.5　簡易サーバーを起動する

axum を使って簡単なサーバーを実装する。簡易サーバーの要件は次のとおりとする。

- localhost の 8080 ポートをリッスンするサーバーを立ち上げる。

- /hello というエンドポイントに GET リクエストを送ると、「Hello, world」というレスポンスを得られる。

まずはコードの全体像を示す。その後、理解が必要な概念について細かく整理する。

main.rs：簡易な HTTP サーバーの実装

```rust
use std::net::{Ipv4Addr, SocketAddr};

use axum::{routing::get, Router};
use tokio::net::TcpListener;

// a)「ハンドラ」と呼ばれる。
// どのようなリクエストが来たとしても「Hello, world!」という文字列を返す。
async fn hello_world() -> &'static str {
    "Hello, world!"
}

// b) tokio ランタイム上で動かすために必要なマクロ。このマクロを使用すると、
// main 関数を非同期化できる。
#[tokio::main]
async fn main() {
    // c)「ルーター」と呼ばれるものを設定する。
    // 今回は「/hello」というパスに対して GET リクエストが来たら、
    // hello_world 関数を呼び出すように設定している。
    let app = Router::new().route("/hello", get(hello_world));
    // ローカルホストの 8080 番ポートでリクエストを待ち受ける。
    let addr = SocketAddr::new(Ipv4Addr::LOCALHOST.into(), 8080);
    // 上記で指定したアドレスでバインドしたリスナーを立ち上げる。
    let listener = TcpListener::bind(addr).await.unwrap();
    // どこにサーバーを立てるかわかりやすくするためにログを出力する。
    println!("Listening on {}", addr);
    // d) サーバーを起動する。
    // 起動する際に、ルーターを axum のサービスに登録する。
    axum::serve(listener, app).await.unwrap();
}
```

このサーバーは cargo run で起動できる。起動後、「curl」コマンドでリクエストを送る。すると、次のような結果を得られる。

```
# サーバーを起動する
$ cargo run

# 別ターミナルなどで
$ curl localhost:8080/hello -v
*   Trying 127.0.0.1:8080...
* Connected to 127.0.0.1 (127.0.0.1) port 8080 (#0)
> GET /hello HTTP/1.1
> Host: 127.0.0.1:8080
> User-Agent: curl/7.87.0
```

```
> Accept: */*
>
* Mark bundle as not supporting multiuse
< HTTP/1.1 200 OK
< content-type: text/plain; charset=utf-8
< content-length: 13
< date: Thu, 09 Nov 2023 05:35:23 GMT
<
* Connection #0 to host 127.0.0.1 left intact
Hello, world!%
```

非常に簡易的なサーバーではあるが、HTTPリクエストを送るとHTTPレスポンスが返ってきて、ボディ部に「Hello, world!」という文字列が入っていることを確認できた。

Rustは比較的難しい部類のプログラミング言語といわれるが、ここまでは他のプログラミング言語によるWebフレームワークを用いた実装と実装内容が大差ないということがわかるだろう。意外にもRustの難しさはそこまで牙を剝くことはなく、むしろ他のプログラミング言語と比較的変わらず書けるのだ、ということを体感してもらえたのではないかと考えている。一方で、Rustで書くからこそ表出する特有の新しい概念は必要ではある。本書ではこれから、そうした部分を重点的に解説する。

実装を上から説明していく。まずはじめに目に入るのがhello_worldという関数だろう（コード片の中のa）。これはaxumでは「ハンドラ」と呼ばれるもので、関数の引数でリクエストを受け取り、関数内で処理をし、レスポンスを返すという操作までを行う。

main.rs：ハンドラの実装の抜粋

```
// a)「ハンドラ」と呼ばれる。
// どのようなリクエストが来たとしても「Hello, world!」という文字列を返す。
async fn hello_world() -> &'static str {
    "Hello, world!"
}
```

次はmain関数である（コード片の中のb）。ただ、main関数はよく見るRustのコードとは大きく異なる。asyncというキーワードはRustで「非同期プログラミング」を行うために使われるキーワードである。

main.rs：非同期プログラムでのmain関数

```
// b) tokioランタイム上で動かすために必要なマクロ。このマクロを使用すると、
// main関数を非同期化できる。
#[tokio::main]
async fn main() {
    ...（中略）...
}
```

実はmain関数は通常はasyncを関数宣言の頭につけることはできない。サンプルコードではそれができてしまっているが、実現するのは#[tokio::main]というマクロである。

このマクロは、main関数内のコードをtokioと呼ばれる非同期ランタイム上で動かすことを可能にするために使われる。一般にRustのマクロは裏で所定のコードをコンパイル時に展開する機能を持つが、このマクロも例外ではない。試しにマクロを展開してみると、次のようなコードを生成していることがわかる。

main.rs：#[tokio::main] マクロを展開したコード

```rust
#![feature(prelude_import)]
#[prelude_import]
use std::prelude::rust_2021::*;
#[macro_use]
extern crate std;
use std::net::{Ipv4Addr, SocketAddr};
use axum::{routing::get, Router};
use tokio::net::TcpListener;
async fn hello_world() -> &'static str {
    "Hello, world!"
}
fn main() {
    let body = async {
        let app = Router::new().route("/hello", get(hello_world));
        let addr = SocketAddr::new(Ipv4Addr::LOCALHOST.into(), 8080);
        let listener = TcpListener::bind(addr).await.unwrap();
        {
            ::std::io::_print(format_args!("Listening on {0}\n", addr));
        };
        axum::serve(listener, app).await.unwrap();
    };
    #[allow(clippy::expect_used, clippy::diverging_sub_expression)]
    {
        return tokio::runtime::Builder::new_multi_thread()
            .enable_all()
            .build()
            .expect("Failed building the Runtime")
            .block_on(body);
    }
}
```

tokio::runtime::Builder::（中略）.block_on(body) という一連のメソッドチェーンがこの処理における肝となってくる。もともと main 関数内部に書かれていた実装は、body という変数に束縛される。この変数の束縛内容を見ると、async ブロックで囲まれておりここが非同期処理になっていることがわかる。tokio の .block_on 関数は tokio ランタイムへの入口として使われる関数で、与えられた Future を現在のスレッドで実行させ、Future が完了するまで処理を待ち合わせ、Future が完了したら結果を取り出す。

先ほど a で用意した「ハンドラ」は、単体ではただの関数にすぎない。リクエストを受け取り、所定の処理を行い、レスポンスを返すこと以上の役割を持たない。リクエストが送られたパスに応じて呼び出す関数を振り分ける機能を実装すると、いよいよ HTTP サーバーらしくなる。これには「ルーター (axum::Router)」を使う（c の箇所）。

c では /hello というパスに GET リクエストが送られた場合に、a で用意した hello_world ハンドラを呼び出す設定を行っている。後述するが axum のルーターは、他の Web フレームワークと同様にさまざまな複雑な設定を施すこともできる。

main.rs：ルーターの実装の抜粋

```
// c) 「ルーター」と呼ばれるものを設定する。
// 今回は「/hello」というパスに対してGETリクエストが来たら、
// hello_world関数を呼び出すように設定している。
let app = Router::new().route("/hello", get(hello_world));
```

最後にサーバーを起動する（dの箇所）。これには axum::serve を使用する。この関数はリスナーとルーターを受け取り、サーバーを立ち上げるために必要な情報を持つ axum::serve::Serve という構造体を返す。この構造体は Future への変換を行う処理の中でサーバーを起動させ、リクエストを待ち受ける。

このサーバーは指定されたアドレス（今回は [::1]:8080、つまりローカルホストの 8080 番ポート）をバインド（bind メソッド）してリクエストを待ち受ける。その際、先ほど設定したルーターの情報を組み込んでいる（serve メソッド）ため、リクエストが送られてくるパスや内容によって、自動的に対象となるハンドラが呼び出される。

main.rs：サーバーの起動処理

```
// ローカルホストの8080番ポートでリクエストを待ち受ける。
let addr = SocketAddr::new(Ipv4Addr::LOCALHOST.into(), 8080);
// 上記で指定したアドレスでバインドしたリスナーを立ち上げる。
let listener = TcpListener::bind(addr).await.unwrap();

// ... 中略 ...

// d) サーバーを起動する。
// 起動する際に、ルーターをサーバーに登録する。
axum::serve(listener, app).await.unwrap();
```

以上が axum で簡単なサーバーを立ち上げるための手順だ。ここまでで実は、一通り axum で HTTP サーバーを実装するために必要な道具はほとんどそろってしまっている。以降の章で実装の流れが追えなくなったとき、この節に立ち戻って手順を思い起こしてほしい。

3.3　ヘルスチェックを実装する

蔵書管理アプリケーションで使用する実際のエンドポイントを用意する。実際のアプリケーションの運用では、サーバーとなるアプリケーションがきちんと稼働しているかどうかを、監視者が特定のエンドポイントをポーリングして確かめることがある。たとえば AWS では、**ロードバランサ**（application load balancer; **ALB**）が対象となるサーバー上のアプリケーションに対して、設定した間隔で特定のエンドポイントに対してリクエストを送り続ける機能がある。これを**ヘルスチェック**（health check）と呼ぶ。

ヘルスチェックのエンドポイントは、サーバー上にアプリケーションをデプロイした際、そのアプリケーションまで正しくネットワークが疎通しているかどうかを確かめる際に利用できる。ヘルスチェックを最初に実装し、アプリケーションをデプロイしておくと、そのデプロイパイプラインが健全であることや、サーバーの設定情報が正しいことを最初から確かめられる。

ここからは本番での運用を意識したコードにしていく。.unwrap() でお茶を濁してきたエラーハンドリングは一通り正しく扱い、結合テストも記述する。

3.3.1　実装の全体の流れ

まずハンドラを実装する。ハンドラの中身は非常にシンプルで、リクエストを受け取ると単に HTTP ステータスコード 200（「OK」を意味する）を返すだけである。次に、/health というパスに実装したハンドラを登録するため、ルーターを新規作成する。最後にこのルーターを組み込んだサーバーを、先ほどの簡易サーバーと同様に立ち上げるという流れである。

ここからは、先ほどまで実装してきた簡易サーバーの main.rs 内の実装は、いったんすべて破棄して進める。説明上はそうするが、続きに実装しても問題ないと感じる読者は続きに実装して構わない。その際は、説明が重複する可能性がある。

3.3.2　ハンドラを実装する

いくつか事前準備をしたあと、実装に取り掛かる。

● 事前準備 : anyhow の利用

さっそくだが、エラーハンドリングをするにあたって「anyhow」[18] というクレートを導入しておく。Rust ではエラーハンドリング時に Result という型がよく利用される。この型を利用したエラーハンドリングの際には、さらにこの anyhow がよく利用される。使われる理由としては、

1. 他のエラー型から anyhow::Error という型への変換が容易になるため。Rust はエラー型についても強く型付けする傾向にあり、たとえば使用するクレートごとにエラー型が用意されており、クレート間のエラー型の変換が煩雑になる傾向にある。この煩雑さを幾分か回避できる。
2. エラーのバックトレースを表示できるため。Rust 標準では nightly ビルドを利用するなど制約がある。anyhow も標準でオンにしているわけではなく、backtrace フィーチャーフラグをオンにすることにより有効化でき、stable ビルドでもバックトレースを使用可能になる。

などが挙げられる。

cargo add コマンドで anyhow を依存に追加しておく。

```
$ cargo add anyhow@1.0.75
```

● 事前準備 : 必要モジュールのインポート

今回使用するモジュールをすべてインポートしておく。main.rs の先頭に記述する。

main.rs : 必要モジュールのインポート
```
use std::net::{Ipv4Addr, SocketAddr};

use anyhow::Result;
use axum::{http::StatusCode, routing::get, Router};
use tokio::net::TcpListener;
```

---

[18] https://crates.io/crates/anyhow

● **実装**

次にハンドラ関数を実装する。200 OK の HTTP ステータスコードを返す際は、axum::http::StatusCode を利用できる。

main.rs：ハンドラ関数の実装

```
// a) 新しくヘルスチェック用のハンドラを用意する。
// リクエストが来ると、単に 200 OK を返す。
pub async fn health_check() -> StatusCode {
    StatusCode::OK
}
```

ハンドラの実装はこれで以上となる。次はルーターにハンドラを登録する。

impl IntoResponse

なぜハンドラに、ただの &'static str や axum::http::StatusCode などの型を関数の返り値として設定できるのか疑問に思った読者もいるかもしれない。どの型がハンドラに設定できて、どの型が設定できないのかの区別が知りたいはずである。

実はこの裏側には IntoResponse というトレイトが関係している。このトレイトは http::response::Response という型を返すよう定義されている into_response メソッドを実装することで機能するようになる。そして axum は、このトレイトが実装された型をハンドラの返り値として返すことができるようになっている。

このトレイトは、たとえば先に示した &'static str や axum::http::StatusCode に対して実装されていることが、実際に axum のドキュメントを確認するとわかる。時間がある読者は「https://docs.rs/axum/0.7.5/axum/response/trait.IntoResponse.html」という URL にアクセスし、「Implementations on Foreign Types」というセクションを閲覧すると、実際にどのような型に対してあらかじめ IntoResponse が実装されているかを確認することができる。

3.3.3 ルーターにハンドラを登録する

/health というパスに対して GET リクエストを送ると、200 OK のステータスコードを返すのが要件であった。この要件に従って、ルーターにハンドラを登録する。app という変数に Router 情報を束縛する。これはあとでサーバーを立ち上げる際に利用する。

main.rs：/health に対するハンドラをルーターに登録する

```
#[tokio::main]
async fn main() -> Result<()> {
    // b) `GET /health` でルーターにハンドラを登録する。
    let app = Router::new().route("/health", get(health_check));

    // ...あとで処理を追加する...
}
```

main関数がResult型を求めるようになっていることに注意しておきたい。このResultはanyhow::Resultであり、のちほどこの型特有の処理を利用して、より作業効率のよいコードにする。一方で、いまは上述のコードを書いただけでは下記のようなコンパイルエラーが出る。これは想定どおりであり、次項の「サーバーを起動する」でコードを完成させる。

```
error[E0308]: mismatched types
  --> src/bin/step2.rs:15:5
   |
13 |   async fn main() -> Result<()> {
   |                      ---------- expected `Result<(), anyhow::Error>` because of return type
14 |       // b) `GET /health` でルーターにハンドラを登録する。
15 |       let app = Router::new().route("/health", get(health_check));
   |       ^^^^^^^^^^^^^^^^^^^^^^^^^^^^^^^^^^^^^^^^^^^^^^^^^^^^^^^^^^^^ expected `Result<(), Error>`, found `()`
   |
   = note:   expected enum `Result<(), anyhow::Error>`
             found unit type `()`
help: try adding an expression at the end of the block
   |
15 ~      let app = Router::new().route("/health", get(health_check));
16 +      Ok(())
   |
```

ルーターの実装はこれで以上となる。次はサーバーを立ち上げる。

3.3.4 サーバーを起動する

最後にサーバーを起動する。「簡易サーバーの実装」と同様、ローカルホスト8080番ポートを待ち受けるサーバーを起動させる。加えて同様に、サーバーが起動中であることを示す簡単なログを出力するのと、ルーターをサーバーに登録する。

main.rs：サーバーの起動処理

```rust
use std::net::{Ipv4Addr, SocketAddr};

use anyhow::Result;
use axum::{http::StatusCode, routing::get, Router};

// a) 新しくヘルスチェック用のハンドラを用意する。
// リクエストが来ると、単に 200 OK を返す。
pub async fn health_check() -> StatusCode {
    StatusCode::OK
}

#[tokio::main]
async fn main() -> Result<()> {
    // b) `GET /health` でルーターにハンドラを登録する。
    let app = Router::new().route("/health", get(health_check));
    let addr = SocketAddr::new(Ipv4Addr::LOCALHOST.into(), 8080);
```

```
    let listener = TcpListener::bind(addr).await?;

    println!("Listening on {}", addr);

    Ok(axum::serve(listener, app).await?)
}
```

さて、main 関数内ではたとえば、serve().await で hyper::error::Error という型が返る可能性がある。これらの型の間にはとくに互換性がなく、もし仮に一つのエラー型として表現したい場合には、両者の互換方法を定義する必要がある。これを個別に行うのは少々手間である。

anyhow::Error は、std::error::Error を実装する任意のエラー型 (std::net::AddrParseError、hyper::error::Error がそれにあたる) を自動的に anyhow::Error 型に変換する。こうすることで、複数のエラー型を透過的に anyhow::Result 一つで扱えるようになるため、ユーザー側で煩雑な変換用のトレイトなどを実装する必要がなくなる。

ここまでで、/health というパスに GET リクエストを送ると、200 OK が返るエンドポイントを含むサーバーをローカルホスト 8080 番に立ち上げることができるようになった。次は、実際にサーバーが正しく動作しているかを確かめる。

3.3.5 動作確認する

まず、書いた Rust コードを動かす。

```
$ cargo run
Listening on 127.0.0.1:8080
```

次に別ターミナルなどで、curl コマンドを用いて localhost:8080 に対して GET リクエストを送信する。次のような結果を得られるはずだ。

```
$ curl localhost:8080/health -v
*   Trying 127.0.0.1:8080...
* Connected to localhost (127.0.0.1) port 8080 (#0)
> GET /health HTTP/1.1
> Host: localhost:8080
> User-Agent: curl/8.1.2
> Accept: */*
>
< HTTP/1.1 200 OK
< content-length: 0
< date: Sun, 05 May 2024 11:48:01 GMT
<
* Connection #0 to host localhost left intact
```

以上で機能それ自体の開発は完了となる。ここからは、ソフトウェアの保守運用に欠かせないユニットテストを実装していく。

3.4 ユニットテストを書く

まずユニットテストとは何であったかを説明する。次に、cargo-nextest というツールを説明する。最後にヘルスチェックのハンドラ関数に対して簡単なユニットテストを実装して、ユニットテスト実装の概観をつかむ。

3.4.1 ユニットテストとは何か

ユニットテスト（unit test; **単体テスト**）を一言で定義するのは難しい。現場によって何をユニットテストにするかの定義も異なるだろう。定義は難しいが、『単体テストの考え方 / 使い方』[19] という書籍ではいったん次のような性質を持つものと定義されている[20]。

1. 「単体（unit）」と呼ばれる少量のコードを検証する。
2. 実行時間が短い。
3. 隔離された状態で実行される。

要するにユニットテストは、一つの関数単位であるとか、ちょっとしたロジックの単位をすばやくテストするものである。その際、できるだけ外部からの余計な依存を含まない状態で実行されることが期待される[21]。この節では、これらを満たすテストを、一つの関数単位としてのハンドラに対して実装する。

ユニットテストは、実際に本番環境にデプロイする前に、関数などの最小単位で正しくプログラムが動作しているかを確かめる目的で使われることが多い。ただこれ以外にも目的があり、たとえばテストコードからその最小単位のモジュールの挙動を知ることができるような、仕様書の役割を果たすことができる。さらにはユニットテストは、関数などの実行結果を常にチェックし続けることから、関数内部に対してリファクタリングを行った際に、リファクタリング後の挙動が正しくあり続けていることを保証できるといった意味合いも持つ。このようにユニットテストは、開発チーム全体の品質担保に欠かせない開発プロセスである。

3.4.2 Rust でのユニットテストの仕方

Rust では、cargo のコマンドの中に cargo test と呼ばれるテスト実行基盤が標準で含まれている。他のプログラミング言語とは異なり、テスト専用のライブラリなどをインストールして使用する必要はない。

また、cargo build や cargo check でコンパイルの走る「通常の」コードのコンパイルとテストコードのコンパイルとは切り離されている。たとえば cargo build を実行した際には、テスト用のコード側に対するコンパイルやビルドは一切走らない。逆にいうとこの点には注意が必要で、テストコードがコンパイルエラーになっていることに、通常のコード側の開発では気づかないこともある。

一方でプログラミング言語によってはこの「通常」側と「テスト」側のコンパイル実行が切り離されておらず、仮にテストコード側だけにコンパイルエラーとなるコードが含まれていた場合、テストコードも修正しなければコード全体のコンパイルを正常終了させることができないものがある。ただこれは、通常コード側の動作確認をすばやくするうえで、実際には作り上げられるソフトウェアに関係のないコードを大量に修正しな

---

[19] Vladimir Khorikov・著、須田智之・訳『単体テストの考え方 / 使い方』（マイナビ出版、2022）
[20] 同書 p.28
[21] この箇所では同書の見解をかなり簡略化して説明している。実際のところは、ユニットテストの依存のうちどこまでをモック対象とするかによって、2つの立場に意見が分かれる。詳しくは同書を参照されたい。本書では一貫して、ユニットテストではモックを使用せず、のちほど説明する結合テストではモックを使用する方式を採用している。

ければならず、動作確認までの時間のロスが発生するという見方ができるかもしれない。Rust はそういった点で使い勝手に優れていると筆者は考えている。

● **cargo-nextest**

Rust のテスト実行基盤は通常 cargo test で実行する。これでも十分動作するのだが、本書では cargo-nextest[22] を使用する。これは、テストケースの並列実行に関して cargo test に存在するボトルネックを解消することでテスト全体の実行時間を縮めたり、実行が不安定なテスト（flaky tests）に対して指定した回数リトライを自動でかけたりなど、より高機能なテスト実行を可能にする。

cargo-nextest は cargo のプラグインなどとして提供されている。下記コマンドを実行すると、手元の環境に cargo-nextest をインストールできる[23]。

```
$ cargo install cargo-nextest
```

なお、第 2 章で作成した Makefile.toml では cargo make test で cargo-nextest が実行されるように定義してある。その際、ローカルマシンにインストールしていなくても自動的にインストールされるので次項以降の実装ではこちらを使う。

3.4.3 ヘルスチェック用のユニットテストを実装する

ヘルスチェックを実装してきた main.rs 内に次のようなコードを記述する。

main.rs：ユニットテストの実装

```
// a) 非同期処理のテスト実行にはtokio::testマクロを使う。
#[tokio::test]
async fn health_check_works() {
    // b) health関数を呼び出す。awaitして結果を得る。
    let status_code = health_check().await;
    // c) 関数を実行した結果が 200 OK であることを確かめる。
    assert_eq!(status_code, StatusCode::OK);
}
```

health_check() 関数は非同期関数であるため、テスト時にもやはり非同期関数を実行できるよう調整する。#[tokio::test] マクロを利用すると（a の箇所）、main 関数にマクロを設定した場合と同様に、裏で非同期処理をできるようコードを生成する。これにより health_check() 関数を await することができるようになる（b の箇所）。この関数は呼び出されると StatusCode 型を返す。この返り値が期待する結果 StatusCode::OK どおりであるかを assert_eq! マクロで確かめている（c の箇所）。

最後に cargo nextest で実行する。

```
$ cargo nextest run
```

ヘルスチェック用のユニットテストの実装は以上となる。

---

[22] https://github.com/nextest-rs/nextest
[23] そのほかのインストール方法は「https://nexte.st/book/pre-built-binaries.html」を参照。

3.5 データベースと接続する

第 2 章で用意した Docker 上の PostgresSQL に、アプリケーションから接続する。データベースとの接続、ならびにデータベースの操作には sqlx というクレートを使用する。また、データベースへの接続がうまくいっているかを確かめるためのヘルスチェック用のエンドポイントも用意する。

今後のコマンド実行をシンプルにするため、rusty-book-manager プロジェクト内に、第 2 章で定義した Dockerfile、compose.yaml、Makefile.toml をコピーしておこう。

3.5.1 `sqlx` を使ってデータベースに接続する

● `sqlx` とは何か

sqlx[24] は Rust でデータベースにアクセスし、データベース上のデータを取得する際によく用いられるクレートである。このクレートはクエリビルダーと呼ばれるもので、基本的には SQL クエリを直書きしてデータベースに対するさまざまな操作を行う。いわゆる ORM ではなくクエリビルダーを使う理由はいくつか考えられるが、クエリビルダーは自前でクエリを書き、それを実行させることができるため、データベースへクエリを発行している箇所がブラックボックスになりにくいというメリットがある。デメリットとしては、やはりクエリを書く必要があることである。アプリケーション側で組みたいデータ構造が ORM を使用したほうが楽に組めるケースはたしかに存在するが、そうした場面ではクエリビルダーは多少手間になることがある。

sqlx を cargo add で追加する。今回は追加するフィーチャーの数が多いので注意しておきたい。下記は有効にしたフィーチャーと、それが何を意味するかを記載したリストである。

- `runtime-tokio`: tokio とのインテグレーションを行うためのフィーチャー
- `uuid`: UUID クレートを sqlx 上で扱うためのフィーチャー
- `chrono`: 日時を扱う型を提供する chrono クレートを sqlx 上で利用するためのフィーチャー
- `macros`: sqlx が提供するさまざまな便利マクロを利用するためのフィーチャー
- `postgres`: PostgresDB に接続するためのフィーチャー
- `migrate`: sqlx のデータベースマイグレーション機能を利用するためのフィーチャー

```
$ cargo add sqlx@0.7.3 --features runtime-tokio,uuid,chrono,macros,postgres,mig
rate
    Updating crates.io index
      Adding sqlx v0.7.3 to dependencies
             Features:
             + _rt-tokio
             + any
             + chrono
             + json
             + macros
             + migrate
             + postgres
             + runtime-tokio
             + sqlx-macros
```

[24] https://crates.io/crates/sqlx

3.5 データベースと接続する

```
+ sqlx-postgres
+ uuid
22 deactivated features
```

3.5.2 データベース接続するヘルスチェックを実装する

● 事前準備

必要なモジュールをインポートしておく。sqlx に関連するモジュールを追加する。

main.rs：sqlx 関連モジュールのインポート

```rust
use sqlx::{postgres::PgConnectOptions, PgPool};
```

● データベースに接続する

まずはデータベースに接続するために必要な情報を持つ型を用意する。

main.rs：データベース接続情報の構造体を定義

```rust
// a) データベースの接続設定を表す構造体を定義する。
struct DatabaseConfig {
    pub host: String,
    pub port: u16,
    pub username: String,
    pub password: String,
    pub database: String,
}
```

Postgres への接続には、`sqlx::postgres::PgPool` が主に必要になる。これはいわゆるコネクションプールである。このプールを立ち上げるのに、さらに `PgConnectOptions` という設定用の構造体が要求される。まずこの設定用の構造体を作ったあと、`PgPool::connect_lazy_with` を呼び出すための関数を作る。

main.rs：データベース接続情報からコネクションプールを作成する処理

```rust
// b) アプリケーション用のデータベース設定構造体から、Postgres 接続用の
// 構造体へ変換する。
impl From<DatabaseConfig> for PgConnectOptions {
    fn from(cfg: DatabaseConfig) -> Self {
        Self::new()
            .host(&cfg.host)
            .port(cfg.port)
            .username(&cfg.username)
            .password(&cfg.password)
            .database(&cfg.database)
    }
}

// c) Postgres 専用のコネクションプールを作成する。
fn connect_database_with(cfg: DatabaseConfig) -> PgPool {
    PgPool::connect_lazy_with(cfg.into())
}
```

作った connect_database_with 関数を main 関数内で呼ぶ。DatabaseConfig では、各データをいったんハードコードで直接流し込む。

main.rs：データベース接続情報を設定する

```rust
#[tokio::main]
async fn main() -> Result<()> {
    // データベース接続設定を定義する。
    let database_cfg = DatabaseConfig {
        host: "localhost".into(),
        port: 5432,
        username: "app".into(),
        password: "passwd".into(),
        database: "app".into(),
    };
    // コネクションプールを作る。
    let conn_pool = connect_database_with(database_cfg);

    // ... 続く ...
}
```

● サーバーに組み込む

簡単にだが、ここまでで sqlx を使ってデータベースに接続するまでは実装できた。さらにデータベース接続できているかを確かめるヘルスチェック用のハンドラを用意するために、axum にコネクションプールの情報を登録する。

axum には、ハンドラ間で状態を共有できる State という機能がある。この機能を利用すると、たとえばコネクションプールのようなグローバルな情報を、ハンドラ間で効率よく共有することができるようになる。

State をルーターに登録するには、with_state メソッドを使う。既存のルーターにコネクションプールを登録する。ハンドラを実装する際にこれを呼び出す。

main.rs：データベースとのコネクションプールをハンドラで使えるようにする

```rust
// extract::State を追加。
use axum::{extract::State, http::StatusCode, routing::get, Router};

#[tokio::main]
async fn main() -> Result<()> {
    // ... 続き ...

    // コネクションプールを作る。
    let conn_pool = connect_database_with(database_cfg);

    let app = Router::new()
        .route("/health", get(health_check))
        // ルーターの `State` にプールを登録しておき、各ハンドラで使えるようにする。
        .with_state(conn_pool);

    // ... 続く ...
}
```

3.5 データベースと接続する

● **ハンドラを実装する**

`health_check_db` というハンドラを実装する。このハンドラは、データベースに「SELECT 1」というクエリを投げ、うまくつながるかどうかを判定する。クエリを投げ、その結果を得られると 200 OK を返す。接続できず、クエリを実行できない場合、接続できない旨のエラーが sqlx から返却される。その場合は 500 InternalServerError を返すよう、ハンドリングする。

関数の引数に `State(db): State<PgPool>` を追加している。これは先ほど設定した `with_state` によって流し込まれた `sqlx::PgPool` である。

main.rs:データベースのヘルスチェックを行うハンドラの実装

```rust
async fn health_check_db(State(db): State<PgPool>) -> StatusCode {
    let connection_result = sqlx::query("SELECT 1").fetch_one(&db).await;
    match connection_result {
        Ok(_) => StatusCode::OK,
        Err(_) => StatusCode::INTERNAL_SERVER_ERROR,
    }
}
```

sqlx で SELECT 文をデータベースに対して発行するためには、`sqlx::query` という関数を使用する。加えて、`fetch_one` 関数を使いたいデータベース接続オブジェクトとともに呼び出すと、結果を取得できる。このあたりは、第 5 章でさらに詳しく解説する。

ところでこの `State(db): State<PgPool>` という関数引数部分の書き方が見慣れないと思った読者もいるかもしれない。これは、引数部分で行われるパターンマッチの(少し応用的な)文法である。`State<PgPool>` 型はタプル構造体であり、この構造体の中の値の取り出し時点において、パターンマッチを行っている。

少々単純化した例で確認する。引数 1 つの構造体、引数複数個の構造体、そして通常の構造体のそれぞれで、関数の引数でパターンマッチして抱える値を取り出せることを示した例だ。下記のコードはすべてコンパイルが通る。

タプル構造体に対するパターンマッチの例

```rust
// 引数 1 つのタプル構造体
struct SingleTuple(i32);

// 引数複数個のタプル構造体
struct MultipleTuple(i32, String);

// 構造体
struct Struct {
    number: i32,
    identifier: String,
}

fn print_single_tuple(SingleTuple(number): SingleTuple) {
    println!("SingleTuple: {}", number);
}

fn print_multiple_tuple(MultipleTuple(number, identifier): MultipleTuple) {
    println!("MultipleTuple: {} {}", number, identifier);
```

```rust
}

fn print_struct(Struct { number, identifier }: Struct) {
    println!("Struct: {} {}", number, identifier);
}

fn main() {
    print_single_tuple(SingleTuple(42));
    print_multiple_tuple(MultipleTuple(42, "foo".into()));
    print_struct(Struct {
        number: 42,
        identifier: "foo".into(),
    });
}
```

パターンマッチを利用しない場合、たとえば引数1つのタプル構造体では、`tuple.0` のように中に抱える値にアクセスする。パターンマッチを利用した先の例では、`.0` なしに直接アクセスできていることがわかる。

タプル構造体だがパターンマッチを使用しない例

```rust
// パターンマッチを使用しない例
fn print_single_tuple(tuple: SingleTuple) {
    println!("SingleTuple: {}", tuple.0);
}
```

● ルーターを実装する

`/health/db` というパスに対して、GET リクエストを送ると `health_check_db` 関数が呼び出されるようにルーターを設定する。

main.rs：ルーターの実装

```rust
#[tokio::main]
async fn main() -> Result<()> {
    // ...続き...

    let app = Router::new()
        .route("/health", get(health_check))
        // d) ルーターにデータベースチェック用のハンドラを登録する。
        .route("/health/db", get(health_check_db))
        // e) ルーターの `State` にプールを登録しておき、各ハンドラで使えるようにする。
        .with_state(conn_pool);

    // ...続く...
}
```

3.5.3　ユニットテストを書く

単にデータベースに接続し、1を返すクエリをデータベースに発行しているだけではあるが、ユニットテストを書いておく。事前に書いておくことでハンドラ自体が正しく動作していることは確かめられる。

sqlx には専用のテストランナーが用意されている。`#[sqlx::test]` というマクロがそれである。これを使

うと、テスト用の接続設定を使ってデータベースに接続するようなテストを実行できる。引数に受け取っているpoolは、すでに接続情報が設定済みのコネクションプールになる。

main.rs：ユニットテストの実装

```
#[sqlx::test]
async fn health_check_db_works(pool: sqlx::PgPool) {
    let status_code = health_check_db(State(pool)).await;
    assert_eq!(status_code, StatusCode::OK);
}
```

実装を完了したら、下記のコマンドを実行してテストを回してみる。

```
# まだ PostgreSQL を起動していなければ先に起動する
$ cargo make before-build
$ cargo make test
```

3.5.4 動作確認する

最後に、curlコマンドを実行して登録したエンドポイントが正しく動作しているかを確認する。データベースが起動しており、正しく接続できていれば200 OKを確認できるだろう。その後、データベースを落としてみるなどして接続できないようにしてもう一度curlコマンドを実行し、結果が500 Internal Server Errorになることも同様に確かめておくとよいだろう。

サーバーを起動し、ヘルスチェックを成功させるパターンについては、cargo make runコマンドでサーバー全体を起動させておき、それからリクエストを送信すると、成功することを確かめられるはずである。

```
$ cargo make run
# 別のターミナルなどで
$ curl localhost:8080/health/db -v
```

次に、サーバーを落としておき、ヘルスチェックをわざと失敗させるパターンについては、まずcargo make compose-downコマンドでデータベースサーバーを落としておき、それからリクエストを送ると失敗することを確かめられるはずである。

```
# cargo make run した状態で
$ cargo make compose-down
$ curl localhost:8080/health/db -v
```

ここまでで、必要なヘルスチェックは一通りそろえた。実装は以上となる。繰り返しになるが、現時点で完成したソースコードの全体像はGitHubリポジトリの「(場所)」にて閲覧できる。

3.6 デプロイパイプラインを構築する

ここからは**デプロイパイプライン**を構築していく。
この時点でGitHub上にリポジトリを用意して作業していない読者は、一度GitHub上にリポジトリを用

意して成果物をアップロードしながら作業を行うことをおすすめする。なお、この節の説明を飛ばしたとしても、第4章以降のアプリケーションの実装に関する本書の説明にはとくに影響はない。第7章で一部CIの改良を行う節があるが、その部分ではGitHub上にリポジトリを用意し、これから説明するデプロイパイプラインを構築しておくと検証の役に立つ。読者の興味関心に合わせて、この節を活用してもらいたい。

3.6.1 早くからデプロイパイプラインを構築しておくのはなぜか

まずはなぜ、ヘルスチェックのようなアプリケーションの起動の土台ができたタイミングでデプロイパイプラインの構築に入るのかを説明する。一つは単純に開発プロセスの最後のほうでデプロイパイプラインを構築すると心理的に焦るから、というのと、早い段階でデプロイパイプラインを構築しておくと、実際にリリースした結果を確認しながら開発を進められるためである。

開発期間の後半でステージング環境や本番環境を構築していると、単純に焦るという心理的な理由がまず挙げられる。たとえば何かしらのクラウドサービス上にアプリケーションをデプロイして、プロダクトをリリースする計画を立てているとする。クラウドサービス上でアプリケーションを動かすためには、たとえばVPCの設定やロードバランサの設定、コンピューティングエンジンの設定からデータベースをはじめとする外部のミドルウェアの接続まで、幅広く行う必要がある。クラウドサービスのセットアップは、一つアプリケーションを実装するのと同じくらい開発コストのかかる行為である。開発コストがかかるということは当然難易度はそれなりにある作業であり、ここでミスが発生すると手戻りなどが当然発生する。開発の後段になって、このような轍を踏むと開発プロジェクト全体としてスケジュールが押したりするなど、焦りの要因となりうる。これを避けたいというのがまず一つの理由である。

もう一つは、早いタイミングでデプロイパイプラインを構築しておくと、そのパイプラインを使って実アプリケーションをデプロイしながら、アプリケーションの実際の動作を確認できるという点である。アプリケーションをリリースしたあとは本番運用がはじまるわけだが、その際何かしらのデプロイパイプラインを使う必要がある。本番運用がはじまってからデプロイパイプラインを本格的に触っているようでは、運用をスムーズに行えない可能性がある。また、クラウドサービス上では、たとえば設定ミスなどでコンピューティングエンジンからデータベースへの接続がうまくいかないという事態は比較的高い確率で発生する。このような不具合を早いタイミングで拾うことができる。あるいはクラウドサービス上特有のパフォーマンスの劣化などを早いタイミングで拾えるかもしれない。

こうした理由から、筆者らは早いタイミング、たとえば本書でこれから行うように、ヘルスチェックくらいまでを実装したタイミングで一度デプロイパイプラインを構築しておき、一度アプリケーションの動作確認をクラウド上で行うことを推奨する。

3.6.2 デプロイパイプラインの全体像

詳しい説明はGitHubリポジトリ上のREADMEに用意しているので、そちらを参照してもらいたい。主な構成としては、デプロイする先はAWS、コンピューティングエンジンはECSを利用する。また、Amazon AuroraやAmazon ElastiCache for Redisという2つのミドルウェアを使用する。

3.6.3 GitHub Actionsを用意する

本書ではGitHub Actionsの利用を前提とし、GitHub Actions向けの説明を行う。他のCIサービス（たとえばCircleCIなど）向けの説明は行わないが、馴染みのある読者は、解説を見ながら適宜読み替えていくと作業を進められるはずである。

GitHub Actions

GitHub Actions の利用に慣れていない読者は、この節に取り組む前に一度 GitHub Actions の公式ドキュメントを読んでおき、使用感をつかんでおくことをおすすめする。本書では、基本的な操作や設定ファイルに登場するワークフロー、ジョブ、ステップなどの概念には慣れている前提で進行する。

GitHub Actions ドキュメント：https://docs.github.com/ja/actions

● Rust コードの CI

まず、GitHub Actions を設定するためのディレクトリを準備する。下記コマンドを実行する。

```
$ mkdir -p .github/workflows
```

下記にサンプルとなる GitHub Actions 用の設定を示す。この yaml ファイルを .github/workflows ディレクトリ配下に置く。本書のサンプルでは、ci.yaml というファイル名をつけている。全体の流れとしては、まずリポジトリをチェックアウトし、ソースコードをワークフロー内で参照できるようにする。次にキャッシュを参照し、Rust の成果物のキャッシュが残っていればそれを使い回す。必要になるツールチェインをインストールし、テストを含むプロジェクト全体のビルドとテストを流す。その後、リンターの検査が通ることを確認し、フォーマッタが正しく適用されていることを確認する。実装の品質とコードの品質の両方を確かめるワークフローになっている。

.github/workflows/ci.yaml：GitHub Actions での CI 設定

```
name: CI for book
on:
  push:
    branches: [main]
  pull_request:
    paths-ignore:
      - "README.md"
      - "frontend/**"

jobs:
  check:
    name: Check
    runs-on: ubuntu-latest
    steps:
      # 1
      - uses: actions/checkout@v4

      # 2
      - name: Cache dependencies
        uses: Swatinem/rust-cache@v2

      # 3
```

```yaml
      - name: Install Rust toolchain
        run: |
          rustup toolchain install stable

      # 4
      - name: Install cargo-related tools
        uses: taiki-e/install-action@v2
        with:
          tool: nextest,cargo-make

      # 5
      - name: Tests compile
        run: cargo make test-ci --no-run --locked

      # 6
      - name: Test
        run: cargo make test-ci

      # 7
      - name: Clippy
        run: cargo make clippy-ci -- -Dwarnings

      # 8
      - name: Rustfmt
        run: cargo make fmt -- --check
```

1. GitHub が公式に提供する「checkout」というアクションを使う。このアクションは対象となる GitHub 上のリポジトリをこのワークフロー内でクローンするために使用する。@ 以降はそのアクションのバージョンを示す[*25]。
2. 「Swatinem/rust-cache」というアクションを使用する。このアクションは Rust の成果物をキャッシュするために使用する。キャッシュしておくことで、2 度目以降の CI の実行を高速化することができる場合がある。第 7 章にて詳しく説明する。
3. Rust のツールチェインをインストールする。rustup toolchain install stable は、Rust のフォーマッタ rustfmt、リンター clippy などと、最新バージョンの stable ツールチェインをインストールする。
4. 「taiki-e/install-action」を使って、cargo-nextest と cargo-make をインストールする。ちなみにだが、このアクションもサードパーティ提供のものである。
5. テストコードを含むプロジェクト全体をビルドする。--no-run を指定しておくことで、テストを走らせずにビルドだけ行える。--locked を指定しておくと、Cargo.lock を参照し、Cargo.lock が存在しないか、もしくは最新状態でない場合にはエラーとしてビルドを行わない。後続のテストと clippy を走らせるより前にビルドを走らせておくと、CI 全体の実行時間を短縮することができる。

[*25] アクションのバージョンはタグによって指定されるが、今回は「4」というメジャーバージョンを参照させている。この方法は、actions/ ではじまらないサードパーティ提供のアクションには注意が必要である。というのもタグはあとから対象とするコミットハッシュを任意に変更することができるが、リポジトリのオーナー自身や悪意のあるユーザーが書き換えない可能性がないとは言い切れないからである。この事実は、「設定ファイルを何も変更していないのに突然 CI が回らなくなった」という事態を偶発させたり、あるいは対象のタグが突然悪意あるコードを含むものに置き換わるセキュリティ上のリスクが起こりうることを示す。したがって、特にサードパーティ製のアクションを利用する場合（今回は、Swatinem/rust-cache と taiki-e/install-action がそれに該当する）、マイナーないしはパッチバージョンまで指定するか、もしくはコミットハッシュを直接指定することをおすすめする。

6. テストを実行する。裏で走るのは cargo-nextest である。
  7. リンターを実行する。-Dwarnings を指定すると、警告であってもエラーとして検出する。
  8. フォーマッタが正しくかかっているかを検査している。

● フロントエンドコードの CI

本書にはフロントエンドのコードがある。書籍の GitHub リポジトリ上の、frontend というディレクトリがそれにあたる。仮にデプロイ環境を構築する作業を行っている場合、フロントエンドのリリースも CI パイプラインの中に組み込む必要がある。

フロントエンドコードの CI については、残念ながら本書の対象外であるため今回は解説しないが、何を行っているかは一通りコメントをつけてある。.github/workflows/frontend_ci.yaml というファイルに設定が記述されている。このファイルをコピーするなどして、自身のリポジトリの .github/workflows ディレクトリ配下に配置することで、フロントエンドの CI を走らせることができる。

3.6.4　AWS にリリースできるようにする

本書では AWS 上にリソースを展開するためのコードを用意している。Terraform というツールを使い、AWS 上にリソースを構築できるパイプラインを用意している。このパイプラインを利用することで、フロントエンドまで含めたアプリケーション全体を AWS 上にリリースできる。

本書は AWS 関連の書籍ではないため、紙面では紹介を行わない。GitHub 上の README にセットアップ方法について記載しているため、関心のある読者はそちらを参考に、自身のリポジトリにセットアップしてほしい。

第4章 蔵書管理サーバーアプリケーションの設計

> **本章の概要**
>
> 後続の章にて本格的に必要なエンドポイントや機能を実装していくにあたり、前提として押さえておきたい知識をあらかじめ説明する。具体的には今回作る予定のアプリケーションのアーキテクチャと、これから導入する予定のクレートに関する簡単な解説を行う。
>
> 現場ではよく用いられるものだが、今回はレイヤードアーキテクチャと呼ばれる手法を導入する。この手法にはどのようなメリット、ならびにデメリットがあるかを解説し、今回のアプリケーションになぜ導入する価値があるのかを説明する。そして、Rust でレイヤードアーキテクチャを実現するために必要な機能に関する簡単な解説を挟む。
>
> これから導入するクレートに関する解説は、Rust を用いたアプリケーションの開発に本当によく使われるものを重点的に解説する。Rust は標準ライブラリが薄く用意されている関係で、多くのサードパーティクレートに頼ることになる。これらの簡単な概要を先に説明しておき、後続の章を理解しやすくすることを目指す。

4.1 レイヤードアーキテクチャとは

レイヤードアーキテクチャ（レイヤー化アーキテクチャ; layered architecture）は、普段の開発現場で多く見られる設計手法であるように思う。『ドメイン駆動設計』[1] という本では、「ソフトウェアシステムを分割する方法にはあらゆる種類のものがあるが、経験と慣習を通じて業界が収束してきている共通見解はレイヤー化アーキテクチャである」[2] と記述されている。

レイヤードアーキテクチャは一言で定義するのは難しい。しかし、あえて定義するとしたら、次のような性質を持つ設計手法だということができると筆者は考えている。

- アプリケーションを作る際に必要な各構成要素を、それぞれの責務が定義された論理的なグループにまとめる。
- それぞれのグループ間のやりとりの方法を定義し、そのルールを常に守る。

---

[1] Eric Evans・著、今関 剛・監訳、和智右桂／牧野祐子・訳『エリック・エヴァンスのドメイン駆動設計』（翔泳社、2013）

[2] 同書 p.69。余談だが、本書では DDD（ドメイン駆動設計）やクリーンアーキテクチャなどの手法の用語を一切登場させず、各用語を独自に定義してから議論を進める。これらの手法に慣れている読者は逆に一度、これらの手法に登場するタームをすべて忘れて本書を読み進めるとよいだろう。

たとえば、経費精算のシステムを考えてみる。経費精算のシステムは大まかに分けると、まず経費を入力する画面があるだろう。次に画面の入力情報はおそらく裏のサーバー側に送信される。サーバー側では、画面から来た入力情報をチェックし、正しい入力ならばデータベースに値を保存するはずだ。

経費精算システムの例から、責務を論理的なグループに分ける。画面入力は画面入力で一つの責務になりうるだろう。次に、送られてきたデータを受け取る責務がある。また、入力情報が正しいかを確かめる責務もありうる。最後に、入力内容をデータベースに保存する責務が考えられる。

レイヤードアーキテクチャでは、これらの論理的な責務を**レイヤー**（layer）の単位として分ける。画面入力は「プレゼンテーションレイヤー」、データの受け取りは「インタフェースレイヤー」、入力情報チェックは「ビジネスロジックレイヤー」、そしてデータベースへの接続は「データアクセスレイヤー」というようにである。

次に、グループの間のやりとりの方法を定義する。多くのケースでは、データがどのように流れていくかによって決められることが多いだろう。今回のケースであるならば、「プレゼンテーション→インタフェース→ビジネスロジック→データアクセス」の順にデータが流れることになる。この順序を必ず守ってレイヤー間のコミュニケーションを取る、というルールを策定する。裏を返せばたとえば、「プレゼンテーション→ビジネスロジック」のようにレイヤーを飛ばしてはいけないし、あるいは「データアクセス→ビジネスロジック」のように遡ってやりとりしてはいけない、というルールである。同じレイヤー内の要素同士か、もしくは自身より下のレイヤーについては呼び出すことができるが、自身より上のレイヤーを遡って呼び出してはならないし、また直下以外のレイヤーにアクセスしてはならない、ということである。

4.2 なぜレイヤードアーキテクチャを採用するか

採用理由は単純である。レイヤードアーキテクチャは、コードの秩序を保ちやすい傾向にあり、そして設計手法の理解や実装への導入が比較的手軽なためである。コードの秩序面については、各レイヤーに定義した責務ごとにコードを整理するため、**関心の分離**（separation of concerns; **SoC**）という規則を守ったコードを残しやすくなるというのがポイントである。これにより、どこに何があるかを把握しやすくなる。結果的にアプリケーションのコードの保守のしやすさにつながる。関心の分離のなされたコードは、仮に一部コンポーネントを変更したとしても、その変更による影響範囲を予測可能なことが多いためである。

ただし、コードの秩序を保つためには前節の例のように、定義したレイヤー間のやりとりのルールを厳密に守る必要がある。「レイヤー間の通信は、必ずレイヤー内、ないしは隣接するレイヤーだけ」というルールを守ることで、コードの変更があった際に、影響範囲をレイヤー内に限定することができるようになる。

実装それ自体も比較的素朴な手法で済むケースが多いと思われる。従来使ってきた疎結合なコードベースを作る手法を組み合わせることで、最初のレイヤードアーキテクチャに従ったアプリケーションは比較的手軽に実装可能であると筆者は考えている。この点については、のちほど実装例を見ながら実際手軽かどうかを読者に判断してもらいたい。

以上の理由から、レイヤードアーキテクチャは非常に素朴な設計手法ではあるもののよく採用される。アプリケーションを実装開始した直後の小規模なタイミングから、アプリケーションが成長し、大規模化し、複雑化するタイミングにおいてまで、一定のルールを保ち続けることができれば比較的よくワークする。

一方でトレードオフとして、関心の分離を達成するために各レイヤー単位でモデルのデータ型を定義する必要が出てくることが挙げられる。前節の例を流用すると、完全に関心の分離を行うためには、「プレゼンテーションレイヤー用のデータ型」「インタフェースレイヤー用のデータ型」「ビジネスロジックレイヤー用のデータ型」「データアクセスレイヤー用のデータ型」の４つを用意する必要がある。このため、データの受け渡し

時に似たような構造のデータをひたすら行き来するバケツリレーが発生したり、似たような処理をする関数が複数レイヤーに登場したりしてしまうなど、いわゆる重複した実装の問題に頭を悩ませることになる。これは結果的に開発速度や保守性を落としているともいえる。アプリケーションが大規模化するとより顕著に現れるコストとなる。

実は本書を執筆中に、使用していた HTTP サーバー用のクレートを切り替える作業を行った。もともとは actix-web という別のクレートを利用していたが、これを axum に切り替えるという作業である。このタイミングで意図せずレイヤードアーキテクチャの恩恵を受けることができた。

設計時点では、HTTP サーバー用のクレート固有のレイヤーと、アプリケーション固有のレイヤー（後述するが、これは kernel と adapter というレイヤーにあたる）とをそれぞれ意識的に切り分けて実装していた。これによって、actix-web から axum への切り替え時には、HTTP サーバー用のレイヤー以外は実装をまったく変更せずに済んだ。

もし仮にきちんとレイヤードアーキテクチャになっていなかった場合は、この修正と同時に発生した影響範囲はかなり拡大し、移行作業も大変であったように思われる。きちんとレイヤーごとにデータ構造や処理単位を切り分けておいたため、そうした事態には陥らなかった。

4.3　今回採用するレイヤードアーキテクチャ

本書では先の要件の説明にあったとおり、蔵書管理に関するアプリケーションを実装する。蔵書管理とはいえ、このアプリケーションは一般的にはいわゆる在庫管理アプリケーションの構成に近いものになる。在庫管理アプリケーションは、ある在庫があったとして、その在庫の一覧や詳細を閲覧したり、新たな在庫を登録したり、在庫の情報を更新・削除したりするという処理を行う。この操作の裏側にあるのは、入力情報を受け取って、後ろに控えているデータベースをはじめとする永続化層にデータを保存するという流れである。蔵書管理は、これに蔵書の貸し借りの機能が足されるが、処理の軸は在庫管理アプリケーションと同じである。

4.3.1　レイヤーごとの役割

今回は各レイヤーが次のような役割を持つように分ける（表 4.1）。

表 4.1　各レイヤーが持つ役割

名前	概要
api	（画面からの）入力情報を受け取るレイヤー
kernel	受け取った入力情報をアプリケーションが扱いやすいデータ形式に変換しつつ、必要な処理をかけるレイヤー
adapter	データベースをはじめとしたいわゆる永続化層にアクセスし、データを保存するレイヤー

レイヤーの中には、さらに概念を整理する単位として**コンポーネント**（component）と呼ぶものを実装する。今回は小規模なアプリケーションであるため、各レイヤーの中には 1 つか多くて 2 つくらいのコンポーネントしか作られないが、大規模化するとレイヤー内にいくつかのコンポーネントが用意されることもある。

この節の残りでは、先述したとおり、レイヤードアーキテクチャではレイヤー間のやりとりに取り決め（ルール）を課すことが多いため、これを説明する。加えて、具体的にどのようなコンポーネントがあるかについ

てもまた説明する。

4.3.2 レイヤーのルール
また、レイヤー間に次のようなルールを課す。

1. 上位レイヤーは、同一レイヤー内、もしくは下位レイヤーのコンポーネントを呼び出して利用する。
2. 隣接するレイヤーのコンポーネントしか呼び出さない。
3. 下位レイヤーは上位レイヤーのコンポーネントを呼び出さない。

上述したルールを具体例で説明する。レイヤーは必ず、api → kernel → adapter の順にデータを渡し、adapter → kernel → api の順に結果を返す。たとえば api が急に adapter のコンポーネントのメソッドを呼び出すことはない。必ず kernel を介してから adapter のメソッドを呼び出すことになる。

一方で、たとえば adapter のコンポーネントが同じ adapter 内のコンポーネントを呼び出すことは許可される。たとえば、これから説明するが、個別のデータベースに対する操作は Repository と呼ばれるコンポーネントが司る。データベースへの接続は Database というコンポーネントが司る。両者は adapter 内にいるが、Repository は Database に依存する関係性にある。

4.3.3 コンポーネントの配置とデータの流れ
コンポーネントはレイヤーの中にあり、それぞれのコンポーネントは一つの役割を持つ。今回実装予定のコンポーネントを整理すると次のようになる。カッコ内は Rust のモジュール名にあたる。

- api レイヤー
  - ハンドラ（handler）：クライアントから送信されるリクエストを受け取り、所定の処理をしてクライアントにレスポンスを返すまでを行う。
- kernel レイヤー
  - モデル（model）：アプリケーション内固有で扱ういわゆるドメインモデルを扱う。
  - リポジトリ（repository）：外部のミドルウェアやサービスなどを経由してデータを取り出し、モデルを生成するまでを行う。kernel レイヤーのものはインタフェースで定義されている。
- adapter レイヤー
  - リポジトリ（repository）：kernel のものと役割は同じだが、こちらは具象実装となっている。
  - ミドルウェアアクセス（database, redis）：本書のアプリケーションでは PostgresSQL へのアクセスと、Redis へのアクセスに関する処理を扱う。

とくに kernel と adapter それぞれにリポジトリがあるが、これについての詳細は次の「依存性注入」の節で説明する。先んじて簡単に説明しておくと、これをする理由はテスト時に、リポジトリコンポーネントに対して**モック**（mock）を差し込めるようにし、統合テスト時にモックを活用した実装を行うためである。

4.4 依存性注入

依存性の注入（dependency injection; **DI**）は、オブジェクトの依存関係をオブジェクト自身が直接解決するのではなく、外部から渡す（注入する）ことで実現されるデザインパターンである。オブジェクトの作成という情報を外部に出しておき、作成済みのオブジェクトを対象のオブジェクトに渡すことにより、オブジェクトの生成とオブジェクトの利用の関心の分離を行い、疎結合なプログラムを実現することを目指す。これにより単体テストの実装を行いやすくなるなどのメリットも同時に享受できる。

下記は、設定したエンドポイントに何かしらのプロトコルのリクエストを送信する処理を、DI を用いて実装した例である。RequestClient 構造体は Configuration 構造体を RequestClient::new 関数で受け取るようになっている。つまり、Configuration という「依存」を RequestClient に「注入」している。

これにより、RequestClient の内部の設定内容は外部から得られるようになっており、実装定義としては RequestClient 構造体一つを用意しておき、用途に応じた Configuration のインスタンスを流し込むことで、複数エンドポイントへのリクエスト送信処理にかかるコードの量を減らすことができている。

シンプルな DI の実装例

```rust
use std::{
    net::{IpAddr, Ipv4Addr},
    time::Duration,
};

struct Configuration {
    retry: u32,
    endpoint: IpAddr,
    timeout: Duration,
}

impl Configuration {
    fn new(retry: u32, endpoint: IpAddr, timeout: Duration) -> Self {
        Self {
            retry,
            endpoint,
            timeout,
        }
    }
}

struct RequestClient {
    config: Configuration,
}

impl RequestClient {
    fn new(config: Configuration) -> Self {
        Self { config }
    }

    fn send(&self) {
        println!("Send request to {:?}", self.config.endpoint);
```

```
            println!(
                "With timeout {:?}, retry count {:?}",
                self.config.timeout, self.config.retry
            );
        }
    }

    fn main() {
        let config = Configuration::new(3, Ipv4Addr::LOCALHOST.into(),
    Duration::from_secs(30));
        let client = RequestClient::new(config);
        client.send();
    }
```

　こう説明したものの、Rust ではそもそもこうした new 関数を用いる、いわゆる「コンストラクタ」を用意しなくとも構造体のインスタンスを生成することができる。いわゆるクラスベースのプログラミング言語とは異なり、Rust では、コンストラクタを用いない限りはそもそもインスタンス生成時点で依存を外から差し込むしか方法がない。なので、あまり実装中に「DI をしなければ」と意識せずとも、言語仕様側が DI に近い操作を強制する。これは言語仕様がモダンなプログラミング言語のよさの一つである。

　先の例では構造体を用いて DI を説明したが、DI 時に渡す依存はいわゆる他のプログラミング言語でいうインタフェースのような抽象実装であることも多い。Rust でも実際、トレイトを使って DI を定義することにより、たとえばモックを差し込むなど特定用途向けの実装の差し替えを行うことができる。また、こうした方法は実際の開発現場でもよく見られる手法である。

　Rust ではトレイトを使って DI を実現できると説明したが、Rust にはトレイトに対してどのように具象実装を紐づけるかについて 2 つの手段が用意されている。一つは **静的ディスパッチ**（static dispatch）を用いるもの、もう一つは **動的ディスパッチ**（dynamic dispatch）を用いるものである。以降では両者を用いた DI について説明し、両者のそれぞれの利点・注意点を解説する。

4.4.1　静的ディスパッチを用いるもの

　トレイトの DI を使用する例を示すために、先ほどの例を少し拡張する。gRPC を用いたリクエストを送るクライアントと、HTTP を用いたリクエストを送るクライアントをそれぞれ想定する。ただし、これは架空の実装であり、実際にはもう少し手を加えないと使えるようにはならない。そして上述したクライアントを Service という構造体に持たせる。

　これを静的ディスパッチを用いて実装してみたものが下記のコードである。

静的ディスパッチで実装した DI の例
```
#![allow(unused)]

struct Configuration {
    retry: u32,
    timeout: u32,
}

trait RequestClient {
    fn send(&self);
```

```rust
}

struct GrpcRequestClient {
    config: Configuration,
}

impl RequestClient for GrpcRequestClient {
    fn send(&self) {
        println!("Sent request by gRPC");
    }
}

struct HttpRequestClient {
    config: Configuration,
}

impl RequestClient for HttpRequestClient {
    fn send(&self) {
        println!("Sent request by HTTP");
    }
}

struct Service<T: RequestClient> {
    client: T,
}

impl<T: RequestClient> Service<T> {
    fn call(&self) {
        self.client.send();
    }
}

fn main() {
    let config = Configuration {
        retry: 3,
        timeout: 30,
    };
    let grpc_client = GrpcRequestClient { config };
    let grpc_service = Service {
        client: grpc_client,
    };
    grpc_service.call();

    let config = Configuration {
        retry: 3,
        timeout: 60,
    };
    let http_client = HttpRequestClient { config };
    let http_service = Service {
        client: http_client,
    };
    http_service.call();
}
```

ポイントは struct Service<T: RequestClient> である。GrpcRequestClient と HttpRequestClient のどちらであっても受け取れるよう、T: RequestClient というトレイト制約を設けた。Rust ではトレイト制約を設けると、**単一化**（unification）と呼ばれるコンパイラによる静的なコード生成が走る。**ジェネリクス**（generics）に対応する具象実装分だけ裏でコードが生成される。今回のケースでは、GrpcRequestClient と HttpRequestClient の 2 つ分、コードが生成されることになる。そしてこれが静的ディスパッチと呼ばれるものの正体である。

静的ディスパッチはコードをあらかじめコンパイル時に生成させておくだけあって、後述する動的ディスパッチと比較すると、実行時の余計なオーバーヘッドが少ない。一方で、struct Service<T: RequestClient> の T: RequestClient 部分の型解決が都度必要になるため、少々実装の手間が多くなる。

たとえばさらに別の依存を用意するケースを考える。リクエストを送ったあと、送ったとログを出したいとする。このログ出し機構にもやはり実装の差し替えが起こる可能性があったとしよう。同様に静的ディスパッチによる依存の解決が必要だ。すると、L: Logger というトレイト制約を Service 構造体に追加する必要が出てくる。

静的ディスパッチでの DI にロガーを追加した例

```
#![allow(unused)]
struct Configuration {
    retry: u32,
    timeout: u32,
}

trait RequestClient {
    fn send(&self);
}

struct GrpcRequestClient {
    config: Configuration,
}

impl RequestClient for GrpcRequestClient {
    fn send(&self) {
        println!("Sent request by gRPC");
    }
}

struct HttpRequestClient {
    config: Configuration,
}

impl RequestClient for HttpRequestClient {
    fn send(&self) {
        println!("Sent request by HTTP");
    }
}

trait Logger {
    fn log(&self);
```

```rust
}

struct StdoutLogger;

impl Logger for StdoutLogger {
    fn log(&self) {
        println!("Log to stdout");
    }
}

struct RemoteLogger;

impl Logger for RemoteLogger {
    fn log(&self) {
        println!("Sent logs remotely");
    }
}

struct Service<T: RequestClient, L: Logger> {
    client: T,
    logger: L,
}

impl<T: RequestClient, L: Logger> Service<T, L> {
    fn call(&self) {
        self.client.send();
    }
}

fn main() {
    let config = Configuration {
        retry: 3,
        timeout: 30,
    };
    let stdout_logger = StdoutLogger;
    let grpc_client = GrpcRequestClient { config };
    let grpc_service = Service {
        client: grpc_client,
        logger: stdout_logger,
    };
    grpc_service.call();

    let config = Configuration {
        retry: 3,
        timeout: 60,
    };
    let remote_logger = RemoteLogger;
    let http_client = HttpRequestClient { config };
    let http_service = Service {
        client: http_client,
        logger: remote_logger,
    };
```

```
        http_service.call();
    }
```

このように、静的ディスパッチによる DI が必要な構造体のフィールドが増えると、その分だけトレイト制約が増えていってしまうのがこの手法のデメリットにあたる[*3]。

4.4.2 動的ディスパッチを用いるもの

続いて先ほどのコード例を今度は動的ディスパッチに置き換えてみる。動的ディスパッチはトレイトオブジェクト（dyn <トレイト名>）を使用する。トレイトオブジェクトを使った DI は次の 2 通りが考えられる。

1. Box、Rc、Arc などを使う。例としては Box<dyn Trait>。
2. 参照で持たせる。&dyn Trait ないしは &'static dyn Trait など。

今回は 1 の手法で説明する。2 は、Arc などの参照カウントを用いた実装を行った際に発生するオーバーヘッドを極限まで削りたいケースには有効であるが、実際のところ、一般的な Web アプリケーション開発でそのような場面に追い込まれることは少なく、大半のケースで 1 で間に合うと筆者は考えているためである。2 の実装方法が気になる読者は、本書の GitHub リポジトリにコードを用意しているのでそこで参照することができる。

動的ディスパッチでの DI の例

```
#![allow(unused)]

struct Configuration {
    retry: u32,
    timeout: u32,
}

trait RequestClient {
    fn send(&self);
}

struct GrpcRequestClient {
    config: Configuration,
}

impl RequestClient for GrpcRequestClient {
    fn send(&self) {
        println!("Sent request by gRPC");
    }
}

struct HttpRequestClient {
    config: Configuration,
```

[*3] 本書の紙幅の都合上すべてを説明することはできないが、たとえば関連型を利用したり、DI コンテナに工夫を加えたりすることによって、一定程度実装に必要になるジェネリクスの数を減らすことはできる。

```rust
impl RequestClient for HttpRequestClient {
    fn send(&self) {
        println!("Sent request by HTTP");
    }
}

struct Service {
    client: Box<dyn RequestClient>,
}

impl Service {
    fn call(&self) {
        self.client.send();
    }
}

fn main() {
    let config = Configuration {
        retry: 3,
        timeout: 30,
    };
    let grpc_client = GrpcRequestClient { config };
    let grpc_service = Service {
        client: Box::new(grpc_client),
    };
    grpc_service.call();

    let config = Configuration {
        retry: 3,
        timeout: 60,
    };
    let http_client = HttpRequestClient { config };
    let http_service = Service {
        client: Box::new(http_client),
    };
    http_service.call();
}
```

　動的ディスパッチを使った場合、静的ディスパッチを使用したケースと比較して、Service構造体にはジェネリクスはまったく必要なくなる。これのおかげで、フィールドをいくつか追加したとしてもジェネリクスが増えることはないため、Service構造体を別の構造体のフィールドとして定義する際に波及的に発生する型解決の煩雑さからは解放されることになる。

　一方で動的ディスパッチを用いた場合、実行時に仮想テーブル（vtable）をたどって、トレイトに対応する具象実装を探すという内部的な操作が追加されることになる。これにより、動的ディスパッチは静的ディスパッチと比較すると実行時のオーバーヘッドが多少あるといえる。

4.4.3　本書での扱い

　本書では動的ディスパッチでDIする方法をメインに採用する。理由は、単に解決が必要になるジェネリク

スの数が減り実装の手間が少ないのと、今回のアプリケーションではパフォーマンスをそこまで求めていないためである。

4.5 レイヤードアーキテクチャをRustで実現するには

Rustでレイヤードアーキテクチャを実現するためには、**ワークスペース**（workspace）と**モジュール**（module）という2つの機能を利用するとよいと筆者は考えている。ワークスペースは先に説明した「レイヤー」に対応し、モジュールは「コンポーネント」に対応するよう今回は実装を進める。

ワークスペースは、あるRustクレート（ないしは、パッケージ[*4]）の中にさらに別のクレート単位を作る機能である。新たに作られたパッケージ側を「ワークスペースメンバー」と呼ぶ[*5]。ややこしいが、このワークスペースメンバーの単位は一つの独立したクレートの単位になっている。

ワークスペースの利用動機はコンパイルにかかる時間の削減とディスクスペースの節約である。コンパイル時間の削減について、たとえばワークスペースメンバーAでだけコードの変更を行った場合、そのワークスペースメンバーAに対するコンパイルのみが走り、他のワークスペースメンバー（たとえばBやC）に対する再コンパイルは一切走らない。単にコード変更が行われなかったワークスペースメンバーのコンパイルを行わないというだけではあるが、かなりの時間の削減につながる。また、Rustはクレートごとに/targetという成果物を保存するディレクトリが作られる。仮にクレート内に単にクレートを新しく用意するだけだと、クレート数分/targetディレクトリができてしまう。ワークスペース機能はワークスペースに一つだけ/targetを生成するため、大幅にディスクスペースを節約できる。

レイヤードアーキテクチャとワークスペース機能は相性がよい。レイヤードアーキテクチャはコードに対する変更があった際、そのレイヤー内で影響が収まるよう設計される。ワークスペースメンバーを各レイヤーごとに切っておくことで、コンパイル時間の削減の恩恵をとくに受けやすくなる。

4.6 レイヤードアーキテクチャで再実装

ここまでレイヤードアーキテクチャとは何か、今回本書ではどのように設計して使うか、そしてレイヤードアーキテクチャ利用時に必ずセットで検討が必要になるDIについて確認した。最後に、ここまでの説明をもとに、第3章で行った実装をレイヤードアーキテクチャを用いて改めて書き換える。

4.6.1 ワークスペースの導入

まずはじめに、レイヤーに該当するワークスペースメンバーを用意する。図4.1における「src/bin/app.rs」以外のブロックをワークスペースメンバーとして作成する。api、kernel、adapterについては、依存関係を点線の矢印、リクエストとレスポンスの処理の流れを太い矢印で付記した。

[*4] パッケージとクレートの呼び分けは厳密には異なるがほとんどのケースで同じ意味で用いられる。詳しくは高野祐輝・著『ゼロから学ぶRust』（講談社、2022）第5章を参照のこと。

[*5] https://doc.rust-lang.org/cargo/reference/workspaces.html

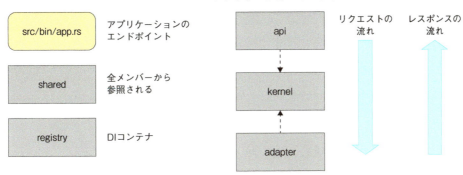

図 4.1　ワークスペースメンバーの一覧

　api、kernel、adapter は先に説明した。src/bin/app.rs は main 関数を含み、サーバーの立ち上げを行うエンドポイントとする。第 2 章で作った src/main.rs を変更する。src の配下に bin というディレクトリを作成し、作成した bin ディレクトリに app.rs というファイルを作成する。元あった main.rs は不要になるため、中身を作成した app.rs に移すなどして、削除する。shared はエラー型やそのほかこのアプリケーション全体で共通で使用できる型や関数を提供する。registry はこれから実装する DI コンテナである。

　まずそれぞれワークスペースメンバーを生成しておく。第 3 章で作ったプロジェクトのルートディレクトリで、下記の cargo new コマンドを実行する。各ワークスペースメンバーは main 関数を含まず実行用のバイナリも生成する必要がないため、--lib フラグを付与している。

```
$ cargo new --lib api && \
  cargo new --lib kernel && \
  cargo new --lib adapter && \
  cargo new --lib shared && \
  cargo new --lib registry
```

　ワークスペースを使用するためには、親としたいクレートのルートにある Cargo.toml の、workspace セクションの members を定義する。Cargo.toml を下記のように再編集する。

Cargo.toml：ワークスペースのメンバーを定義

```
[package]
name = "rusty-book-manager"
version = "0.1.0"
edition = "2021"

# 第 3 章までは src/main.rs に main 関数を記述していたが、第 4 章から src/bin/app.rs に変わるため注意
[[bin]]
name = "app"
path = "src/bin/app.rs"

[workspace]
members = ["api", "kernel", "adapter", "shared", "registry"]
```

```
[dependencies]
anyhow = "1.0.75"
axum = { version = "0.7.5", features = ["macros"] }
sqlx = { version = "0.7.3", features = [
  "runtime-tokio",
  "uuid",
  "chrono",
  "macros",
  "postgres",
  "migrate",
] }
tokio = { version = "1.37.0", features = ["full"] }

[dev-dependencies]
rstest = "0.18.2"
```

`cargo make check`を実行し、コンパイルエラーが出ないことを確認しておこう。

4.6.2　ワークスペースによる依存管理

ワークスペースには依存管理を行う機能がある。workspace.dependenciesセクションにワークスペース共通で使用する依存の情報を記述し、dependenciesセクションでその依存を利用するようスイッチをオンにすることで、ワークスペースメンバーで依存を利用することができる。この機能のメリットは、たとえばanyhowのように複数ワークスペースメンバー間で利用する可能性がある依存について、バージョンや必要な機能の付加情報を一元管理できる点にある。

ルートの`Cargo.toml`のdependenciesセクションとdev-dependenciesセクションを統合し、workspace.dependenciesセクションに次のように記述する。dev-dependenciesもまとめるのは、ワークスペース機能では、その依存を使うタイミングについてはいったん区別されておらず、リリース用の依存とデバッグ用の依存のどちらに含めるかは、使う側のワークスペースメンバーで決定するためである。

Cargo.toml：ワークスペース共通の依存管理

```
[workspace.dependencies]
adapter = { path = "./adapter" }
api = { path = "./api" }
kernel = { path = "./kernel" }
shared = { path = "./shared" }
registry = { path = "./registry" }
anyhow = "1.0.75"
axum = { version = "0.7.5", features = ["macros"] }
sqlx = { version = "0.7.3", features = [
  "runtime-tokio",
  "uuid",
  "chrono",
  "macros",
  "postgres",
  "migrate",
] }
tokio = { version = "1.37.0", features = ["full"] }
rstest = "0.18.2"
```

ワークスペース共通の依存を使用するには、依存名.workspace = true と記述する。今回はルートとなるクレートでは tokio、axum、anyhow のみを使用するためこの 3 つをオンにしておく。また、ワークスペースルートからは、adapter、api、shared、registry が見えている必要があるため、これらもオンにしておく。dev-dependencies セクションに利用したい依存がある場合は、dev-dependencies セクション内で dependencies セクションと同様に依存を設定してやればよい。

Cargo.toml：ワークスペース共通の依存を使う

```
[dependencies]
adapter.workspace = true
api.workspace = true
registry.workspace = true
shared.workspace = true
anyhow.workspace = true
tokio.workspace = true
axum.workspace = true
sqlx.workspace = true
```

これらを踏まえた Cargo.toml の現状は、次のようになっているはずである。

Cargo.toml：現時点での全体像

```
[package]
name = "rusty-book-manager"
version = "0.1.0"
edition = "2021"

[workspace]
members = ["api", "kernel", "adapter", "shared", "registry"]

[workspace.dependencies]
anyhow = { version = "1.0.75", features = ["backtrace"] }
axum = { version = "0.7.5", features = ["macros"] }
sqlx = { version = "0.7.3", features = [
  "runtime-tokio",
  "uuid",
  "chrono",
  "macros",
  "postgres",
  "migrate",
] }
tokio = { version = "1.37.0", features = ["full"] }
rstest = "0.18.2"

[dependencies]
adapter.workspace = true
api.workspace = true
registry.workspace = true
shared.workspace = true
anyhow.workspace = true
tokio.workspace = true
```

```
axum.workspace = true
sqlx.workspace = true
```

4.7 各ワークスペースメンバーへのコードの移動

ワークスペースの新規作成と依存の設定が終わったので、ワークスペースの各メンバーに第3章で書いたコードを移動する。第5章以降ではこのコードベースを拡張する形で実装を進める。

まずは adapter にデータベース接続情報に関連する実装を移す。次に、adapter と kernel にデータベースへの接続用の実装を用意する。また、registry に簡易的な DI コンテナを実装する。最後に api にハンドラとルーターを移動し、DI コンテナを経由してデータベースへの接続を呼び出せるようにする。

4.7.1 データベースへの接続情報を移す

まずは、第3章で実装した DatabaseConfig 構造体を shared に移す。shared レイヤーに次のようにディレクトリとファイルを作成する。shared に移すのは、今回は設定ファイルをこのディレクトリに寄せ、registry などからも参照させたいためである。

必要になる依存を shared の Cargo.toml に設定する。anyhow のみが必要となる。

shared/Cargo.toml：anyhow への依存の追加
```
[dependencies]
anyhow.workspace = true
```

必要になるディレクトリはとくにないが、config.rs を新たに作成する。ここにアプリケーション全体で使用できる設定を記述する予定である。

```
src
├── config.rs
└── lib.rs
```

lib.rs には cargo が自動生成したサンプルのコードが書かれているかもしれないが、それらはすべて削除し、下記の記述のみを残す。

shared/src/lib.rs：モジュール指定の追加
```
pub mod config;
```

config.rs に AppConfig という構造体を作りつつ、DatabaseConfig 構造体を移す。AppConfig が DatabaseConfig を中に持つという構造にする。AppConfig::new 関数の中で、環境変数に設定された情報を参照しながら DatabaseConfig を構築する。

shared/src/config.rs：AppConfig の実装
```
use anyhow::Result;

pub struct AppConfig {
```

```
        pub database: DatabaseConfig,
}

impl AppConfig {
    // データベース接続に必要な情報を環境変数から取り出すように修正する。
    pub fn new() -> Result<Self> {
        let database = DatabaseConfig {
            host: std::env::var("DATABASE_HOST")?,
            port: std::env::var("DATABASE_PORT")?.parse()?,
            username: std::env::var("DATABASE_USERNAME")?,
            password: std::env::var("DATABASE_PASSWORD")?,
            database: std::env::var("DATABASE_NAME")?,
        };
        Ok(Self { database })
    }
}

pub struct DatabaseConfig {
    pub host: String,
    pub port: u16,
    pub username: String,
    pub password: String,
    pub database: String,
}
```

この構造体は、のちほどデータベースに接続する処理をサーバー起動時に記述するタイミングで使用する。

次に、adapter にデータベースへの接続とコネクションプールの管理を行う実装を準備する。Connection Pool という構造体を作り、その中に sqlx::PgPool を持たせるようにする。また、第3章で実装した connect_database_with 関数を adapter に移す。

今回必要になる依存を adapter の Cargo.toml に追加する。

adapter/Cargo.toml：adapter への依存の追加

```
[dependencies]
shared.workspace = true
anyhow.workspace = true
sqlx.workspace = true
```

次に必要なディレクトリとファイルを用意する。database というディレクトリと、mod.rs というファイルを作成する。adapter 以下が次のようになっていれば期待どおりである。

```
.
├── Cargo.toml
└── src
    ├── database
    │   └── mod.rs
    └── lib.rs
```

database ディレクトリはモジュールとして機能するため、モジュール情報を lib.rs に設定する。

adapter/src/lib.rs：モジュール指定の追加

```
pub mod database;
```

まずは第3章の実装を一通り database/mod.rs に移行しつつ、少々変更を加える。実装自体は下記のようになる。

adapter/src/database/mod.rs：データベース接続実装の移動

```
use shared::config::DatabaseConfig;
use sqlx::{postgres::PgConnectOptions, PgPool};

// 1) `DatabaseConfig` から `PgConnectOptions` に変換する関数。
fn make_pg_connect_options(cfg: &DatabaseConfig) -> PgConnectOptions {
    PgConnectOptions::new()
        .host(&cfg.host)
        .port(cfg.port)
        .username(&cfg.username)
        .password(&cfg.password)
        .database(&cfg.database)
}

// 2) `sqlx::PgPool` をラップする。
#[derive(Clone)]
pub struct ConnectionPool(PgPool);

impl ConnectionPool {
    // 3) `sqlx::PgPool` への参照を取得する。
    pub fn inner_ref(&self) -> &PgPool {
        &self.0
    }
}

// 4) 返り値を `ConnectionPool` に変更し、内部実装もそれに合わせて修正した。
pub fn connect_database_with(cfg: &DatabaseConfig) -> ConnectionPool {
    ConnectionPool(PgPool::connect_lazy_with(make_pg_connect_options(cfg)))
}
```

1. DatabaseConfig から sqlx::postgres::PgConnectOptions に変換する関数を実装する。この関数はのちほど、connect_database_with 関数にて使用する。
2. ConnectionPool という構造体で、PgPool をラップする。ラップしておくことで、sqlx::PgPool の情報を露出させずに済む。主に、のちに DI コンテナを registry に作る際、sqlx への依存を registry ワークスペースに追加しなくて済むよう、こうしている。
3. inner_ref 関数を呼び出すと、sqlx::PgPool への参照を返す。のちほどクエリを実行する際使用する。
4. connect_database_with 関数の返り値を 2 で用意した ConnectionPool にしつつ、中身も型付けが合うよう修正を加えた。

以上で adapter への実装の移動は完了となる。cargo check をするなどして、コンパイルエラーがないかどうか確かめておくとよいだろう。

4.7.2　データベース接続用の実装を用意する

次にデータベースに接続し、データベースから情報を取り出す部分のコードを移す。この操作は、今回本書ではリポジトリ（Repository）というコンポーネントに担わせる。リポジトリの責務は下記のとおりと定義する。

- 読み出しの場合、渡された条件をもとにデータベースに任意の問い合わせを実行し、取得できたデータをアプリケーション側が扱いやすい形に変換して返す。
- 書き込みの場合、渡された書き込み元のデータをもとにデータベースに新規登録（insert）／更新（update）／削除（delete）の処理を実行する。必要があれば、結果をアプリケーション側が扱いやすい形に変換して返す。

第 3 章時点でデータベースにアクセスしているコードは次のとおりだった。

第 3 章でのデータベース接続コード
```
async fn health_check_db(State(db): State<PgPool>) -> StatusCode {
    let connection_result = sqlx::query("SELECT 1").fetch_one(&db).await;
    match connection_result {
        Ok(_) => StatusCode::OK,
        Err(_) => StatusCode::INTERNAL_SERVER_ERROR,
    }
}
```

今回は `sqlx::query("SELECT 1").fetch_one(&db).await` というコードを `HealthCheckRepository` と名付けられたリポジトリに移す。先のコードではコネクションプール（コード内の db）は adapter レイヤーに移植済みで、`HealthCheckRepository` の中にコネクションプールを持たせる。

最終的にこのリポジトリに定義される関数を api レイヤー内で定義するハンドラの中で呼び出す。ハンドラにリポジトリの情報を渡す際には DI コンテナを経由して渡すようにする。

さて、今回は次のようにリポジトリの実装を行う。

- kernel レイヤーには `HealthCheckRepository` というトレイトを用意する。ここに `check_db` というメソッドを定義する。
- adapter レイヤーでは、`HealthCheckRepositoryImpl` という構造体を用意する。この構造体に `HealthCheckRepository` トレイトを実装する。

kernel と adapter にまたがって実装を用意するのは、リポジトリに対してモックを差し込み、結合テスト時にモックを使ったテストの例を示したいためである。結合テストでは、設定されるエンドポイントのパスに対して擬似的にリクエストを投げ、リクエストを投げた結果正しいハンドラが呼び出され、期待するレスポンスが返ってくるかまでを確かめる。その際、できればデータベースへのアクセスというよりは、パスを正しく設定できているかやそのパスにセットされているであろう正しいハンドラが呼び出されているかの検証に重きをおきたい。データベースへのアクセスやそれに伴うデータの取得は、一時的にモックという形で代用しておき、その部分のテストを軽くしたいという意図がある。

もちろんこの手法には 2 つのデメリットが考えられる。一つはそもそもの目的である、モックをセットす

る必要性の問題である。もう一つは、単一の具象実装のために、わざわざトレイトを kernel に用意する必要が出てくるという問題である。

モックの是非については正直なところ、プロジェクトでの取り決めによるだろうということしか示すことはできない。モックはモック対象のセットアップの時間を大幅に削ることができるほか、モック対象が不安定であるケースや処理にとても時間がかかるようなケースにおいては、テストの安定性や終了速度の速さを担保することができる。一方で、モックすることにより、モック対象の本体を使ったテストは当然できなくなるため、その点ではあくまで擬似的なテストにすぎないという問題が残る。

単一の具象実装のためにトレイトをわざわざ切ることは、実装修正時の煩雑さを高めることにつながる。たとえば具象実装側のシグネチャを直した場合、トレイト側も同様に修正する必要が出てくる。これはたしかに二度手間であるといえる。抽象実装と具象実装をそれぞれ切り離した実装の数が増えれば増えるほど、1 箇所を直したいだけなのに波及的に数箇所直す必要が出てくる。これについては、あくまで何を目的にトレイトを切っておくかをよく検討することが肝要である。本書では、使用するモッククレートの都合、このような手法を採り入れざるを得ないため採り入れている。

kernel に `HealthCheckRepository` トレイトを用意する

まずは kernel レイヤーから実装する。

今回は async-trait というクレートを使用するため、必要になる依存を先に整理する。プロジェクトルートの Cargo.toml に次のように async-trait の依存を追加する。

Cargo.toml：async-trait への依存の追加

```toml
[workspace.dependencies]
# ...他の依存が続く
async-trait = "0.1.74"
```

このクレートは、Rust では現時点では実現できないトレイトならびにトレイトに対する実装のメソッドを async 化できる。内部的にはマクロを用いて、現在の Rust で展開できる形で非同期処理関連の追加実装をトレイトに対して生やしている。詳しい解説はこのクレートを利用するタイミングで行う。

次に、kernel の Cargo.toml に次のように async-trait の依存を追加する。これは、ルートプロジェクトでワークスペースに対して定義した依存を kernel プロジェクトでも使い回せるようにするためである。

kernel/Cargo.toml

```toml
[dependencies]
async-trait.workspace = true
```

kernel に次のようにディレクトリとファイルを用意する。

```
src
├── lib.rs
└── repository
    ├── health.rs
    └── mod.rs
```

まずはモジュールの定義をする。lib.rs に次のように記述する。

kernel/src/lib.rs：モジュールの定義

```
pub mod repository;
```

次に、repository/mod.rs に次のように記述する。

kernel/src/repository/mod.rs：モジュールの定義

```
pub mod health;
```

repository/health.rs に HealthCheckRepository というトレイトを実装する。このトレイトは、今回必要になるメソッドを定義しておくためのものである。

kernel/src/repository/health.rs：HealthCheckRepository トレイトの定義

```
use async_trait::async_trait;

#[async_trait] // 1
pub trait HealthCheckRepository: Send + Sync { // 2
    async fn check_db(&self) -> bool; // 3
}
```

1. 先ほど説明した async-trait のマクロである。このマクロについては後述する。
2. HealthCheckRepository の定義。のちほど使用する axum の都合で、トレイトは Send + Sync を満たす必要がある。Send と Sync は両者ともに**マーカートレイト**（marker trait）と呼ばれるものである。マーカートレイトとは、コンパイラの動作を決定する際に使用され、コンパイラが特別扱いするトレイトである。
3. データベースに接続し、接続を確立できるかどうかを確認するための関数。接続できたことを確認できれば true が返り、接続できないなどの理由でエラーが発生した場合は false が返る。

async-trait とは何か

　先ほども簡単に説明したが、Rust の stable バージョン 1.74 以前は、基本的にトレイトやトレイトの実装に紐づくメソッドを async 化すること（以降、「トレイト内の async fn」と呼ぶ）ができなかった。どういうことかというと、たとえば次のようなコードを書くことはできなかった。

```rust
// Rust1.74以前ではコンパイルできない。
trait A {
    async fn async_function();
}

struct B;

// Rust1.74以前ではコンパイルできない。
impl A for B {
    async fn async_function() {
        println!("Hello, world!");
    }
}
```

　Rust がこれをできなかったのは、Rust 1.39 で async/.await がリリースされて以降しばらくの間、主に impl Trait に関連して残された課題を解決し、安定化できていなかったためである。具体的には返り値の部分に使えるようになる予定の impl Trait である。この問題を、Rust コンパイラチームでは **RPITIT**（return position impl trait in trait; トレイト内の、返りの位置の impl Trait）などと呼んでいる。実はこの問題を解決しなくとも、Future を記述しさえすればこの問題は迂回できるのだが、そうするとそもそも async 構文を導入したモチベーションである、非同期処理の使いやすさという利点が完全に失われる。Rust の async の機能はバージョン 1.39 ではじめて導入されたが、それ以降この問題は解決されないままであった。

　そこで、手続き的マクロを用いてこの問題を迂回する策が考案され、そのためのクレートとして async-trait が生み出されることになった。async-trait は、裏でマクロがコードを展開する。現状安定化された機能のみでトレイト内の async fn を実現する場合、この方法がベストであるといえる。下記のコードは、async-trait の力を借りて、Rust のバージョン 1.74 以前ではコンパイルエラーになってしまっていたコードを書き直してみたものである。

```rust
#[async_trait::async_trait]
trait A {
    async fn async_function();
}

struct B;

#[async_trait::async_trait]
impl A for B {
    async fn async_function() {
        println!("Hello, world!");
    }
}
```

}
```

　下記は、async-trait のマクロが展開する実装を cargo-expand というツールの力を借りて展開したものである（説明に不要な実装は筆者のほうでカットしている）。async-trait がとる解決策というのは、要するに impl Trait のように型を抽象化した状態で扱うのは、stable Rust である限りはいまのところ不可能なのだから、裏でマクロによりその関数ごとに個別に型を生成させてしまえばよいではないかというものである。

```
trait A {
    fn async_function<'async_trait>()
    ->
        ::core::pin::Pin<Box<dyn ::core::future::Future<Output = ()> +
        ::core::marker::Send + 'async_trait>>;
}

struct B;

impl A for B {
    fn async_function<'async_trait>()
    ->
        ::core::pin::Pin<Box<dyn ::core::future::Future<Output = ()> +
        ::core::marker::Send + 'async_trait>> {
        Box::pin(async move
            {
                let () =
                    {
                        { ::std::io::_print(format_args!("Hello, world!\n")); };
                    };
            })
    }
}
```

　ちなみにだが、Rust 1.75 以降では、動的ディスパッチに使われるトレイトには用いることはできないという制約があるものの、トレイト内の async fn を利用することができるようになった[*6]。先に示したコードは、Rust 1.75 以降であれば async-trait なしでコンパイル可能になっているはずである。
　ただ、本書では DI コンテナで抽象と実装を切り離す際、動的ディスパッチを用いている。このため本書の実装方法ではまだ、Rust に正式に入った async 化の恩恵を受けることはできない。いまのところは async-trait クレートにお世話になる必要があるし、また本書のコードもそうなっている。動的ディスパッチ側の対応は少々難しい課題があり、それの解決に時間が必要ではあるものの少しずつ進んでいる。気長に待つことにしたい。

---

*6　https://blog.rust-lang.org/inside-rust/2023/05/03/stabilizing-async-fn-in-trait.html
```

adapter に HealthCheckRepositoryImpl 構造体を用意する

次は adapter レイヤーに HealthCheckRepository の実装を用意する。

まず Cargo.toml へ kernel クレートの依存を追加する必要がある。これは、adapter から kernel のトレイトを参照するためである。

adapter/Cargo.toml：依存の追加

```
[dependencies]
kernel.workspace = true
shared.workspace = true
async-trait.workspace = true
derive-new.workspace = true
# 下記 2 つは先ほど追加しておいた
anyhow.workspace = true
sqlx.workspace = true
```

Cargo.toml：derive-new の追加

```
[workspace.dependencies]
# ... 他のクレートの情報 ...
derive-new = "0.6.0"
# ... 他のクレートの情報が続く ...
```

新しく derive-new というクレートを使っている。このクレートは、Rust でよく実装するイディオムである new メソッドを使ったコンストラクタの実装を自動化するクレートである。構造体に #[derive(derive_new::new)] という**アトリビュート**（attribute）を付与すると、このクレートが提供する機能を利用することができる。

ディレクトリとファイルを次のように追加する。

```
src
├── database
│   └── mod.rs
├── lib.rs
└── repository
    ├── health.rs  # 追加
    └── mod.rs     # 追加
```

repository モジュールを lib.rs に追加する。

adapter/src/lib.rs：モジュール指定の追加

```
pub mod database;
pub mod repository;
```

また、repository/mod.rs に次のように記述する。

adapter/src/repository/mod.rs：モジュール指定の追加

```
pub mod health;
```

続いて、repository/health.rs に `HealthCheckRepositoryImpl` という構造体を用意し、かつ、`HealthCheckRepository` トレイトに対する実装を用意する。この実装内で `check_db` メソッドを実装する。

adapter/src/repository/health.rs：HealthCheckRepositoryImpl の実装

```rust
use async_trait::async_trait;
use derive_new::new;
use kernel::repository::health::HealthCheckRepository;

use crate::database::ConnectionPool;

// 1) コンストラクタを自動生成させる。
#[derive(new)]
pub struct HealthCheckRepositoryImpl {
    // 2) 構造体に `ConnectionPool` を持たせる。
    db: ConnectionPool,
}

#[async_trait]
// 3) `HealthCheckRepository` を実装する。
impl HealthCheckRepository for HealthCheckRepositoryImpl {
    async fn check_db(&self) -> bool {
        // 4) クエリ実行結果は `Result` 型であるため、`Ok` なら `true`、`Err` なら `false` を返させる。
        sqlx::query("SELECT 1")
            .fetch_one(self.db.inner_ref())
            .await
            .is_ok()
    }
}
```

1. derive-new を使って、マクロにこの構造体のコンストラクタを自動生成させる。のちほど、DI コンテナでインスタンスを生成させる際に役立つ。
2. 構造体の内部には `sqlx::PgPool` を持たせる。これは後続のメソッドでこのプールからコネクションを取り出して使用するためである。構造体の中に用意しているのは、コネクションプールをはじめとしたいわゆる環境情報への依存は個別の関数ないしはメソッドの引数として渡すより、構造体の内部にフィールドとして持たせるほうが整理としてよいだろうという考えからである。
3. `HealthCheckRepository` を実装する。トレイトの実装においては、トレイトに定義された関数のうちトレイト内に実装の定義のないものはすべて実装する必要がある。今回のケースでは `check_db` メソッドを実装する必要がある。
4. 第 3 章で使った `sqlx::query` の呼び出しに加え、`is_ok` 関数を呼び出している。`sqlx::query("SELECT 1").fetch_one(&self.conn).await` は Result 型を返すが、結果が Ok だった場合には true、Err だった場合には false が返る。

簡易的な DI コンテナを用意する

他のプログラミング言語で扱える HTTP サーバー実装用のライブラリでは、DI コンテナもそのライブラリが用意していることがある。Java の Spring はそれである。一方で、今回利用する axum は DI コンテナま

では面倒を見ていない。したがってもし利用する場合は、Rust 向けの DI コンテナのクレートを利用するか、もしくは簡易的な DI コンテナを自作する必要がある。今回のアプリケーションでは、そこまで規模が大きくならないことから、簡易的な DI コンテナを自作する方針とする。

Rust の DI コンテナの候補としての「shaku」

Rust にはこれといって事実上の標準となる DI コンテナ用のクレートはいまのところ見受けられないが、shaku というクレートは一つ DI コンテナの候補になると筆者は考えている。

このクレートはコンパイル時に依存解決が正しく行われたかをチェックできる方式の DI コンテナのクレートである。また、この shaku が提供するマクロを用いて半自動的に依存解決を行い、DI コンテナ用の構造体を生成することができる。その構造体を経由して、必要なコンポーネントを取り出すことができる。本書では DI コンテナの依存解決を手作業で行うが、shaku を使えばそれらを記述する必要はない。

shaku は axum 向けに shaku_axum というクレートを提供しており、これを使用すると主にハンドラ側での取り出し時に必要な依存を比較的楽に取り出すことができる。紙幅の都合で詳しく解説することは難しいが、サンプルコードなどが充実しており使い方を一通り把握可能である。

shaku https://crates.io/crates/shaku

これから作る簡易 DI コンテナ（以下、「DI コンテナ」と便宜上略す）は registry モジュールに用意する。まず、Cargo.toml に次のようにワークスペースメンバーである kernel と adapter を追加する。api を入れないのは、api に含むモジュールは実質 axum の管轄にあたり、DI コンテナで管理する必要がないためである。このアプリケーション独自のモジュール群である kernel と adapter のみ DI コンテナで管理する必要がある。

registry/Cargo.toml

```
[dependencies]
adapter.workspace = true
kernel.workspace = true
```

registry の src/lib.rs に次のようなコードを記述する。

registry/src/lib.rs：AppRegistry の実装

```
use std::sync::Arc;

use adapter::{database::ConnectionPool, repository::health::HealthCheckRepositoryImpl};
use kernel::repository::health::HealthCheckRepository;

// 1) DI コンテナの役割を果たす構造体を定義する。Clone はのちほど axum 側で必要になるため。
#[derive(Clone)]
pub struct AppRegistry {
```

```
        health_check_repository: Arc<dyn HealthCheckRepository>,
}

impl AppRegistry {
    pub fn new(pool: ConnectionPool) -> Self {
        // 2) 依存解決を行う。関数内で手書きする。
        let health_check_repository = Arc::new(HealthCheckRepositoryImpl::new(pool.clone()));
        Self {
            health_check_repository,
        }
    }

    // 3) 依存解決したインスタンスを返すメソッドを定義する。
    pub fn health_check_repository(&self) -> Arc<dyn HealthCheckRepository> {
        self.health_check_repository.clone()
    }
}
```

1. `AppRegistry` という構造体が DI コンテナの役割を果たす。この構造体で、アプリケーション上で利用するすべてのコンポーネントを管理させる。`Clone` トレイトを `derive` させているのは、のちに axum 側で使用する `State` と呼ばれる機能を利用する際、`Clone` が求められるためである。
2. `new` 関数内で手書きして依存関係を解決する。`derive-new` を使わないのは、今回はコンストラクタの内部実装を手書きするためである。
3. 依存解決したインスタンスを返すメソッドを定義しておく。メソッドにしたのは、のちほど結合テスト向けに `AppRegistry` を修正する際、このようなインスタンス取得の関数をトレイトにして切り出すことを想定している。あらかじめメソッドとして定義しておくことでトレイト実装への移行を楽にする。また、関数内で `.clone()` が呼び出されているが、`self.health_check_repository` は `std::sync::Arc` でラップされているため、このクローンは参照カウントを増やすのみである。つまり、普通に構造体をクローンするより低コストである。

以上で DI コンテナの実装は終了となる。次以降でこの DI コンテナを axum に登録し、各ハンドラで呼び出して使えるようにする。

4.7.3 すべての実装をつなげる

api にハンドラを実装する前に、そもそもハンドラで DI コンテナを経由してリポジトリを呼び出せる必要がある。なぜならハンドラがこのアプリケーションのレイヤーの中で実質一番上にあり、ハンドラを起点にさまざまな処理が開始されるためである。

ハンドラで DI コンテナを使えるようにするためには、第 3 章でも登場した `State`（ステート）と呼ばれる機能を利用する。第 3 章では次のようなコードを記述したはずだ。

src/bin/app.rs：第 3 章時点の内容の抜粋

```
#[tokio::main]
async fn main() -> Result<()> {
    // データベース接続設定を定義する。
```

```rust
    let database_cfg = DatabaseConfig {
        host: "localhost".into(),
        port: 5432,
        username: "app".into(),
        password: "passwd".into(),
        database: "app".into(),
    };
    // コネクションプールを作る。
    let conn_pool = connect_database_with(database_cfg);

    let app = Router::new()
        .route("/health", get(health))
        // ルーターにデータベースチェック用のハンドラを登録する。
        .route("/health/db", get(health_check_db))
        // ルーターの `State` にプールを登録しておき、各ハンドラで使えるようにする。
        .with_state(conn_pool);
    let addr = SocketAddr::new(Ipv4Addr::LOCALHOST.into(), 8080);
    let listener = TcpListener::bind(addr).await?;

    println!("Listening on {}", addr);

    Ok(axum::serve(listener, app).await?)
}
```

以下の手順で徐々にコードを直していく。ところで途中コンパイルエラーが発生しつつ作業を進めることがあるだろうが、実装修正を完全に完了したタイミングで一度 cargo check を実行するよう明示する。そのタイミングまでコンパイルエラーはしばらく発生していて構わない。

1. ハンドラを直す。
2. ルーターを実装する。
3. main 関数を直す。

ハンドラを移動し、修正する

作業をはじめる前に、api のディレクトリとファイルを次のように整備する。handler、route ディレクトリをそれぞれ作り、配下に必要なファイルを作成する。

```
src
├── handler
│   ├── health.rs
│   └── mod.rs
├── lib.rs
└── route
    ├── health.rs
    └── mod.rs
```

また、作成したモジュールをすべてコンパイラに認識させるために、lib.rs、handler/mod.rs、route/mod.rs にそれぞれ下記のように実装を追加する。

api/src/lib.rs：モジュール指定の追加

```
pub mod handler;
pub mod route;
```

api/src/handler/mod.rs：モジュール指定の追加

```
pub mod health;
```

api/src/route/mod.rs：モジュール指定の追加

```
pub mod health;
```

加えて、api の `Cargo.toml` に必要な依存を追加する。registry は今後利用するため追加しておく。また、現時点では axum の依存だけあれば十分であるため、それもまとめて追加しておく。

api/Cargo.toml：依存の追加

```
[dependencies]
registry.workspace = true
axum.workspace = true
```

できあがったタイミングで、第 3 章の実装を handler/health.rs に移す。health_check 関数と health_check_db 関数をこのファイルに移しておく。main 関数からそのまま移植すればよいだろう。

ここから DI コンテナをハンドラで利用できるようにする。変更を加えたのは health_check_db 関数だけである。下記のコードが実装である。

api/src/handler/health.rs：ハンドラの実装

```
use axum::{extract::State, http::StatusCode};
use registry::AppRegistry;

pub async fn health_check() -> StatusCode {
    StatusCode::OK
}

// 1) `State`に登録されている `AppRegistry` を取り出す。
pub async fn health_check_db(State(registry): State<AppRegistry>) -> StatusCode
{
    // 2) health_check_repository メソッドを経由してリポジトリの処理を呼び出せる。
    if registry.health_check_repository().check_db().await {
        StatusCode::OK
    } else {
        StatusCode::INTERNAL_SERVER_ERROR
    }
}
```

1. axum の `State` を経由して DI コンテナである `AppRegistry` を取り出す。のちほど axum 本体に `AppRegistry` は登録させる。
2. `registry` から `HealthCheckRepository` に関連する情報を取り出す。

次にルーターを実装する。

ヘルスチェックに関連するルーターを移動し、修正する

ルーターに関する実装を route/health.rs に移していく。実装は次のようにする。

api/src/route/health.rs：ルーターの実装

```rust
use axum::{routing::get, Router};
use registry::AppRegistry;

use crate::handler::health::{health_check, health_check_db};

// 1) Router の State が AppRegistry となるため、Router の型引数に指定する。
pub fn build_health_check_routers() -> Router<AppRegistry> {
    // 2) ヘルスチェックに関連するパスのルートである `/health` に個別のパスをネストする。
    let routers = Router::new()
        .route("/", get(health_check))
        .route("/db", get(health_check_db));
    Router::new().nest("/health", routers)
}
```

1. ヘルスチェックに関連するルーターはまとめて build_health_check_routers という関数にしておく。この関数は Router<AppRegistry> という型を返す。Router 型の定義は Router<S, B> となっている。S は State を指定する際の型引数、B は HTTP リクエストボディの型を指定する型引数である。Router のように宣言すると、S 側はユニット型として初期値が設定されるようになっている。State を自身でカスタマイズして使用する場合は、この S に State の型を与えておく必要がある。
2. ヘルスチェックに関連するハンドラをパスとともにルーターに登録している。nest を使うとルーターをネストさせることができる。今回は、後続するハンドラのパスは /health まで共通であるため、/health を一度外に出しておき、その中に個別のルーターをネストさせて登録するようにしている。

定義した関数はのちほど main 関数内で呼び出す。

main 関数の修正

ここまで行ってきたすべての修正を踏まえて、main 関数を改めて書き直していく。

src/bin/app.rs：main 関数周辺の実装

```rust
use std::net::{Ipv4Addr, SocketAddr};

use adapter::database::connect_database_with;
use anyhow::{Error, Result};
use api::route::health::build_health_check_routers;
use axum::Router;
use registry::AppRegistry;
use shared::config::AppConfig;
use tokio::net::TcpListener;
```

```rust
#[tokio::main]
async fn main() -> Result<()> {
    bootstrap().await
}

// 1) 後々ログの初期化など他の関数を main 関数内に挟むため、いまのうちにサーバー起動分だけ分離しておく。
async fn bootstrap() -> Result<()> {
    // 2) `AppConfig` を生成させる。
    let app_config = AppConfig::new()?;
    // 3) データベースへの接続を行う。コネクションプールを取り出しておく。
    let pool = connect_database_with(&app_config.database);

    // 4) `AppRegistry` を生成する。
    let registry = AppRegistry::new(pool);

    // 5) `build_health_check_routers` 関数を呼び出す。`AppRegistry` を `Router` に登録
しておく。
    let app = Router::new()
        .merge(build_health_check_routers())
        .with_state(registry);

    // 6) サーバーを起動する。
    let addr = SocketAddr::new(Ipv4Addr::LOCALHOST.into(), 8080);
    let listener = TcpListener::bind(&addr).await?;

    println!("Listening on {}", addr);

    axum::serve(listener, app).await.map_err(Error::from)
}
```

1. `bootstrap` 関数を作り、その中で `axum` のサーバー起動にまつわる処理を行わせる。`main` 関数から切り出したのは、後々ログの初期化なども挟むため、`main` 関数内の見通しをよくさせるためである。
2. 先ほど準備した `AppConfig` を生成する。中で `DatabaseConfig` のセットアップも走る。
3. データベースへの接続を行い、コネクションプール（`sqlx::PgPool`）を含む構造体を取得しておく。これは後続の DI コンテナ生成のために必要である。
4. `AppRegistry` を生成する。
5. `build_health_check_routers` 関数を呼び出す。`Router::merge` はルーター同士を結合する際に使用できる。`Router::nest` とは違い、パス構造や親子関係に対しては影響を与えない。また、`with_state` を用いて `AppRegistry` を `Router` に登録した。これにより、個別のハンドラ側で `AppRegistry` の取り出しが可能になる。
6. サーバーを起動する。第 3 章ととくに差分はない。

さて、この時点で一度実装が正しく済んだかを確かめてみよう。想定では `cargo check` を実行したとしても、コンパイルエラーがとくに発生することなく正常にコンパイルを終了できるはずである。また、`cargo make run` でサーバーを起動すると正常にサーバーが起動し、`curl` コマンドなどでヘルスチェックのエンドポイントに対してリクエストを送ると、正常にリクエストが送られたことを確かめられるはずである。

```
$ curl -v http://localhost:8080/health/db
*   Trying [::1]:8080...
* connect to ::1 port 8080 failed: Connection refused
*   Trying 127.0.0.1:8080...
* Connected to localhost (127.0.0.1) port 8080
> GET /health/db HTTP/1.1
> Host: localhost:8080
> User-Agent: curl/8.4.0
> Accept: */*
> 
< HTTP/1.1 200 OK
< content-length: 0
< date: Sun, 12 May 2024 15:52:24 GMT
< 
* Connection #0 to host localhost left intact
```

　ここまで実装してきた限りでは、「単に実装が複雑化しただけでは」と思うかもしれない。ただ、次章以降で一気に実装が増える。その際はこの設計の規約に従い、必要となる箇所にファイルを作って同じようなコンポーネントを実装していくだけで機能追加を実現できるようになる。この章ではいったん、Rust ではレイヤードアーキテクチャがどのように実装されるかを体感できればそれで十分である。

第5章 蔵書管理サーバーの実装

> **本章の概要**
>
> 　本章では第3章、第4章で作成した構成の上に蔵書管理サーバーの各機能を実装する。蔵書のCRUD、ユーザーの認証認可、ユーザー作成・管理、蔵書の貸し借りの実装を行う。
> 　まず、シンプルな蔵書データの登録と取得処理を作成する。蔵書データのCRUD操作（Create、Read、Update、Delete）を実装する方法について学ぶ。ここではテーブルの作成とマイグレーションについても説明する。
> 　次に、ユーザーの管理に焦点を当てる。まず認証認可（ログインとログアウト）の機能に進み、本書での簡易実装の仕組みと実際のサービスを構築する際の選択肢について議論する。本書では独自に実装したおもちゃの認証サービスを使うが、実運用ではIDaaS（Identity as a Service）を使用をおすすめする。その場合のポイントについても解説する。ログイン・ログアウトの機能を実装したら、そのままユーザー管理機能全般を完成させる。
> 　その後、蔵書データの拡張、蔵書の貸し借りの機能を実装する。
> 　これらのステップを通じて、実用的なWebアプリケーションの設計を理解しながら順番に実装していく体験を獲得することができる。

5.1 実装の概要

　第4章では、アプリケーション全体をレイヤードアーキテクチャで構成する方法について学んだ。第4章までで実装したものはヘルスチェックAPIであるが、本章で実装する構成も大きくは変わらない。本章では、まず第1章で記載した仕様について振り返りつつ、どのように実装に落としていくかについて記述する。それから、具体的に蔵書のエンドポイントを例にとりAPIの実装を進めていく構成になる。

　なお、本書で作成するAPIでリクエスト時にデータを送信するケース（HTTPのPOSTやPUTメソッドで実行するケース）や、APIからデータを取得するケース（HTTPのGET）では、いずれもJSONをデータフォーマットとして用いるものとする。Rustのシリアライズ・デシリアライズのクレートserdeを利用すれば、JSONと構造体の変換が非常に容易となるため、本章では実装に活用していく。第8章のクレートの説明や、serde公式のドキュメント[1]も目を通しておくと理解の助けになるだろう。

---

[1] https://serde.rs/

5.1.1　仕様の振り返り

第 1 章で記載した仕様は以下のようなものであった。次節以降で、ステップバイステップで機能を追加していく。

- システム上で管理するデータは、以下である
    - 蔵書
    - ユーザー
    - ユーザーの権限（管理者権限）
    - 貸し借りの履歴
- システム開始当初は、ユーザーは管理者 1 名だけではじめ、管理者がユーザーを追加できる。
- ユーザーは、ID とパスワードでシステムにログインを行い、ログイン時に発行されたアクセストークンを用いて各種 API を実行する。

5.2　シンプルな蔵書データの登録・取得処理の作成

　前節の仕様を実現するアプリケーションを実装するにあたり、いきなりすべての機能を持ったものを実装するのは大変なため、順を追って実装していこう。まずは、シンプルに蔵書データを追加する API だけを実装する。

　最終形では、蔵書に対して所有者情報や貸出の有無など、DB のリレーションに応じた情報を紐づけるが、まずはそれらを除いた書籍の情報だけを登録できるようにしていこう。

　最初は、蔵書登録処理のみを実装するため、1 テーブル分だけのテーブルをデータベース上に作成し、そこへの蔵書登録および蔵書のリスト取得を行っていく。後半、ユーザーや貸出情報などとのリレーションを実装すると少し複雑になるため、この節での実装はあとで変更する前提であることをあらかじめ了承いただきたい。

　本節の実装ステップは以下となる。順を追って解説していく。

1. データベースのマイグレーションファイルの作成
2. マイグレーション用テーブルの定義
3. kernel レイヤーの実装
4. adapter レイヤーの実装
5. registry モジュールの実装
6. api レイヤーの実装

5.2.1　データベースのマイグレーションファイルの作成

　マイグレーション（migration）とは、システムの機能追加・変更に伴うデータベースのスキーマの変更のことである。マイグレーションを行うためには、テーブル構成などの変更を管理するための SQL スクリプトを用意することが多い。ここでは、`sqlx-cli`(`sqlx`コマンド)のサブコマンド`migrate`を使ってマイグレーションファイルを作成し、データベースにスキーマ情報などを適用する。`sqlx` コマンドは、`migrate` 以外にもデータベースを作成する`database`サブコマンドなどを提供するが、本書では`migrate` のみを扱う。

5.2 シンプルな蔵書データの登録・取得処理の作成

第2章で環境構築する際、ローカルマシン上で Docker Compose を利用して DB サーバーを起動できるようにし、マイグレーション操作を実行できるようにしていた（cargo make migrate コマンド）。しかし、マイグレーション用の SQL ファイルをまだ作成していなかったため、以下コマンドにて準備する。

```
# sqlx migrate add コマンドでマイグレーションファイルを作成
# -r オプションで up/down の 2 つのファイルを作成、
# start はファイル名に含む識別子で
# --source オプションで保存先のディレクトリを指定する。
$ sqlx migrate add -r start --source adapter/migrations
Creating adapter/migrations/20240309170404_start.up.sql
Creating adapter/migrations/20240309170404_start.down.sql

Congratulations on creating your first migration!
（後略）
```

マイグレーション用 SQL を置くディレクトリのパスは adapter/migrations で、その下に <作成日時>_<指定した名前>.<up または down>.sql という形式のファイルを作成する。「作成日時」の箇所は、このファイルを作成するタイミングによって変わるため、読者の手元のファイル名で適宜読み替えてほしい。up とついているほうのファイルはマイグレーション時に実行される SQL で、down のほうはマイグレーションを巻き戻す（revert）際に実行されるファイルである。

まだそれぞれのマイグレーション SQL は中身が空であるが、一度ビルドしておこう。第2章で定義した compose-up-db タスクで PostgreSQL のコンテナを起動していく。

```
$ cargo make compose-up-db
```

マイグレーションを実行するコマンドも Makefile.toml であらかじめ設定している以下を実行する。これは内部では先ほども出てきた sqlx コマンドを使ったマイグレーション実行のコマンド sqlx migrate run を実行しているが、Makefile.toml では接続先データベースを指定する環境変数 DATABASE_URL を定義済みの状態で実行でき、なおかつデータベースが起動中の場合にリトライもするようにしてある。

```
$ cargo make migrate
```

こちらのコマンドは実質以下と等価である。--database-url= のあとの部分の文字列も、Makefile.toml 内に定義してある環境変数から構築されるため、長いコマンドを何度も実行する必要はない。

```
$ sqlx migrate run --source adapter/migrations --database-url="postgres://
localhost:5432/app?user=app&password=passwd"
```

ビルドを行うには、以下のコマンドを実行する。これは、内部的には環境変数を追加して cargo build を実行している。

```
$ cargo make build
```

第 2 章に掲載した Makefile.toml を見てもらえればわかるが、build タスク実行前には、コマンド実行までにコンテナの起動タスクを実行するように作成してある。そのため、もしデータベースを起動していなかった（つまり、cargo make compose-up-db および cargo make compose-up-redis を実行し忘れた）としても cargo make build コマンドだけ実行すればよいようになっている。

今回、（第 2 章時点では実行できなかった）migrate タスクも実行できるようになったので、before-build タスクに加えてマイグレーションも自動化しよう。Makefile.toml の before-build を以下のとおり変更する。

Makefile.toml
```
[tasks.before-build]
run_task = [
    { name = [
        "compose-up-db",
        "migrate",  # この行を追加する
        "compose-up-redis",
    ] },
]
```

さて、マイグレーションの実行は簡潔なコマンドで定義してあるが、sqlx のコマンドではデータベースのテーブルを追加するだけではなく、失敗したときにその手順を巻き戻すこともできる。そのほかの sqlx コマンドを実行したい場合は --source と --database-url を事前定義済みの cargo make sqlx <任意の sqlx のコマンド> を使う。もし、マイグレーション SQL に記述ミスをしてしまった場合は、sqlx migrate revert コマンドを実行すれば巻き戻しを実行できる。

```
$ cargo make sqlx migrate revert
```

さらには、何度もマイグレーションを行ったり、いろいろなゴミデータを DB に登録したりしてしまい最初からやり直したい場合は、以下のコマンドで Docker Compose 関連のデータをすべて削除できるので、開発時は重宝することだろう。マイグレーション SQL を編集した場合もこれを使ってコンテナを破棄し最初から作り直す。以下のコマンドは次項でさっそく使うので現時点で先に実行しておいてもよいだろう。

```
$ cargo make compose-remove
```

5.2.2 マイグレーション用テーブルの定義

さて、前項では空のマイグレーション SQL を実行したので、蔵書管理アプリ用のテーブルは一つも作成されていない。本項ではまずは簡単な蔵書用テーブルを作成していこう。まず、adapter/migrations/20240309170404_start.up.sql をエディターでオープンし、以下の内容を書き込む。

adapter/migrations/20240309170404_start.up.sql：マイグレーションファイル（up）
```
-- 1. updated_at を自動更新する関数の作成
CREATE OR REPLACE FUNCTION set_updated_at() RETURNS trigger AS '
  BEGIN
    new.updated_at := ''now'';
```

```
        return new;
    END;
' LANGUAGE 'plpgsql';

-- 2. books テーブルの作成
CREATE TABLE IF NOT EXISTS books (
    book_id UUID PRIMARY KEY DEFAULT gen_random_uuid(),
    title VARCHAR(255) NOT NULL,
    author VARCHAR(255) NOT NULL,
    isbn VARCHAR(255) NOT NULL,
    description VARCHAR(1024) NOT NULL,
    created_at TIMESTAMP(3) WITH TIME ZONE NOT NULL DEFAULT CURRENT_
TIMESTAMP(3),
    updated_at TIMESTAMP(3) WITH TIME ZONE NOT NULL DEFAULT CURRENT_
TIMESTAMP(3)
);

-- 3. books テーブルへのトリガーの追加
CREATE TRIGGER books_updated_at_trigger
    BEFORE UPDATE ON books FOR EACH ROW
    EXECUTE PROCEDURE set_updated_at();
```

　上記は3つのSQLクエリからなる。説明の都合上2つ目のクエリから説明するが、これはbooksという名前のテーブルを作成するクエリである。`CREATE TABLE IF NOT EXISTS books ( 〜 );`という「もしbooksテーブルが存在しなかったら()内の構成でbookテーブルを作成する」というSQLである。book_idからupdated_atまでの各行がテーブルのカラム（列）の定義である。DEFAULTを定義してあるbook_id created_at updated_atはデータベース内で自動的に付与されるが、それ以外はレコード作成時にSQLで指定する必要がある。

　booksテーブルでは2つのタイムスタンプのカラムcreated_atとupdated_atを持つが、created_atは作成時に一度だけ設定しておけばよいのに対し、updated_atはレコードが更新（たとえばtitleが変更されるなど）した際にupdated_atも現在時刻に自動更新されるようにしたい。それを実現するためのデータベース内の仕組みがトリガーである。

　PostgreSQLでは、上記1つ目のクエリでset_updated_at関数を作成しておき、3つ目のクエリで、booksテーブルに適用する。これにより、booksテーブルのレコードが更新されたらupdated_atカラムが自動的にそのときの時刻に更新されるようになる。

　adapter/migrations/20240309170404_start.down.sqlのほうは、上記を打ち消す、すなわちマイグレーション時に作成したテーブルをドロップする処理を記述しておく。

adapter/migrations/20240309170404_start.down.sql：マイグレーションファイル（down）

```
DROP TRIGGER IF EXISTS books_updated_at_trigger ON books;
DROP TABLE IF EXISTS books;

DROP FUNCTION set_updated_at;
```

　そして、もう一度ビルドコマンドを実行する。

```
$ cargo make build
```

もし、以下のようなエラー文言が出力されたら、同じマイグレーション SQL が変更されているということである。マイグレーション SQL 自体は一度マイグレーションに使われたらそれ以後変更しないものであるため、既存のマイグレーション SQL が変更されていた場合はこのようなエラーが表示される。

```
error: migration 20240309170404 was previously applied but has been modified
```

その場合は、一度 DB コンテナ自体を破棄してもう一度ビルドを実行する。

```
$ cargo make compose-remove
$ cargo make build
```

これが通ったらマイグレーションも完了している。データベースに接続しテーブルが作成されているか確認しておこう。以下のコマンドで、PostgreSQL のクライアントツールである psql を使って今回のデータベースに接続できる。

```
$ cargo make psql
```

接続したあとのプロンプトで \d books とタイプして実行するとテーブルの中身を閲覧できる。以下のように表示されればマイグレーションは成功だ。

```
app=# \d books
                            Table "public.books"
   Column    |          Type           | Collation | Nullable | 
Default
-------------+-------------------------+-----------+----------+-------------
-----------
 book_id     | uuid                    |           | not null | gen_random_
uuid()
 title       | character varying(255)  |           | not null | 
 author      | character varying(255)  |           | not null | 
 isbn        | character varying(255)  |           | not null | 
 description | character varying(1024) |           | not null | 
 created_at  | timestamp(3) with time zone |       | not null | CURRENT_
TIMESTAMP(3)
 updated_at  | timestamp(3) with time zone |       | not null | CURRENT_
TIMESTAMP(3)
Indexes:
    "books_pkey" PRIMARY KEY, btree (book_id)
Triggers:
    books_updated_at_trigger BEFORE UPDATE ON books FOR EACH ROW EXECUTE
FUNCTION set_updated_at()
```

せっかくなので、一度マイグレーションの巻き戻し (revert) も実行しておこう。

```
$ cargo make sqlx migrate revert
```

再度 `cargo make psql` して、`\d books` を実行すると `books` テーブルがなくなっているのがわかるだろう。

```
app=# \d books
Did not find any relation named "books".
```

これでマイグレーション処理の一通りを確認できたので、次はこのテーブルに対して実際に蔵書データを読み書きする処理を作成しよう。

5.2.3 蔵書データの追加・削除処理の実装手順

蔵書は RESTful API として表現するリソース名は book とする。パス上では /books で、その識別に使う ID は「蔵書 ID」と呼び、`book_id` で表現する。この後、ユーザーを識別するユーザー ID など、ID がいくつか登場するが、これらは UUID（バージョン 4）で実装する。Rust アプリケーション上の変数名では `book_id` のように表現する。

本節で実装する API は POST と GET（2 種類）である。API のエンドポイントと関数名の対応を確認する（表 5.1）。

表 5.1 蔵書データの登録と取得の API

HTTP メソッド	パス	説明	Rust の関数名
POST	/books	書籍データを登録する	register_book
GET	/books	書籍データの一覧を取得する	show_book_list
GET	/books/{book_id}	書籍データの詳細を取得する	show_book

実装は、第 4 章の kernel でリクエストとレスポンスのモデルを定義したのち、データベース側（adapter）と API 側（api）を順番に実装していく[2][3]。

1. kernel レイヤーの実装
2. adapter レイヤーの実装
3. registry モジュールの実装
4. api レイヤーの実装

5.2.4 kernel レイヤーの実装

kernel 内では、書籍のデータの追加と取得をするための構造体およびトレイトの定義を作成する。データベースにアクセスするための実装と、API 側の実装を切り離しそれぞれを橋渡しする役割を担う。本章では

---

[2] 各箇条書きでは省略するが、新しいファイル（モジュール）を追加する際は、同一ディレクトリにある mod.rs にモジュールの指定を忘れないようにしよう。たとえば、最初の kernel/src/repository/book.rs の追加の際には kernel/src/repository/mod.rs に `pub mod book;` の 1 行を追加する、といった形である。

[3] 実のところ、mod.rs を用いる構成は、Rust 2015 エディションまではそうする必要があった。その後、Rust 2018 エディションでは kernel/src/repository.rs があればそこに `pub mod book;` を書くことで mod.rs と同じ効果を得られるようになった。ただし、これは著者陣の好みなのだが、本書では mod.rs を使う形で実装している。repository.rs と repository ディレクトリが同じディレクトリ階層に配置されると、サブモジュールが増えたときに同一階層のファイルとディレクトリが増えてしまうためである。

前章のヘルスチェック以上に実際の処理を実装していくため、依存クレートの追加など設定項目も増えていくので順番に適用していこう。

- 依存クレートの追加
- ファイルおよびディレクトリの追加
- BookRepository トレイトの定義
- BookRepository トレイトで使う構造体の定義
    - Book 構造体
    - CreateBook 構造体

● 依存クレートの追加

まずは、kernel レイヤーに書籍の追加と取得の処理を定義する。実装にあたり、依存クレートを追加しておく。プロジェクトルートの Cargo.toml を開き、[workspace.dependencies] の末尾に、以下のように uuid、serde、thiserror クレートを追加する。

Cargo.toml：ワークスペースの依存クレート記述

```toml
[workspace.dependencies]
(中略)
uuid = { version = "1.4.0", features = ["v4", "serde"] }
serde = { version = "1.0.174", features = ["derive"] }
thiserror = "1.0.44"
```

uuid ではじまる行は、uuid クレートの依存を追加する行であり、前述の蔵書などを識別するための ID として UUID を生成するために使う。features で指定している "v4" は UUID バージョン 4 を使うための指定で、"serde" は serde クレートを使ったシリアライズ・デシリアライズできるようにする（より具体的にいうと JSON と Rust の型の相互変換時に、UUID の表現も相互変換できるようにする）ための指定である。

本書では基本的にカラムの ID に UUIDv4 を使用することにしている。これは単に比較的広く採用されている手法であろうという判断からである。今回本書で実装するアプリケーションはあくまでサンプルであり、いったんこれで十分である。本番で稼働するアプリケーションでは、たとえば数値の連番を使用していたり、ULID と呼ばれるタイムスタンプでソート可能になっている ID を使用することもあるだろう。

thiserror ではじまる行では thiserror クレートを追加している。これは独自エラー型を簡単に実装するためのクレートで、std::error::Error トレイトを実装するためのマクロを提供する。

次に、kernel/Cargo.toml を開き、[dependencies] を以下のように変更する。

kernel/Cargo.toml

```toml
[dependencies]
shared.workspace = true
async-trait.workspace = true
anyhow.workspace = true
uuid.workspace = true
```

5.2 シンプルな蔵書データの登録・取得処理の作成

● ファイルおよびディレクトリの追加

実装を進めるために、まずはソースコードのファイルを追加しよう。kernel/src 以下が以下になるようにファイルおよびディレクトリを追加する。追加のファイルの中身は空でよい。

```
src
├── lib.rs
├── model # 追加
│   ├── book # 追加
│   │   ├── event.rs # 追加
│   │   └── mod.rs # 追加
│   └── mod.rs # 追加
└── repository
    ├── book.rs # 追加
    ├── health.rs
    └── mod.rs
```

まずは各ファイルがクレート内のモジュールとしてコンパイラに認識されるよう、モジュール定義を記述しておこう。説明用にコメント行を記載しているが、実際に手元でコードを書く際は記述する必要はない。

kernel/src/lib.rs：モジュール指定の追加

```
pub mod model; // 追加
pub mod repository;
```

kernel/src/model/mod.rs：モジュール指定の追加

```
pub mod book;
```

kernel/src/model/book/mod.rs：モジュール指定の追加

```
pub mod event;
```

kernel/src/repository/mod.rs：モジュール指定の追加

```
pub mod book; // 追加
pub mod health;
```

● BookRepository トレイトの定義

本項で実装する API は、データベースに対して以下の操作をするものであった。トレイトにメソッドを定義する。

各メソッドの役割は下記のとおりである。

- create: 蔵書のレコードを追加する
- find_all: 蔵書の一覧を取得する
- find_by_id: 蔵書 ID を指定して蔵書データを取得する

kernel/src/repository/book.rs：BookRepository トレイトの定義

```rust
use anyhow::Result;
use async_trait::async_trait;
use uuid::Uuid;

use crate::model::book::{event::CreateBook, Book};

#[async_trait]
pub trait BookRepository: Send + Sync {
    async fn create(&self, event: CreateBook) -> Result<()>;
    async fn find_all(&self) -> Result<Vec<Book>>;
    async fn find_by_id(&self, book_id: Uuid) -> Result<Option<Book>>;
}
```

● **BookRepository トレイトで使う構造体の定義**

BookRepository トレイト内のメソッドのシグネチャには Book、CreateBook という型が出てきた。これらはまだ定義していないのでここで定義する。

Book は、データベースのレコードに持たせるカラムに対応するフィールド名を持つ型である。kernel/src/model/book/mod.rs に以下を記述しよう。

kernel/src/model/book/mod.rs：Book の定義

```rust
use uuid::Uuid;

pub mod event;

#[derive(Debug)]
pub struct Book {
    pub id: Uuid,
    pub title: String,
    pub author: String,
    pub isbn: String,
    pub description: String,
}
```

もう一つの CreateBook は、Book の書き込みを行う操作なので、book/mod.rs のサブモジュールとして読み込む kernel/src/model/book/event.rs に記述する。kernel レイヤーでは、読み込み時に使用する型 Book を book.rs に定義する一方で、その Book に対する書き込み（作成または編集）を行う際に使用する型を「イベント」として扱い、book/event.rs に明示的に分けて定義している。上記の kernel/src/model/book/mod.rs における pub mod event; の行は、このサブモジュールを読み込むための定義である。

kernel/src/model/book/event.rs：CreateBook の定義

```rust
pub struct CreateBook {
    pub title: String,
    pub author: String,
    pub isbn: String,
    pub description: String,
}
```

Bookとの差分はidフィールドの有無である。Bookのidはデータベースに保存するときに自動付与されるように作るため、リクエスト時のイベントとしてcreateメソッドの引数に与えるCreateBookはidを含まない構造としている。

kernelへのコードはここまでで、次にadapterレイヤーを実装していこう。

5.2.5 adapterレイヤーの実装

kernelへの定義の追加は、apiからのデータベースへのアクセスを抽象化するために必要なものであるが、ここで具体的な処理を実装しているわけではない。先ほどのトレイトを実装し、実際にデータベースを操作する実装はadapterレイヤーに追加していく。

adapterレイヤー内でやるべきことは、kernelレイヤーで定義したトレイトを実装した型を作成することである。Web API側（api）で使うメソッドの定義はkernelの定義を参照すればモックを使ったテストができるが、最終的なアプリケーションでは実際にデータベースに接続してデータの入出力を行えなくてはいけない。

adapterで蔵書データの入出力ができるように、kernel実装時と同様に、以下の順番で準備していく。

- 依存クレートの追加
- ファイルおよびディレクトリの追加
- BookRepositoryトレイトを実装するBookRepositoryImplの定義
- BookRepositoryImplの内部で使う構造体の定義
- データベースへの入出力処理の実装
- 単体テスト

● 依存クレートの追加

まずはCargo.tomlに依存クレートを以下となるように更新する。uuidクレートを追加した。

adapter/Cargo.toml

```toml
[dependencies]
kernel.workspace = true
shared.workspace = true
anyhow.workspace = true
async-trait.workspace = true
derive-new.workspace = true
sqlx.workspace = true
uuid.workspace = true
```

● ファイルおよびディレクトリの追加

以下のような構成になるようにファイルを追加しよう。「変更」とマークしたmod.rsには、ファイル追加に伴うモジュールの宣言を追記する。

```
src
├── database
│   ├── mod.rs # 変更
```

```
      │       └── model         # 追加
      │           ├── book.rs   # 追加
      │           └── mod.rs    # 追加
      ├── lib.rs
      └── repository
          ├── book.rs           # 追加
          ├── health.rs
          └── mod.rs            # 変更
```

まずは、機械的にモジュール定義を記述しておく。以下で挙げていないファイルはこの時点では空のままでよい。

adapter/src/database/mod.rs：モジュール指定の追加

```
// `use` 行の下部に以下の行を追加
pub mod model;
```

adapter/src/database/model/mod.rs：モジュール指定の追加

```
pub mod book;
```

adapter/src/repository/mod.rs：モジュール指定の追加

```
pub mod book; // この行を追加
pub mod health;
```

● **BookRepositoryトレイトを実装するBookRepositoryImplの定義**

ここでも機械的に実装できる部分はやってしまおう。前章のHealthCheckRepositoryImplと同様、データベース接続を保持する構造体と内部に持つ構造体BookRepositoryImplを定義し、BookRepositoryトレイトを実装するための部分的なコードを作成する。各メソッドの中身はいったんtodo!()と書いておくことで、未実装状態をマークしつつコンパイルを通すことはできる（ただし、実行するとパニックする）。

adapter/src/repository/book.rs：BookRepositoryImplの実装

```rust
use anyhow::Result;
use async_trait::async_trait;
use derive_new::new;
use kernel::model::book::{event::CreateBook, Book};
use kernel::repository::book::BookRepository;
use uuid::Uuid;

use crate::database::ConnectionPool;

#[derive(new)]
pub struct BookRepositoryImpl {
    db: ConnectionPool,
}

#[async_trait]
impl BookRepository for BookRepositoryImpl {
    async fn create(&self, event: CreateBook) -> Result<()> {
```

```
        todo!()
    }

    async fn find_all(&self) -> Result<Vec<Book>> {
        todo!()
    }

    async fn find_by_id(&self, book_id: Uuid) -> Result<Option<Book>> {
        todo!()
    }
}
```

todo! マクロと unimplemented! マクロ

Rust のコード内で、未実装箇所であることを示すときに使われる todo! と unimplemented! マクロ。どちらも実行するとプログラムをパニックさせるが、実装としても表示するメッセージを除くとまったく同じである。どういう使い分けをするべきかは、公式ドキュメントに記載がある。

> The difference between unimplemented! and todo! is that while todo! conveys an intent of implementing the functionality later and the message is "not yet implemented", unimplemented! makes no such claims. Its message is "not implemented".[*4]

すなわち、以下の違いがある。

- todo! は「**まだ実装されていない**」であり実装する意図がある。
- unimplemented! は「実装されていない」旨のみを伝え、実装予定かどうかには言及していない。

本書内で用いるときは、実装の意図があるケースなので todo! を用いている。

もう一つの話題として、todo! マクロでなぜコンパイルを通せるのか（型チェックが大丈夫なのか）という話がある。todo!、unimplemented! マクロの内部では panic 関数が呼ばれている。つまり、panic がなぜコンパイルできるのか。

panic 関数および panic! マクロは、**発散（する）**型「!」を持つ。これは「値を呼び出し側に返さない」ことを示す。Rust コンパイラ内では、never というプリミティブ型として定義されており、never 型と呼ばれることもある。panic が発散型であるのは、純粋にパニック時にはパニックを起こした部分で確実にプログラムが終了するため、値を返す必要がないからである。Rust では他には、ループを示す loop、あるいはそのブロックに処理が到達しないことを示す unreachable! マクロなどが発散型を返すように設計されている。発散型を返す関数ないしはブロックがあると、決して後続処理には処理が到達しないことを示すことができるため、以降のコードの実行を考慮する必要がなくなり、その部分に対して生成される低レイヤー向けのコードは不要となる。コンパイラがその部分に対する最適化を行う際のシグナルとして利用できる。Rust のきめ細かな最適化に利用されているわけである。

---

*4 https://doc.rust-lang.org/std/macro.todo.html

> この発散型は、たとえば i32 型や f32 型、そのほか独自に用意した型など、あらゆる型に自動的に変換することができる（**型強制**（type coercion）と呼ばれる）。そのため、メソッドとしては Result<()> を要求している関数でも、処理の部分に todo!() を記述しておけばコンパイルを通せるのである。

● BookRepositoryImpl の内部で使う構造体の定義

トレイト実装の各メソッドの中身以外を作成したら、先に model/book.rs にデータベースのレコードを読み取るとき用の型 BookRow を定義しておこう。この型は、find_all() および find_by_id() メソッドの内部で、データベースから取得したレコードを取り扱う際に使用する。型のフィールド名は、テーブルのカラム名と合わせておくと取り扱いが楽になるが異なる名前をつけても構わない（のちの実装にも登場するが、その場合は SQL 文の中で SELECT a AS b FROM ... のようにカラム名とフィールド名を対応づける記述が必要となる）。

adapter/src/database/model/book.rs：BookRow の定義

```rust
use kernel::model::book::Book;
use uuid::Uuid;

pub struct BookRow {
    pub book_id: Uuid,
    pub title: String,
    pub author: String,
    pub isbn: String,
    pub description: String,
}
```

また、BookRow はあくまでメソッド内部で利用する構造体であり、戻り値にするときは kernel で定義した Book 構造体の形式に変換する必要があるため、変換処理を実装しておく。Rust では、構造体（型）の変換はよく使う処理のため、From というトレイトがあらかじめ定義されているのでこれを使う。From トレイトを実装すると、同時に Into トレイトも実装されるので、型変換の際のコードの記載が簡素に済むようになる[*5]。

adapter/src/database/model/book.rs：BookRow の From トレイト実装

```rust
impl From<BookRow> for Book {
    fn from(value: BookRow) -> Self {
        // パターンマッチを用いて `BookRow` の中身を取り出す。
        let BookRow {
            book_id,
            title,
            author,
            isbn,
            description,
        } = value;
        Self {
            id: book_id,
```

[*5] https://doc.rust-jp.rs/rust-by-example-ja/conversion/from_into.html

```
            title,
            author,
            isbn,
            description,
        }
    }
}
```

`let BookRow { ... } = value;` という記法を見慣れない読者もいるかもしれない。Rust では、変数束縛の際にパターンマッチを用いて、構造体の中身をこのように直接取り出すことができる。今回の実装ではあまり大きな恩恵は得られないが、たとえば深めにネストした構造体を含む構造体を扱う場合にとても平易に扱うことができるようになったり、あるいは、フィールドの一部を省略する記法を利用できたりするため、取り出す必要のないフィールドを含む際に便利である。

構造体のフィールドを省略する例

```
// 仮に description が取り出し不要だったとすると、次のように `..` を用いて省略することができる。

impl From<BookRow> for Book {
    fn from(value: BookRow) -> Self {
        let BookRow {
            book_id,
            title,
            author,
            isbn,
            ..
        } = value;
        Self {
            id: book_id,
            title,
            author,
            isbn,
        }
    }
}
```

今回のコードでは実質的には下記と等価である。

パターンマッチで中身を取り出す実装と等価な実装の例

```
impl From<BookRow> for Book {
    fn from(value: BookRow) -> Self {
        Self {
            id: value.book_id,
            title: value.title,
            author: value.author,
            isbn: value.isbn,
            description: value.description,
        }
    }
}
```

これでメソッドの中身の実装準備ができた。

● データベースへの入出力処理の実装

`create`から順に実装していく。以下のとおり`create`を書き換える。

adapter/src/repository/book.rs：create メソッドの実装

```rust
async fn create(&self, event: CreateBook) -> Result<()> {
    sqlx::query!(
        r#"
            INSERT INTO books (title, author, isbn, description)
            VALUES ($1, $2, $3, $4)
        "#,
        event.title,
        event.author,
        event.isbn,
        event.description
    )
    .execute(self.db.inner_ref())
    .await?;

    Ok(())
}
```

`sqlx::query!`は、このあとの`sqlx::query_as!`とともに、接続したデータベースに対してのクエリを構築するマクロである。`sqlx`には、同名の関数（`sqlx::query()`と`sqlx::query_as()`）も存在するが、開発にはマクロのほうを用いることをおすすめする。なぜならば、関数のほうはSQLが有効かどうかは実行結果を見ないとわからないのに対し、マクロのほうはビルド時に有効なクエリかをチェックして有効でない場合はコンパイルエラーとして出力してくれるためである。

なお、マクロによる有効性のチェックは、SQLの構文的に正しいことはもちろん、指定されたテーブルやカラムが存在するか、出力する型と受け取る型が一致しているかどうかまでをも見てくれる。

この恩恵を得るには、開発環境でもデータベースに接続されマイグレーションが行われた状態である必要があるため、環境構築が多少面倒だったり、関数のほうと異なり SELECT 結果を受け取る構造体は階層的にできなかったりと、ハードルがあるのも確かである。それを考慮してもコンパイル時にSQLの有効性をチェックできることは大きいと考える。

`sqlx::query!`で組み立てたクエリオブジェクトは、`execute()`などのメソッドと`await`によって非同期で実行される。メソッドごとの動作の違いはドキュメントを参照されたい[6]。

この実装によって、データベースに蔵書のレコードを追加できるようになった。同様に、booksに蔵書テーブルから全蔵書のリストを取得する`find_all`と、蔵書IDを指定して1レコードを取得する`find_by_id`を実装していく。

adapter/src/repository/book.rs：find_all、find_by_id の実装

```rust
use crate::database::model::book::BookRow;
```

---

[6] https://docs.rs/sqlx/latest/sqlx/macro.query.html

```rust
async fn find_all(&self) -> Result<Vec<Book>> {
    let rows: Vec<BookRow> = sqlx::query_as!(
        BookRow,
        r#"
            SELECT
                book_id,
                title,
                author,
                isbn,
                description
            FROM books
            ORDER BY created_at DESC
        "#
    )
    .fetch_all(self.db.inner_ref())
    .await?;

    Ok(rows.into_iter().map(Book::from).collect())
}

async fn find_by_id(&self, book_id: Uuid) -> Result<Option<Book>> {
    let row: Option<BookRow> = sqlx::query_as!(
        BookRow,
        r#"
            SELECT
                book_id,
                title,
                author,
                isbn,
                description
            FROM books
            WHERE book_id = $1
        "#,
        book_id
    )
    .fetch_optional(self.db.inner_ref())
    .await?;

    Ok(row.map(Book::from))
}
```

これらのメソッドはSELECT文を発行するクエリを実行するものであり、sqlx::query_as!マクロを使って構築したSQLクエリで取得するレコードをBookRow型にマッピングする。取得するレコード数の違いにより、クエリ構築後に実行するメソッド（fetch_***）が異なる。前者のfind_allは、複数のレコードを取得したいので、Vec<BookRow>（より正確にはsqlx::Result<Vec<BookRow>>）で受け取れるfetch_all()メソッドを使う。一方のfind_by_idは、ユニークなIDをレコード絞り込み条件に追加しており、かつ指定したIDを持つレコードが存在するかどうかがクエリ発行時は不明であるため、Option<BookRow>型を返すfetch_optional()メソッドを使う（こちらも正確にはsqlx::Result<Option<BookRow>>）。ちょうど1件だけ取得したい場合のときのためにfetch_one()メソッドも存在するが、このメソッドでは結果が0件のと

きはエラーとなる。

● 単体テスト

実装したものの実際の動作を確認できないときちんと動作するのか不安であろう。APIを通して実際のデータベースのレコードを確認するのはもう少し先となるが、テストコードでレコードの読み書きをテストしておこう。上記で編集しているファイルの最下部に以下の記述を追加する。

adapter/src/repository/book.rs：テストコード

```
#[cfg(test)]
mod tests {
    use super::*;

    #[sqlx::test]
    async fn test_register_book(pool: sqlx::PgPool) -> anyhow::Result<()> {
        // BookRepositoryImpl を初期化
        let repo = BookRepositoryImpl::new(ConnectionPool::new(pool));

        // 投入するための蔵書データを作成
        let book = CreateBook {
            title: "Test Title".into(),
            author: "Test Author".into(),
            isbn: "Test ISBN".into(),
            description: "Test Description".into(),
        };

        // 蔵書データを投入すると正常終了することを確認
        repo.create(book).await?;

        // 蔵書の一覧を取得すると投入した 1 件だけ取得できることを確認
        let res = repo.find_all().await?;
        assert_eq!(res.len(), 1);

        // 蔵書の一覧の最初のデータから蔵書 ID を取得し、
        // find_by_id メソッドでその蔵書データを取得できることを確認
        let book_id = res[0].id;
        let res = repo.find_by_id(book_id).await?;
        assert!(res.is_some());

        // 取得した蔵書データが CreateBook で投入した
        // 蔵書データと一致することを確認
        let Book {
            id,
            title,
            author,
            isbn,
            description,
        } = res.unwrap();
        assert_eq!(id, book_id);
        assert_eq!(title, "Test Title");
```

```
        assert_eq!(author, "Test Author");
        assert_eq!(isbn, "Test ISBN");
        assert_eq!(description, "Test Description");

        Ok(())
    }
}
```

`#[cfg(test)]`アトリビュートを tests モジュールに対して付与すると、cargo test したときのみ走らせるコードを記述することができる。テストコードを実コードと同じファイルに実装しているが、影響を与えずにテストを実行できる仕組みになっている。

`#[sqlx::test]`は sqlx が提供するテスト用のアトリビュートである。このアトリビュートを通じて sqlx はテストに必要な設定情報を提供する。具体的には、関数を非同期処理化し、一時的なデータベースへのコネクションプールを関数の引数（コード中では pool: sqlx::PgPool）を通じて提供する。本書では一貫して sqlx を使用するため、マイグレーションやテスト用の一時データベースの用意などはすべて、sqlx に寄せることにしている。詳細は第 6 章で説明する。

一方でそのほかには、Testcontainers[*7]などのツールを利用する手もある。プロジェクトの属性によってはこうした別ツールのほうが利用しやすい可能性もあるが本書では割愛する。

テストコード内で`ConnectionPool::new(pool)`としているが、new 関数はまだ実装されていないのでコンパイルエラーになる。new 関数を実装しよう。adapter/src/database/mod.rs に以下のコードを追加する。

adapter/src/database/mod.rs：ConnectionPool のコンストラクタ

```
impl ConnectionPool {
    pub fn new(pool: PgPool) -> Self {
        Self(pool)
    }

    // 省略
}
```

テストコードが実装できたので下記のコマンドを実行する。

```
$ cargo make test
```

実行後、たとえば次のようなテストが走ったことを確認できるはずである。

```
$ cargo make test
[cargo-make] INFO - cargo make 0.37.10
（中略）
[cargo-make] INFO - Execute Command: "cargo" "nextest" "run" "--workspace" "--status-level" "all" "--test-threads=1"
    Finished `test` profile [unoptimized + debuginfo] target(s) in 0.14s
    Starting 1 test across 6 binaries
        PASS [   0.320s] adapter repository::book::tests::test_register_book
```

[*7] https://testcontainers.com/

```
            -----------
     Summary [   0.320s] 1 test run: 1 passed, 0 skipped
[cargo-make] INFO - Build Done in 0.99 seconds.
```

このように、adapter の実装においては、都度データベースにサンプルデータを投入するテストを書きながら実装を進めると効率がよい。実際に書いたクエリが正しく意図どおり動作するかは、実際に動かしてみない限り確認が難しいためである。

 コンパイルが成功するのに rust-analyzer のエラーが表示される場合の対応

ここまででデータベースにアクセスするコードを動かしてみることができた。しかし、もし VS Code などのエディター上で rust-analyzer を使っている場合、図 5.1 のようなエラーが出てしまっているかもしれない。ターミナル上ではコンパイルもテストも成功しているが、エディター上ではエラーが出ているように表示されるケースである。

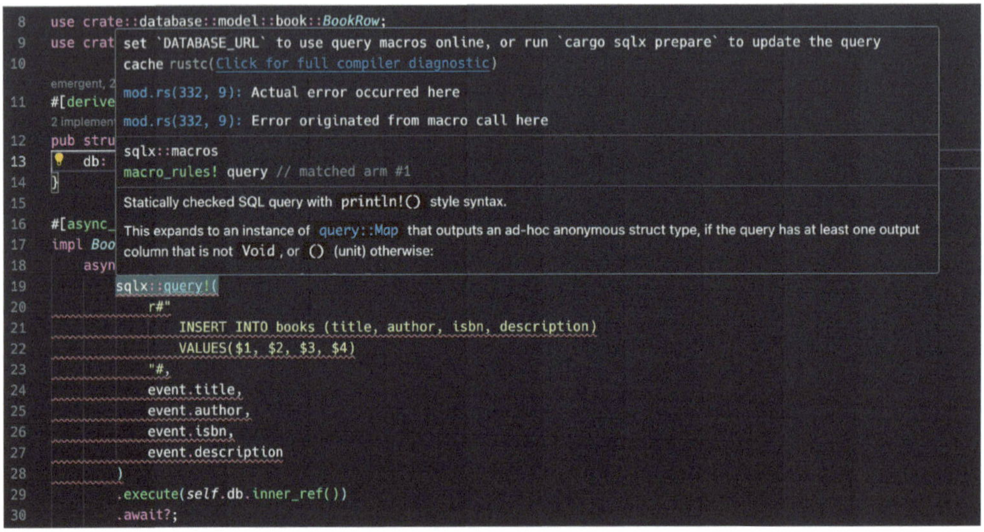

図 5.1　rust-analyzer 上で表示されるエラー

これは、本書のアプリケーション開発時には実行するコマンドが cargo-make を使って環境変数の設定を Makefile.toml にあらかじめ設定している一方で、rust-analyzer がバックグラウンドで cargo check する際には Makefile.toml を参照しないことに起因する。

前述のコードで使っているマクロ `sqlx::query!` および `sqlx::query_as!` では、静的に SQL クエリがチェックされる。すなわち、コンパイル時にデータベースへアクセスし、テーブルのカラム名などの整合性を検査され、クエリに誤りがあればコンパイルエラーとして出力される。このとき、sqlx は環境変数 `DATABASE_URL` を要求するが、rust-analyzer には環境変数を渡せていないため、エディター上でだけエラーが出力されているのである。

> これを解決するためには、プロジェクト固有の Cargo 設定を記述できるファイル .cargo/config.toml を作成し、その中に以下の内容を書く。
>
> ```
> [env]
> DATABASE_URL = "postgres://app:passwd@localhost:5432/app"
> ```
>
> これで rust-analyzer を再起動するかエディターでプロジェクトを再度開くと、実際のコンパイル可否と合ったエディター表示になっているはずである。

5.2.6 registry モジュールの実装

データベースに接続し、レコードを投入できる実装を用意したあと、api を通じてこれらのメソッドを呼び出せるようにする。具体的にはこのアプリケーション全体で使用するモジュール管理用の機構である registry に、BookRepositoryImpl を参照する実装を行う。実際には kernel の BookRepository トレイトの find_all メソッド呼び出しを通じて、具象実装であるところの BookRepositoryImpl に用意された find_all メソッドを呼び出すことになる。

registry/src/lib.rs

```rust
// use 行に以下の 2 行を追加
use adapter::repository::book::BookRepositoryImpl;
use kernel::repository::book::BookRepository;

// book_repository を追加
#[derive(Clone)]
pub struct AppRegistry {
    health_check_repository: Arc<dyn HealthCheckRepository>,
    book_repository: Arc<dyn BookRepository>,
}

impl AppRegistry {
    pub fn new(pool: ConnectionPool) -> Self {
        let health_check_repository =
            Arc::new(HealthCheckRepositoryImpl::new(pool.clone()));
        // 以下を追加
        let book_repository = Arc::new(BookRepositoryImpl::new(pool.clone()));

        Self {
            health_check_repository,
            book_repository,
        }
    }

    // 省略

    // 以下のメソッドを追加
```

```
    pub fn book_repository(&self) -> Arc<dyn BookRepository> {
        self.book_repository.clone()
    }
}
```

5.2.7 api レイヤーの実装

ここまで、リポジトリの実装ならびにモジュールレジストリへの実装を完了させた。次は、ハンドラとルーターの実装に入る。

ハンドラでは HTTP リクエストとレスポンスに関して以下の処理を行う。

- HTTP リクエストが受信したあとに、その中身を解析し、必要な情報を取り出す
- その情報をもとに、たとえばリポジトリのメソッドを呼び出してデータベースにアクセスするなどして、必要なデータを取り出す
- 最後に HTTP レスポンスとして返せる形にデータを加工して返す

kernel、adapter と同様に、api レイヤー側での実装の手順を以下に記載していく。

- 依存クレートの追加
- ファイルおよびディレクトリの追加
- ハンドラとルーターの定義
- モデルの定義
- リクエスト受信時の実装
- 動作確認

● 依存クレートの追加

api/Cargo.toml：依存クレートの追加

```
[dependencies]
kernel.workspace = true
shared.workspace = true
registry.workspace = true
axum.workspace = true
derive-new.workspace = true
serde.workspace = true
anyhow.workspace = true
uuid.workspace = true
thiserror.workspace = true
```

● ファイルおよびディレクトリの追加

api レイヤーの src ディレクトリ配下が以下のような構成になるようにファイルを追加しよう。

```
src
├── handler
│   ├── book.rs  # 追加
│   ├── health.rs
```

```
│   └── mod.rs
├── lib.rs
├── model # 追加
│   ├── book.rs # 追加
│   └── mod.rs # 追加
└── route
    ├── book.rs # 追加
    ├── health.rs
    └── mod.rs
```

作成したファイルで以下にはモジュール設定を書くのみなので記述しておこう。

api/src/lib.rs：モジュール指定の追加

```
pub mod handler;
pub mod model; // この行を追加
pub mod route;
```

api/src/model/mod.rs：モジュール指定の追加

```
pub mod book;
```

api/src/handler/mod.rs：モジュール指定の追加

```
pub mod book; // この行を追加
pub mod health;
```

api/src/route/mod.rs：モジュール指定の追加

```
pub mod book; // この行を追加
pub mod health;
```

● ハンドラとルーターの定義

api レイヤーで行う作業は以下の 2 つある。

1. ハンドラの実装：リクエストが送られてきた際、どのような処理をさせ、その後どのようなレスポンスを変えさせるかを定義する。handler ならびに model ディレクトリ配下のファイルに実装する。
2. ルーターの実装：パスを定義する。route ディレクトリ配下のファイルに実装する。

まずは route/book.rs にパスを実装しよう。

api/src/route/book.rs：ルーターの定義

```
use axum::{
    routing::{get, post},
    Router,
};
use registry::AppRegistry;

use crate::handler::book::{register_book, show_book, show_book_list};
```

```rust
pub fn build_book_routers() -> Router<AppRegistry> {
    let books_routers = Router::new()
        .route("/", post(register_book))
        .route("/", get(show_book_list))
        .route("/:book_id", get(show_book));

    Router::new().nest("/books", books_routers)
}
```

ここの register_book、show_book、show_book_list はのちほど handler で実装する予定なので、いまはエラーになっていてもよい。

さらに、このアプリケーションのエントリポイントとなる src/bin/app.rs（第 4 章にて src/main.rs から名称を変更している。改めて留意されたい）を編集する。

use に book::build_book_routers を追加。

src/bin/app.rs

```rust
use api::route::{
    book::build_book_routers, health::build_health_check_routers,
};
```

main 関数内の Router を設定する記述に build_book_routers() を追加する。

src/bin/app.rs：ルーターの追加

```rust
let app = Router::new()
    .merge(build_health_check_routers())
    .merge(build_book_routers())
    .with_state(registry);
```

● モデルの定義

各ルートへのリクエスト受信後の処理を実装する前に、入出力で扱う型を作成しておこう。

CreateBookRequest は、新しい蔵書を登録するリクエストが POST /books に送られてきた際のボディ部に入っている JSON を表現する型である。中身は title、author、isbn、description の 4 つがある。

api/src/model/book.rs：CreateBookRequest の定義

```rust
use kernel::model::book::{event::CreateBook, Book};
use serde::{Deserialize, Serialize};
use uuid::Uuid;

#[derive(Debug, Deserialize)]
#[serde(rename_all = "camelCase")]
pub struct CreateBookRequest {
    pub title: String,
    pub author: String,
    pub isbn: String,
    pub description: String,
```

}

　serde::Deserialize は serde が提供するトレイトで、今回のケースではリクエストに含まれる JSON を Rust のデータに変換（デシリアライズ）する。serde は「Rust のデータから何かのデータへ変換＝シリアライズ」「何かのデータから Rust のデータへ変換＝デシリアライズ」という処理を扱うためのトレイトが定義されたクレートである。serde それ自体はデータの「シリアライズ」と「デシリアライズ」を扱う抽象的な実装のみを提供しており、具体的にどのデータに変換を行うかは、個別のクレートで対応することになっている。たとえば JSON 形式への変換は serde_json というクレートが、toml 形式への変換は serde_toml が扱う、といった具合にである。ちなみに、axum の内部では serde_json を通じた Rust のデータと JSON 形式間での変換処理が行われることになっている。

　#[serde(rename_all = ...)] は、構造体全体のフィールド名を所定のルールでリネームするために使うアトリビュートである。今回はフロントエンド側の都合で、JSON のフィールド名はキャメルケースとして返す必要がある。そのため、#[serde(rename_all = "camelCase")] という記述を用いて、フィールド名すべてをキャメルケースに変換している。

　送られてきたリクエストの内容が JSON の文法に沿わないなどの理由でそもそも JSON として認識できなかった場合や、JSON では受け付けできたものの Rust の構造体に変換した際に、たとえばフィールドの型が食い違っていた場合などは、axum が 400 Bad Request を自動的に返却するよう実装されている。

　CreateBookRequest はあくまで JSON 形式としてデータを変換するために使用することを目的としている。レイヤードアーキテクチャのルールを守り続けるのであれば、api レイヤー向けに定義されたこの型は、kernel 以下のレイヤーに渡すことはできない。したがって、kernel レイヤー以下で引き続きデータを取り出して利用するためには、CreateBookRequest を kernel の CreateBook に変換する必要がある。変換しておけば、すでに準備した BookRepository#create メソッドに引数として渡すことができるようになる。

　データの変換処理は From<T> トレイトを使って次のように実装することができる。

api/src/model/book.rs：CreateBook への From トレイト実装

```rust
impl From<CreateBookRequest> for CreateBook {
    fn from(value: CreateBookRequest) -> Self {
        let CreateBookRequest {
            title,
            author,
            isbn,
            description,
        } = value;
        Self {
            title,
            author,
            isbn,
            description,
        }
    }
}
```

　次に、リクエストがあればレスポンスも必要となる。蔵書データ作成時は 201 Created のステータスコードだけを返却するのでよいが、データを取得するときはそのための応答形式が必要である。それを表現する

構造体として BookResponse を定義する。serde::Serialize を付与しているため、この構造体は JSON 形式に変換可能である。

api/src/model/book.rs：BookResponse の定義

```rust
#[derive(Debug, Serialize)]
#[serde(rename_all = "camelCase")]
pub struct BookResponse {
    pub id: Uuid,
    pub title: String,
    pub author: String,
    pub isbn: String,
    pub description: String,
}
```

これも BookRepository の find_all および find_by_id メソッドの返り値に含まれる Book 型から変換できるようにしておこう。

api/src/model/book.rs：BookResponse への From トレイト実装

```rust
impl From<Book> for BookResponse {
    fn from(value: Book) -> Self {
        let Book {
            id,
            title,
            author,
            isbn,
            description,
        } = value;
        Self {
            id,
            title,
            author,
            isbn,
            description,
        }
    }
}
```

これでリクエストに必要な型は作成できた。

● **リクエスト受信時の実装**

これを踏まえて、処理を実装していく。まず use 行を以下のように記述する。

api/src/handler/book.rs

```rust
use axum::{
    extract::{Path, State},
    http::StatusCode,
    response::{IntoResponse, Response},
```

```
    Json,
};
use registry::AppRegistry;
use thiserror::Error;
use uuid::Uuid;

use crate::model::book::{BookResponse, CreateBookRequest};
```

まず、エラー処理を記述するのだが、ここは最終的な実装とは異なる。本節の実装にあたり「手抜き」している部分ともいえる。kernel および adapter レイヤーではエラー処理は anyhow だけでハンドリングできていたが、api レイヤーでは処理結果がエラーの場合は最終的には HTTP のエラーステータスで応答する必要がある。そのため、axum のエンドポイントとして実装される関数が返す Result 内のエラー型は、IntoResponse トレイトを実装しなくてはならない。そのためには thiserror クレートでエラーごとの HTTP 応答を定義するのが有用なのであるが、エラー処理の詳細な実装はあとに任せて、ここでは暫定的にエラーが起きたらとりあえず Internal Server Error（ステータス 500）を返すようにしておく。

api/src/handler/book.rs：暫定的なエラーハンドリング

```
#[derive(Error, Debug)]
pub enum AppError {
    #[error("{0}")]
    InternalError(#[from] anyhow::Error),
}
impl IntoResponse for AppError {
    fn into_response(self) -> Response {
        (StatusCode::INTERNAL_SERVER_ERROR, "").into_response()
    }
}
```

個々のメソッドの実装を見ていこう。まず、蔵書を登録する API である。メソッドの引数には、AppRegistry への参照と、リクエストボディで受け取る JSON データから変換する構造体（CreateBookRequest）を指定する。これにより、リクエストボディの JSON が CreateBookRequest に変換可能であるかがチェックされ、変換できないデータが付与されていたり、あるいは何もデータが付与されていなかったりする場合にはエラー応答を返すようになる。

リクエストを正しく受け取れた場合は、このメソッドがコールされ、引数に req としてリクエストデータにアクセスできるようになる。メソッド内の処理は、State<AppRegistry> 型のデータとして AppRegistry の参照が引数で渡されてくるので、そこからトレイトメソッド越しに adapter のメソッド create を呼び出す。

create は非同期な（async な）トレイトメソッドなので .await で実行結果を待ったあと、正常応答時とエラー時の応答内容をそれぞれ置き換えて戻り値とする。簡易的に書くと create メソッドから返されるのは Result<(), anyhow::Error> 型であるので、() を StatusCode::CREATED に置き換える操作と、anyhow::Error を AppError（より具体的には AppError::InternalError(anyhow::Error) という値）に変換する操作を順番に行っているのである。

api/src/handler/book.rs：register_book メソッド

```
pub async fn register_book(
    State(registry): State<AppRegistry>,
    Json(req): Json<CreateBookRequest>,
) -> Result<StatusCode, AppError> {
    registry
        .book_repository()
        .create(req.into())
        .await
        .map(|_| StatusCode::CREATED)
        .map_err(AppError::from)
}
```

次に、蔵書の一覧を取得するメソッドを実装しよう。こちらは`BookRepository`トレイトの`find_all`メソッドを呼び出すことで書籍のリスト（データ構造上は`Vec`）を取得している。この処理でも、`.await`のあとは`Book`から`BookResponse`への変換と、エラー型を`AppError`に変換する処理を入れている。

api/src/handler/book.rs：show_book_list メソッド

```
pub async fn show_book_list(
    State(registry): State<AppRegistry>,
) -> Result<Json<Vec<BookResponse>>, AppError> {
    registry
        .book_repository()
        .find_all()
        .await
        .map(|v| v.into_iter().map(BookResponse::from).collect::<Vec<_>>())
        .map(Json)
        .map_err(AppError::from)
}
```

また、axum ではレスポンスを JSON 形式で返す場合は、このメソッドの戻り値の型のように成功時の応答の型を`Json`型で包む必要がある。少しイディオム的なところがあるが、上記のコード中の`.map(Json)`という記述は、`Result<Vec<BookResponse>, ...>`として返却された型を、さらに`Result<Json<Vec<BookResponse>>, ...>`に変換するためのものである。`Json`型は引数1つのタプル構造体であるため、このように`.map(Json)`と省略記法を利用できる。省略せずに書くと、`.map(|e| Json(e))`である。

最後は、ID を指定して蔵書データを取得する`show_book`メソッドである。このメソッドで新しい点は、パスパラメータの値を取得するための`Path(book_id): Path<Uuid>,`の箇所であろう。axum では URL のパスの構成を`/books/f5936131-2dec-4dbb-9df9-15ac304a0332`のようにしたとき、たとえば`f5936131-2dec-4dbb-9df9-15ac304a0332`の部分を UUID 型の値として取得できる。今回は`Uuid`型としているが、もちろん文字列や数値としても取得可能である。指定の型に変換できない値が指定された場合は、axum が 400 で応答してくれる。

api/src/handler/book.rs：show_book メソッド

```
pub async fn show_book(
    Path(book_id): Path<Uuid>,
    State(registry): State<AppRegistry>,
```

```rust
) -> Result<Json<BookResponse>, AppError> {
    registry
        .book_repository()
        .find_by_id(book_id)
        .await
        .and_then(|bc| match bc {
            Some(bc) => Ok(Json(bc.into())),
            None => Err(anyhow::anyhow!("The specific book was not found")),
        })
        .map_err(AppError::from)
}
```

5.2.8 動作確認

前項までで、蔵書の追加・取得するためのAPIの実装が一通りできたのでビルドして実行してみよう。cargo make watchを使って実装している読者はすでにコンパイルが通ることまでは確認済みだと思うので、以下のコマンドでローカルで実行しよう。コンパイルエラーが出るときは、どこかの記述がおかしいので修正しよう。

```
$ cargo make run
```

その後、別のターミナルから以下のコマンドを実行する。

```
# 蔵書を登録する
$ curl -v -X POST "http://localhost:8080/books" \
-H 'content-type: application/json' \
-d '{"title":"t","author":"a","isbn":"i","description":"d"}'
```

ログ出力を実装していなかったが、応答が HTTP/1.1 201 Created であれば成功である。以下のコマンドでデータベースに接続して確認してみよう。

```
$ cargo make psql
```

```
app=# SELECT book_id, title, author, isbn, description FROM books;
               book_id                | title | author | isbn | description
--------------------------------------+-------+--------+------+-------------
 65a9108f-162b-40dd-89f8-27d7b7076b4f | t     | a      | i    | d
```

これで蔵書の追加APIは通っている。登録したデータをGETメソッドで取得しよう。JSONデータなのでjqコマンドがあれば見やすくなるが、ない場合はそのままでも構わない。

```
# 蔵書の一覧を取得する
$ curl -v http://localhost:8080/books | jq .
(中略)
[
  {
    "id": "65a9108f-162b-40dd-89f8-27d7b7076b4f",
```

```
      "title": "t",
      "author": "a",
      "isbn": "i",
      "description": "d"
    }
]

# 蔵書データを取得する
# 蔵書 ID (65a9...) のところは、上の蔵書一覧で取得した id で置き換えること
$ curl -v http://localhost:8080/books/65a9108f-162b-40dd-89f8-27d7b7076b4f |jq .
(中略)
{
    "id": "65a9108f-162b-40dd-89f8-27d7b7076b4f",
    "title": "t",
    "author": "a",
    "isbn": "i",
    "description": "d"
}
```

それぞれ JSON で登録した蔵書データを取得できていることがわかっただろうか。今回はシンプルな蔵書の追加と取得であるが、他の API も実装の手順は大きくは変わらない。この手順を参考に、他の API の追加実装をしていこう。

5.3 本格実装の事前準備

前節で一通りの API を導通させる実装は体験できた。さっそく本格的に API を追加実装していきたいところであるが、今後の実装をスムーズにするため、以下の 4 点の対応をここで行う。

1. ワークスペース直下および各レイヤーの Cargo.toml の更新
2. 環境ごとのログ出力の実装
3. エラー型の定義と置き換え
4. テーブルごとの ID への型付け

5.3.1 ワークスペース直下および各レイヤーの Cargo.toml の更新

本章では使わないクレートも含め、プロジェクトルート以下の Cargo.toml について、あらかじめ必要な依存関係をすべて記述した状態で進めさせてもらう。実際の開発では、開発を進めるごとに依存関係の増減が発生するだろうが、本章以降での話の進行をスムーズにするためであるのでご了承いただきたい。

対象とするのは以下のプロジェクトルート直下と、各レイヤー内の Cargo.toml である。

```
.
├── Cargo.toml
├── adapter
│   └── Cargo.toml
├── api
│   └── Cargo.toml
```

```
├── kernel
│   └── Cargo.toml
├── registry
│   └── Cargo.toml
└── shared
    └── Cargo.toml
```

まずはルート直下の Cargo.toml を以下の形に記述する。ここでは [workspace.dependencies] の項目に、複数のレイヤーにまたがって利用するものなどはすべて定義しておく。レイヤー側で（このファイルの [dependencies] の項目も含めて）axum.workspace = true のように記述することで参照できる。[workspace.dependencies] を活用することで、使用するクレートのバージョンを一元管理でき、レイヤーごとでバージョンが異なるということも減らせる。以下の個別のクレートについては使用する箇所で解説するのでここでは深く説明しない。

Cargo.toml

```toml
[package]
name = "rusty-book-manager"
version = "0.1.0"
edition.workspace = true
license.workspace = true
publish.workspace = true

[[bin]]
name = "app"
path = "src/bin/app.rs"

[workspace]
members = ["api", "kernel", "adapter", "shared", "registry"]

[workspace.package]
edition = "2021"
publish = false
license = "MIT"

[workspace.dependencies]
adapter = { path = "./adapter" }
api = { path = "./api" }
kernel = { path = "./kernel" }
shared = { path = "./shared" }
registry = { path = "./registry" }
async-trait = "0.1.74"
anyhow = "1.0.75"
axum = { version = "0.7.5", features = ["macros"] }
derive-new = "0.6.0"
utoipa = { version = "4.1.0", features = ["axum_extras", "uuid", "chrono"] }
uuid = { version = "1.4.0", features = ["v4", "serde"] }
chrono = { version = "0.4.26", default-features = false, features = ["serde"] }
serde = { version = "1.0.174", features = ["derive"] }
secrecy = "0.8.0"
```

```toml
sqlx = { version = "0.7.3", default-features = false, features = [
  "runtime-tokio",
  "uuid",
  "chrono",
  "macros",
  "postgres",
  "migrate",
] }
strum = { version = "0.26.2", features = ["derive"] }
thiserror = "1.0.44"
tokio = { version = "1.37.0", features = ["full"] }
mockall = "0.11.4"
redis = { version = "0.25.3", features = ["tokio-rustls-comp"] }
bcrypt = "0.15.0"
itertools = "0.11.0"
tower = "0.4.13"
tracing = { version = "0.1.37", features = ["log"] }
axum-extra = { version = "0.9.3", features = ["typed-header"] }
tokio-stream = "0.1.14"
garde = { version = "0.18.0", features = ["derive", "email"] }

[dependencies]
tower-http = { version = "0.5.0", features = ["cors", "trace"] }
adapter.workspace = true
api.workspace = true
registry.workspace = true
shared.workspace = true
anyhow.workspace = true
axum.workspace = true
utoipa.workspace = true
utoipa-redoc = { version = "2.0.0", features = ["axum"] }
tokio.workspace = true
tracing.workspace = true
tracing-subscriber = { version = "0.3.18", features = ["env-filter", "json"] }
opentelemetry = "0.21.0"
tracing-opentelemetry = "0.22.0"
opentelemetry-jaeger = { version = "0.20.0", features = ["rt-tokio"] }

[profile.dev.package.sqlx-macros]
opt-level = 3
```

引き続きレイヤー側の設定である。apiおよびadapterレイヤーから、uuidクレートの依存をなくしたので、このCargo.tomlを適用するとコンパイルエラーとなるだろう。これは、「IDへの型付け」を実施したら解消するので少々我慢してほしい。

kernel/Cargo.toml

```toml
[package]
name = "kernel"
version = "0.1.0"
edition.workspace = true
```

```toml
license.workspace = true
publish.workspace = true

[dependencies]
shared.workspace = true
async-trait.workspace = true
derive-new.workspace = true
chrono.workspace = true
mockall.workspace = true
serde.workspace = true
uuid.workspace = true
strum.workspace = true
sqlx.workspace = true

[dev-dependencies]
anyhow.workspace = true
```

api/Cargo.toml

```toml
[package]
name = "api"
version = "0.1.0"
edition.workspace = true
license.workspace = true
publish.workspace = true

[dependencies]
kernel.workspace = true
shared.workspace = true
registry.workspace = true
axum.workspace = true
derive-new.workspace = true
serde.workspace = true
utoipa.workspace = true
chrono.workspace = true
tokio.workspace = true
tracing.workspace = true
tower.workspace = true
strum.workspace = true
axum-extra.workspace = true
tokio-stream.workspace = true
garde.workspace = true

[dev-dependencies]
anyhow.workspace = true
hyper = "0.14.27"
mockall.workspace = true
rstest = "0.18.2"
serde_json = "1.0.105"
```

adapter/Cargo.toml

```toml
[package]
name = "adapter"
version = "0.1.0"
edition.workspace = true
license.workspace = true
publish.workspace = true

[dependencies]
kernel.workspace = true
shared.workspace = true
async-trait.workspace = true
bcrypt.workspace = true
chrono.workspace = true
derive-new.workspace = true
secrecy.workspace = true
sqlx.workspace = true
redis.workspace = true

[dev-dependencies]
anyhow.workspace = true
```

registry/Cargo.toml

```toml
[package]
name = "registry"
version = "0.1.0"
edition.workspace = true
license.workspace = true
publish.workspace = true

[dependencies]
adapter.workspace = true
kernel.workspace = true
shared.workspace = true
mockall.workspace = true
```

shared/Cargo.toml

```toml
[package]
name = "shared"
version = "0.1.0"
edition.workspace = true
license.workspace = true
publish.workspace = true

[dependencies]
anyhow.workspace = true
axum.workspace = true
sqlx.workspace = true
thiserror.workspace = true
secrecy.workspace = true
```

```
uuid.workspace = true
strum.workspace = true
redis.workspace = true
bcrypt.workspace = true
garde.workspace = true
tracing.workspace = true
```

5.3.2 環境ごとのログ出力の実装

前節まではログ出力を実装していなかったので、アプリケーションを実行してリクエストを受けても何も出力されない状態だった。しかし、開発を進めるためにはログを出力できるようにしておく必要がある。もちろん、現在の実装でも、`println!` や `eprintln!`、`dbg!` などのマクロを使えばターミナルの標準出力または標準エラー出力にログを出力することはできる。ただ、一般的にログ出力のためのクレート（ロギングクレート）を使うべきである。具体的には以下のような理由がある。

- ログメッセージに対して異なるログレベルを設定できる。たとえば「開発中のデバッグメッセージ」や「エラー発生時のメッセージ」など。
- ログの出力先やメッセージの構造を柔軟に設定できる。

ログレベルや出力先などは、開発環境か本番環境かで変わることが多い。そのために以下のステップでログ出力を導入する。

- 開発環境か本番環境かの判別関数の実装
- ログ出力の設定

後者のログ出力においては、過去長らく log というクレートが主流だったが、tokio などの非同期ランタイムが利用されるに伴い、そのログが出力されるに至った経緯やログ同士の前後関係をさまざまな角度から追える状態にしておく必要性が出てきた。こうしたニーズに応えるため、tracing というクレートが提供されるようになった。第 7 章でオブザーバビリティについて述べる際に tracing は改めて出てくるが、本章でもシンプルなログ出力目的に利用していく。

● 環境判別用の関数の追加

shared モジュールに env.rs というファイルを追加し、以下のコードを追加する。このコード内の which 関数は、`Environment::Development`（開発環境）または `Environment::Production`（本番環境）のいずれかを返す。本アプリケーション内ではこの which 関数を呼ぶことで自身がどちらの環境向けのアプリケーションとして振る舞うべきかの情報を得られるようになるというわけだ。コード追加後、shared/src/lib.rs に「pub mod env;」の 1 行の追加を忘れないようにしよう。

shared/src/env.rs：環境判別のための処理を追加

```
use std::env;
use strum::EnumString;

#[derive(Default, EnumString)]
```

```rust
#[strum(serialize_all = "lowercase")]
pub enum Environment {
    // 開発環境向けで動作していることを示す。
    #[default]
    Development,
    // 本番環境向けで動作していることを示す。
    Production,
}

/// 開発環境・本番環境のどちら向けのビルドであるかを示す。
pub fn which() -> Environment {
    // debug_assertions が on の場合はデバッグビルド、
    // そうでない場合はリリースビルドだと判定する。
    // 以下の let default_env = ～は片方だけが実行される。
    #[cfg(debug_assertions)]
    let default_env = Environment::Development;
    #[cfg(not(debug_assertions))]
    let default_env = Environment::Production;

    match env::var("ENV") {
        Err(_) => default_env,
        Ok(v) => v.parse().unwrap_or(default_env),
    }
}
```

具体的にどのように Development/Production を分けるかはプロダクト次第ではあるが、本アプリケーションでは以下の判定基準としている。

- 環境変数 ENV で
  - production と指定されていれば本番環境向け
  - development と指定されていれば開発環境向け
  - それ以外、または指定がない場合は次の条件で判定する
- 本アプリケーションのビルドが
  - デバッグビルドであれば開発環境向け
  - リリースビルドなら本番環境向け

コード中にも記載したが、デバッグビルドかリリースビルドかは #[cfg(debug_assertions)] アトリビュートでチェックできる。デバッグビルドのときだけ実行したいコードまたはコードブロックに対してこのアトリビュートを付与すると、デバッグビルドのときだけコンパイルされる。逆にリリースビルドのときだけ実行したいときは #[cfg(not(debug_assertions))] として打ち消す条件を指定するとよい。

続いて、src/bin/app.rs にこれを使ってロギングを初期化する処理を追加する。tracing_subscriber クレートにより、ログレベルやログの出力フォーマットを設定することで、以後の処理で tracing クレートでのログ出力に反映させられる。先ほど実装した Environment の値によって、出力するログレベルを異なる値としている。開発時はデバッグレベル ("debug") で、本番環境ではインフォレベル ("info") 以上でのログ出力とし、デバッグレベルのログ（tracing::debug! で指定されたログ出力）は出力されない。

src/bin/app.rs：ログ出力の実装

```rust
// 以下の use を追加
use shared::env::{which, Environment};
use tracing_subscriber::layer::SubscriberExt;
use tracing_subscriber::util::SubscriberInitExt;
use tracing_subscriber::EnvFilter;

// main 関数にロガーを初期化する関数 init_logger の呼び出しを追加
#[tokio::main]
async fn main() -> Result<()> {
    init_logger()?; // この行を追加
    bootstrap().await
}

// ロガーを初期化する関数
fn init_logger() -> Result<()> {
    let log_level = match which() {
        Environment::Development => "debug",
        Environment::Production => "info",
    };

    // ログレベルを設定
    let env_filter =
        EnvFilter::try_from_default_env().unwrap_or_else(|_| log_level.into());

    // ログの出力形式を設定
    let subscriber = tracing_subscriber::fmt::layer()
        .with_file(true)
        .with_line_number(true)
        .with_target(false);

    tracing_subscriber::registry()
        .with(subscriber)
        .with(env_filter)
        .try_init()?;

    Ok(())
}
```

　これに加え、HTTP のリクエストを受けたときとレスポンスを返したあとにアクセスログを出力するように設定する。その設定は、同じく src/bin/app.rs の bootstrap() 関数内に、tower_http クレートの TraceLayer を使って実装する。tower_http は、tower の仕組みの上で動作する、HTTP 向けの機能を提供するクレートである。

　on_request と on_response では、読んで字のごとくリクエスト時とレスポンス時の出力を設定する。ここではいずれもログレベルを INFO とし、レスポンス時には処理のレイテンシも出力する形となる。make_span_with は、リクエスト時・レスポンス時に共通となる情報を付加する（後述の出力例における request{method=POST uri=/auth/login version=HTTP/1.1} の部分が該当する）。

　最後に、サーバーの起動（axum::serve 周辺）のログ出力も追加しておき、この時点でのログ出力設定は完了である。

src/bin/app.rs：リクエスト・レスポンス時のログ出力の設定

```rust
// 以下の use を追加する。
use anyhow::Context;
use tower_http::trace::{
    DefaultMakeSpan, DefaultOnRequest, DefaultOnResponse, TraceLayer,
};
use tower_http::LatencyUnit;
use tracing::Level;

// bootstrap 関数内で構築する Router にレイヤーを追加する。
async fn bootstrap() -> Result<()> {
    // 省略

    let app = Router::new()
        .merge(v1::routes())
        .merge(auth::routes())
        .layer(cors())
        // 以下に、リクエストとレスポンス時にログを出力するレイヤーを追加する。
        .layer(
            TraceLayer::new_for_http()
                .make_span_with(DefaultMakeSpan::new().level(Level::INFO))
                .on_request(DefaultOnRequest::new().level(Level::INFO))
                .on_response(
                    DefaultOnResponse::new()
                        .level(Level::INFO)
                        .latency_unit(LatencyUnit::Millis),
                ),
        )
        .with_state(registry);

    // 起動時と起動失敗時のログを設定する。
    let addr = SocketAddr::new(Ipv4Addr::LOCALHOST.into(), 8080);
    let listener = tokio::net::TcpListener::bind(&addr).await?;
    // println! から tracing::info! に変更
    tracing::info!("Listening on {}", addr);
    axum::serve(listener, app)
        .await
        .context("Unexpected error happened in server")
        // 起動失敗した際のエラーログを tracing::error! で出力
        .inspect_err(|e| {
            tracing::error!(
                error.cause_chain = ?e,
                error.message = %e,
                "Unexpected error"
            )
        })
}
```

本書の現時点の実装ではビルドして試せないため、以下に出力例を示しておく。

```
2024-06-02T08:53:16.215413Z  INFO request{method=POST uri=/auth/login
version=HTTP/1.1}: /path/to/tower-http-0.5.2/src/trace/on_request.rs:80:
started processing request
2024-06-02T08:53:17.130541Z  INFO request{method=POST uri=/auth/login
version=HTTP/1.1}: /path/to/tower-http-0.5.2/src/trace/on_response.rs:114:
finished processing request latency=915 ms status=200
```

5.3.3 エラー型の定義と置き換え

　前節では、蔵書データの登録・取得処理の実装にあたり、エラー処理はすべて anyhow クレートを使っており、クライアントに API レスポンスを返す際にも、クライアントに返せるエラーは anyhow エラーからの 500 Internal Server Error 応答のみ、という形だった。この方法でも悪くはないのだが、anyhow はエラー型を細かく指定することが困難である。そのため、今回のように Web アプリケーションを実装する中でエラーごとに返す HTTP ステータスを変えたい際や、アプリケーションが大規模化した際に整合的にエラーを管理したい場合、どうしても管理が難しくなる傾向にある。そのため、本書では anyhow の使用は最低限に留め、できる限りエラー型を細かく指定する方法を選択している。

　本項では、そうしたきめ細かなエラー型の実装のための前準備を行う。改めて、以下に前節で実装したエラー処理のコードを再掲する。

api/src/handler/book.rs：暫定的なエラーハンドリング（再掲）

```
#[derive(Error, Debug)]
pub enum AppError {
    #[error("{0}")]
    InternalError(#[from] anyhow::Error),
}
impl IntoResponse for AppError {
    fn into_response(self) -> Response {
        (StatusCode::INTERNAL_SERVER_ERROR, "").into_response()
    }
}
```

　ただ、ここからさらに実装を追加していくにあたり、エラー発生事由ごとに返却すべき HTTP のステータスコードを変えたい。たとえば、クライアントのリクエストに問題がある場合は 400 系、サーバー側事由の場合は 500 系、というようにである。anyhow クレートを使えば大体どのようなエラーでも anyhow::Error 型で受け取れるため、エラーをまとめたいときは重宝する一方で、アプリケーション内でエラーの種別ごとに処理を分岐させたい場合など、エラーのパターンを自分で定義したいときもある。

　こうした場面では独自のエラー型の実装を楽にする thiserror クレートが便利である。Rust でエラー型を定義するには、std::error::Error トレイトをエラー型に対して実装させる必要がある。が、このトレイトはたとえばエラーメッセージの定義などが少々煩雑である。このあたりの手間を簡略化するためによく用いられるクレートである。

　本アプリ内では、shared モジュールで上記 AppError を定義し、kernel api adapter すべてでエラー型として AppError 型を使うものとする。実装は以下のようにする。shared/src/error.rs ファイルを作成し、以下の内容を書き込もう。それと同時に、api/src/handler/book.rs からの上記実装は削除しておこう。shared/src/lib.rs ファイルに pub mod error; を追加することをお忘れなく。

shared/src/error.rs：エラーの定義

```rust
use axum::{http::StatusCode, response::IntoResponse};
use thiserror::Error;

#[derive(Error, Debug)]
pub enum AppError {
    #[error("{0}")]
    UnprocessableEntity(String),
    #[error("{0}")]
    EntityNotFound(String),
    #[error("{0}")]
    ValidationError(#[from] garde::Report),
    #[error("トランザクションを実行できませんでした。")]
    TransactionError(#[source] sqlx::Error),
    #[error("データベース処理実行中にエラーが発生しました。")]
    SpecificOperationError(#[source] sqlx::Error),
    #[error("No rows affected: {0}")]
    NoRowsAffectedError(String),
    #[error("{0}")]
    KeyValueStoreError(#[from] redis::RedisError),
    #[error("{0}")]
    BcryptError(#[from] bcrypt::BcryptError),
    #[error("{0}")]
    ConvertToUuidError(#[from] uuid::Error),
    #[error("ログインに失敗しました")]
    UnauthenticatedError,
    #[error("認可情報が誤っています")]
    UnauthorizedError,
    #[error("許可されていない操作です")]
    ForbiddenOperation,
    #[error("{0}")]
    ConversionEntityError(String),
}

impl IntoResponse for AppError {
    fn into_response(self) -> axum::response::Response {
        let status_code =
            match self {
                AppError::UnprocessableEntity(_) => {
                    StatusCode::UNPROCESSABLE_ENTITY
                }
                AppError::EntityNotFound(_) => StatusCode::NOT_FOUND,
                AppError::ValidationError(_)
                | AppError::ConvertToUuidError(_) => StatusCode::BAD_REQUEST,
                AppError::UnauthenticatedError
                | AppError::ForbiddenOperation => StatusCode::FORBIDDEN,
                AppError::UnauthorizedError => StatusCode::UNAUTHORIZED,
                e @ (AppError::TransactionError(_)
                | AppError::SpecificOperationError(_)
                | AppError::NoRowsAffectedError(_)
                | AppError::KeyValueStoreError(_)
                | AppError::BcryptError(_)
```

```
                | AppError::ConversionEntityError(_)) => {
                    tracing::error!(
                        error.cause_chain = ?e,
                        error.message = %e,
                        "Unexpected error happened"
                    );
                    StatusCode::INTERNAL_SERVER_ERROR
                }
            };
        status_code.into_response()
    }
}

// エラー型が `AppError` なものを扱える `Result` 型
pub type AppResult<T> = Result<T, AppError>;
```

thiserror クレートの使用に際して、大まかには下記の 4 つの記述を追加している。

1. `thiserror::Error` を derive に足す。
2. `#[error(...)]` アトリビュートを定義する。
3. （エラーの内容によるが）`#[from]` アトリビュートを追加する。
4. （やはりエラーの内容によるが）`#[source]` アトリビュートを追加する。

まず、AppError の型に対して thiserror::Error を derive に足している。thiserror::Error は、裏で std::error::Error に対する実装を生成したり、あるいは後述する `#[error(...)]` アトリビュートや `#[source]` アトリビュートをそもそも利用可能にし、これに付随する実装を生成したりする。

`#[error(...)]` アトリビュートはエラーメッセージを定義するために使用する。直接文字列を書くとその文字列を出力する。タプルのヴァリアントに対して `{0}` という記述をした場合、タプルの中身をそのまま出力する。この部分は write! に裏で変換されるため、write! マクロで利用可能な記法はそのまま利用できる。

`#[from]` アトリビュートは、たとえば sqlx の返す sqlx::Error など、別のエラーの型から AppError に変換する処理を裏で自動で生成させる。要するに From トレイトを自動生成している。

`#[source]` アトリビュートは std::error::Error の source メソッドを実装する。このメソッドは、たとえばエラーが多重に積み重ねられているケースなどで、1 つ上の階層のエラーをたどって取得したい際に利用できるメソッドである。実は TransactionError と SpecificOperationError は同根の sqlx::Error に由来するが、同根のエラーに対して `#[from]` を使った自動生成を行うことはできない。そのため、`#[source]` で代用している。

thiserror にはそのほかにもいくつか機能があるが、いったん本書では単純化のために 4 つを紹介した。thiserror がやっていることは、要するに std::error::Error を仮に実装していたら発生したであろう**ボイラープレート**（boilerplate）の削減である。

AppError 型には、見てわかるように文字列（String）のみを内包しているものもあれば、外部クレートのエラー型を内包する形にしているものもある。これらは、発生状況に応じて使い分け、最終的にクライアントに応答されるときは IntoResponse トレイトの実装でステータスコードに変換されて返却される。

エラーを定義したあとは、すでに実装した箇所のエラーを合わせておく。上記では、AppError をエラー型

として扱う独自の Result 型として、AppResult 型を定義している。これは、エラー側の型は必ず AppError とするため記載として省略できるものである。anyhow::Result 型も同様であるので、すでに実装している箇所はたとえば以下のように修正できる。

変更前はこちら。

kernel/src/repository/book.rs：エラー型の変更前のトレイト定義

```
use anyhow::Result;
use async_trait::async_trait;
use uuid::Uuid;

use crate::model::book::{event::CreateBook, Book};

#[async_trait]
pub trait BookRepository: Send + Sync {
    async fn find_all(&self) -> Result<Vec<Book>>;
    async fn find_by_id(&self, book_id: Uuid) -> Result<Option<Book>>;
    async fn create(&self, event: CreateBook) -> Result<()>;
}
```

変更後は以下。use 行を変更し、Result を AppResult に置き換えた。

kernel/src/repository/book.rs：エラー型の変更後のトレイト定義

```
use async_trait::async_trait;
use shared::error::AppResult;
use uuid::Uuid;

use crate::model::book::{event::CreateBook, Book};

#[async_trait]
pub trait BookRepository: Send + Sync {
    async fn create(&self, event: CreateBook) -> AppResult<()>;
    async fn find_all(&self) -> AppResult<Vec<Book>>;
    async fn find_by_id(&self, book_id: Uuid) -> AppResult<Option<Book>>;
}
```

AppError を使う側の実装も、型に合わせるように修正する。adapter/src/repository/book.rs 内の create メソッドを例にとろう。

adapter/src/repository/book.rs：create メソッドでのエラーハンドリング修正例

```
async fn create(&self, event: CreateBook) -> AppResult<()> {
    sqlx::query!(
        r#"
            INSERT INTO books (title, author, isbn, description)
            VALUES ($1, $2, $3, $4)
        "#,
        event.title,
        event.author,
```

```
            event.isbn,
            event.description
        )
        .execute(self.db.inner_ref())
        .await
        // sqlx::Error 型を AppError 型に変換
        .map_err(AppError::SpecificOperationError)?;

    Ok(())
}
```

.await の次の行の .map_err で AppError 型に変換している。このケースは sql::Error 型を内包する AppError::SpecificOperationError という値に変換している。このようにして、anyhow::Error、anyhow::Result を使っているところは AppError、AppResult 型に置き換えておこう。その際、型不一致のコンパイルエラーになるはずなので map_err を使って以下のように変換する。

- adapter/src/repository/book.rs の各メソッドは上記と同様に AppError::SpecificOperationError へ変換。
- api/src/handler/book.rs の各メソッドは、戻り値の型を AppResult に変更し、その結果 registry のメソッドの戻り値と型が合うので、メソッド末尾に記述してある .map_err(AppError::from) を削除する。

5.3.4 テーブルごとの ID への型付け

前節で、蔵書 ID は UUID で表していたので、コード中に出現する book_id は uuid::Uuid 型で実装していた。しかし、次節以降ではユーザー ID や貸出 ID なども出てくるが、それらをすべて uuid::Uuid 型で扱っていると、変数の取り違えが発生するリスクができてしまう。具体的には、たとえば引数に book_id を渡したいが、実装誤りで user_id を渡してしまうケースである。このとき、uuid::Uuid 型のまま扱っていると、実装者が注意深くミスしないようにするしかないが、できることならコンパイル時またはそれより前にこのような問題は検出したい。そのために、**Newtype パターン**[*8] を使って ID ごとに異なる型として定義する。

たとえば、蔵書 ID として BookId という型を定義した場合、基本的な構造は以下のような形となる。

ID を型として定義する例
```
#[derive(Debug, Clone, Copy)]
pub struct BookId(uuid::Uuid);

impl BookId {
    pub fn new() -> Self {
        Self(uuid::Uuid::new_v4())
    }
}
```

UUID は 128 ビットの数値であり、プリミティブな数値型と同じような使い勝手としたいため Copy トレ

[*8] 定義済みの型をラップするタプル型構造体を定義することで、あたかも別の型であるかのように定義するデザインパターンのこと。新たに型を定義したことによる、ランタイム上の追加のオーバーヘッドは発生しない。

イトを実装する。そのほかにもシリアライズ・デシリアライズやデータベースへの格納など、上記にもろもろのトレイト実装を加える必要がある。さらに、蔵書IDだけでなく、ユーザーIDや貸出IDも同じ定義をするとしよう。すると、新しいIDの型が追加になるたびにまた実装を追加する必要がある。

　そこで出番となるのがマクロである。マクロはこのように、コード上に発生するボイラープレートを削減するために使用することができるし、またその用途に絞られて利用されるべき（つまり濫用は禁物）であると筆者は考えている。今回のケースでは、説明の簡単のために宣言的マクロを用いて説明するが、手続き的マクロを使うこともできる。これらをあらかじめ実装したのが以下である。

kernel/src/model/id.rs : IDの型を定義するマクロ
```
use serde::{Deserialize, Serialize};
use shared::error::AppError;
use std::str::FromStr;

macro_rules! define_id {
    ($id_type: ident) => {
        #[derive(
            Debug,
            Clone,
            Copy,
            PartialEq,
            Eq,
            Hash,
            Deserialize,
            Serialize,
            sqlx::Type,
        )]
        #[serde(into = "String")]
        #[sqlx(transparent)]
        pub struct $id_type(uuid::Uuid);

        impl $id_type {
            pub fn new() -> Self {
                Self(uuid::Uuid::new_v4())
            }

            pub fn raw(self) -> uuid::Uuid {
                self.0
            }
        }

        impl Default for $id_type {
            fn default() -> Self {
                Self::new()
            }
        }

        impl FromStr for $id_type {
            type Err = AppError;
```

```rust
            fn from_str(s: &str) -> Result<Self, Self::Err> {
                Ok(Self(uuid::Uuid::parse_str(s)?))
            }
        }

        impl From<uuid::Uuid> for $id_type {
            fn from(u: uuid::Uuid) -> Self {
                Self(u)
            }
        }

        impl std::fmt::Display for $id_type {
            fn fmt(
                &self,
                f: &mut std::fmt::Formatter<'_>,
            ) -> std::fmt::Result {
                write!(
                    f,
                    "{}",
                    self.0
                        .as_simple()
                        .encode_lower(&mut uuid::Uuid::encode_buffer())
                )
            }
        }

        impl From<$id_type> for String {
            fn from(id: $id_type) -> Self {
                id.to_string()
            }
        }
    };
}

define_id!(UserId);
define_id!(BookId);
define_id!(CheckoutId);
```

　macro_rules! からはじまるブロックはマクロ定義である。型名はマクロの引数として受け取り、NewTypeパターンにて uuid::Uuid 型の値を内包した型を定義する。derive マクロによるトレイト実装と、直接実装を記述している Default や FromStr などを、define_id!(BookId) という記述だけで定義できるようにしてある。もし本システムを拡張して、さらに UUID で定義する ID を追加する場合も、define_id!(NewSomeId) のように記述するだけで他の ID 型とは区別できる型を生成できる。

　構造体に付与された #[derive(sqlx::Type)] と #[sqlx(transparent)] は BookId のような ID 型を sqlx のカラム型として使うためのものだ。#[derive(sqlx::Type)] は型変換に必要な sqlx::Decode、sqlx::Encode、sqlx::Type トレイトの実装を自動導出する。#[sqlx(transparent)] は、この型が Newtype パターンを採用しており、内包する型を透過的に扱えることを示している。また、query_as! はクエリ結果に含まれる値を BookId に変換する際、std::convert::Into トレイトを使用する。そのため、Into の対となる std::convert::From<uuid::Uuid> の実装をマクロ内に記述している。

このID定義コードが有効になるよう、kernel/src/model/mod.rs には以下の行を追加しておくこと。

```
pub mod id;
```

各レイヤー内のID実装もこの時点で修正しておこう。前節で例に出した BookRepository トレイトをここでも例に挙げる。

kernel/src/repository/book.rs：トレイト定義のIDの型を変更

```
use async_trait::async_trait;
use shared::error::AppResult;

use crate::model::{
    book::{event::CreateBook, Book},
    id::BookId, // BookId型をuseする。
};

#[async_trait]
pub trait BookRepository: Send + Sync {
    async fn create(&self, event: CreateBook) -> AppResult<()>;
    async fn find_all(&self) -> AppResult<Vec<Book>>;
    // 引数の `book_id` を `BookId` 型で宣言する。
    async fn find_by_id(&self, book_id: BookId) -> AppResult<Option<Book>>;
}
```

Rustは型定義に厳密なので、この1箇所を変更することでコンパイラによって芋づる式に修正すべき箇所が表示されるはずだ。型に厳密かつコンパイラが親切な Rust ならではのやり方かもしれないが、このようなリファクタリングで1箇所修正したら関係するところのエラーをわかりやすく表示してくれるのは、リファクタリングしやすく筆者は非常に好ましく感じている点である。

コンパイルエラーに従って修正を進めていこう。大半のエラーは型注釈にある Uuid を BookId に書き換えれば解消するはずだ。しかし以下のエラーはそれだけでは解消しない。

adapter/src/repository/book.rs：sqlx::query_as! 内のID型の取り扱い

```
async fn find_by_id(&self, book_id: BookId) -> AppResult<Option<Book>> {
    let row: Option<BookRow> = sqlx::query_as!(
        BookRow,
        r#"
            SELECT
                book_id,
                title,
                author,
                isbn,
                description
            FROM books
            WHERE book_id = $1
        "#,
        book_id
    //  ^^^^^^^
```

```
// error[E0308]: mismatched types（型の不一致）
// expected `Uuid`, found `BookId`（Uuid が期待されるが BookId が見つかった）
```

sqlx::query_as! マクロに与えた book_id が BookId 型であるため、sqlx が提供する sqlx::types::Uuid 型と一致しないというエラーが発生している。このエラーは以下のように as _ をつけることで解消する。

```
book_id as _  // query_as! マクロによるコンパイル時の型チェックを無効化
```

この as _ が query_as! マクロ内に書かれていることに注意しよう。Rust 言語の型キャスト演算子に似せてあるが実際には別物だ。型キャスト演算子は型変換を行うが、query_as! マクロの as _ はコンパイル時の型チェックを一部無効化するだけだ[*9]。BookId から sqlx::types::Uuid への変換は as _ があるかにかかわらず sqlx::Encode トレイトによって行われる。余談だが、Rust の型キャスト演算子ができるのはプリミティブ型同士の型変換だけだ。BookId のような複合型の変換はできないため、もしマクロの外側に book_id as sqlx::types::Uuid などと書くと non-primitive cast というコンパイルエラーになる。

型チェックについて補足しておく。細かいので読み飛ばしてもらっても構わない。query_as! は $1 のようなパラメータに対応する book_id などの変数が、あらかじめサポートされている型であるかをコンパイル時にチェックしてくれる。books テーブルの book_id カラムは sqlx::types::Uuid 型になっており、uuid クレートの uuid::Uuid との変換がサポートされている。そのため book_id が uuid::Uuid 型だったときはチェックが成功していたわけだ。このような、あらかじめ変換がサポートされている型については sqlx::postgres::types モジュールのドキュメントに一覧があるので適宜参照してほしい。

BookId のようなユーザーが定義した型でも同様のチェックをしてほしいところだが、マクロの実装上の制約などにより難しいようだ。そのため as _ はチェックを無効化するように作られている。無効化するといっても変換に必要な sqlx::Encode トレイトが実装されているかなど、できる限りのチェックは行われるので実用上はあまり問題にはならないだろう。コンパイル時にチェックできないのは BookId 型の Encode 実装が sqlx::types::Uuid 型への変換をサポートしているかどうかだ。Encode トレイトの型情報からでは、その実装が（sqlx::types モジュール配下に定義されている具体的な型のうち）どの型に変換できるかまではわからない。そのため実行時に sqlx::Type トレイトの compatible メソッドを呼ぶことでチェックする仕組みになっている。一方でその逆の変換である sqlx::types::Uuid 型から BookId への変換が可能かどうかはコンパイル時にチェックされる。なぜなら、この変換は Into トレイトによって行われ、それが可能なことは From<uuid::Uuid> を実装していることでわかるからだ。このように、コンパイル時に行われるチェックと実行時に行われるチェックがあることに少し注意が必要だ。

そのほか、query_as! には as _ のような指定以外にも、SQL 文中に記述する SELECT id as "my_id!: MyId" のような記法もある。これは id カラムの値を MyId 型に変換して構造体の my_id フィールドに格納し、NULL は許容しないことを意味する。一方で、"my_id?: MyId" とすると Nullable な値として Option<MyId> で受けられるようになる。後者は「5.6 節　蔵書の貸出機能の実装」にて出てくるので覚えておいてほしい。詳細はマクロのドキュメント[*10]に書かれているので、そちらを参照のこと。

この章の事前準備を経てコンパイルを通せるようになったら、事前準備は完了である。機能実装に入っていこう。

[*9] このことは sqlx::query! マクロ（query_as! ではない）のドキュメントに書かれている。 https://docs.rs/sqlx/latest/sqlx/macro.query.html

[*10] https://docs.rs/sqlx/latest/sqlx/macro.query.html

5.4 ユーザー管理機能の実装

5.2 節では、リクエストしたタイトルや著者名をそのままデータベースに保存し、保存されたデータを一覧でまとめての取得や ID 指定で 1 冊だけの取得、といった操作をできるようになった。

単純な個人用の書籍管理システムを構築するだけならばこれでよいだろうが、本書で対象とするのは蔵書の貸し借りを管理できるシステムである。貸し借りを管理するということは、複数人で利用することが前提であり、つまりはシステム上でユーザーを取り扱うことが必要ということだ。近年の Web サービスを使っている読者にとっては当然だと思うが、前節で作成した蔵書のように、ただユーザーをデータベースに対してレコード追加や削除をすればよいという話ではない。実際に Web サービスにアクセスしている人間と、システム上の「ユーザー」が一致している必要がある。つまり、ユーザーを認証する機能が必要となる。

第 2 章でも記述したとおり、十分に安全な認証機能を有したユーザー管理を行うには、ある程度の知識やノウハウが必要となる。一方で、クラウドサービスとして認証環境を提供する IDaaS ベンダーもいくつか存在する。また、OAuth2 や OpenID Connect を通じて認可機能を提供する ID プロバイダも有名どころはご存じであろう。開発する Web サービスの目的や用途によって認証・認可の望ましい提供方法は異なる。

著者自身のスタンスとしては、IDaaS や OpenID Connect プロバイダとの連携などを使い認証機能を自分で実装するのは極力避けたいと考えている。一方で、本書で外部プロバイダに依存するのも避けたいと考えたため、簡易的な自前実装を行うこととした。本書で紹介する実装は、IDaaS が提供するようなアクセストークン認証をごく単純化した自前機能であり、このまま商用サービスなどには利用することは推奨しない。開発時に本書のコードを流用する際には、認証・認可部分を適切な（できることなら IDaaS と接続する）コードに置き換えて利用すること。

さて、前置きが長くなったが、先ほどのコードに認証・認可およびユーザー管理機能を実装していこう。

5.4.1 マイグレーションファイルの修正

通常、マイグレーションファイルは、運用を開始すると差分が出るときは異なるマイグレーションファイルを作成するものであるが、本書で開発する範囲においては初期開発 1 回分として、1 つのマイグレーションファイルに記述を追加していく。

マイグレーションファイルのファイル名末尾が .up.sql のほうの記述を以下のように更新しよう（本章冒頭での例だと adapter/migrations/20240309170404_start.up.sql というファイル）。

adapter/migrations/20240309170404_start.up.sql

```
-- 前略

-- CREATE OR REPLACE FUNCTION set_updated_at() ～のクエリのあとに、
-- roles テーブルと users テーブルを追加する。
CREATE TABLE IF NOT EXISTS roles (
    role_id UUID PRIMARY KEY DEFAULT gen_random_uuid(),
    name VARCHAR(255) NOT NULL UNIQUE
);

CREATE TABLE IF NOT EXISTS users (
    user_id UUID PRIMARY KEY DEFAULT gen_random_uuid(),
    name VARCHAR(255) NOT NULL,
    email VARCHAR(255) NOT NULL UNIQUE,
```

```
    password_hash VARCHAR(255) NOT NULL,
    role_id UUID NOT NULL ,
    created_at TIMESTAMP(3) WITH TIME ZONE NOT NULL DEFAULT CURRENT_
TIMESTAMP(3),
    updated_at TIMESTAMP(3) WITH TIME ZONE NOT NULL DEFAULT CURRENT_
TIMESTAMP(3),

    FOREIGN KEY (role_id) REFERENCES roles(role_id)
        ON UPDATE CASCADE
        ON DELETE CASCADE
);

-- users テーブルの updated_at を自動更新するためのトリガー
CREATE TRIGGER users_updated_at_trigger
    BEFORE UPDATE ON users FOR EACH ROW
    EXECUTE PROCEDURE set_updated_at();


-- books テーブルに蔵書の所有者を表す user_id を追記する。
CREATE TABLE IF NOT EXISTS books (
    book_id UUID PRIMARY KEY DEFAULT gen_random_uuid(),
    title VARCHAR(255) NOT NULL,
    author VARCHAR(255) NOT NULL,
    isbn VARCHAR(255) NOT NULL,
    description VARCHAR(1024) NOT NULL,
    user_id UUID NOT NULL, -- この行を追加
    created_at TIMESTAMP(3) WITH TIME ZONE NOT NULL DEFAULT CURRENT_
TIMESTAMP(3),
    updated_at TIMESTAMP(3) WITH TIME ZONE NOT NULL DEFAULT CURRENT_
TIMESTAMP(3),

    -- 以下の記述を追加
    FOREIGN KEY (user_id) REFERENCES users(user_id)
        ON UPDATE CASCADE
        ON DELETE CASCADE
);

-- 後略
```

この時点では、テーブルの構成は図 5.2 のようになっている。

第 5 章　蔵書管理サーバーの実装

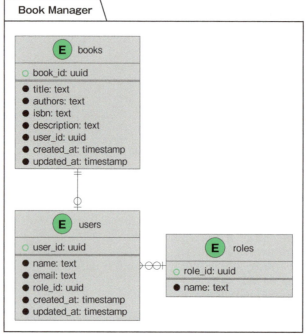

図 5.2　この時点でのテーブル構成

　`roles` テーブルには、本システムで扱う権限のレベルを格納する。本システムでは、「管理者」または「利用者」の 2 種類だけであり、この権限のレコードはシステム起動時に設定されるものとする。`users` テーブルには、ユーザー 1 人を 1 レコードに格納する。各ユーザーは、`roles` テーブルに存在する権限の種類を表すレコードの参照を持つ。`books` テーブルは、前節で定義したカラムに加え、登録したユーザー（すなわち、蔵書の持ち主）の ID を参照として持つ。このように、複数のテーブルが関係を持つ形に拡張している。

　もともとのファイルには `books` テーブル作成の SQL が記述されているだろうが、それよりも上に `roles` テーブルと `users` テーブルをこの順に追加する。`users` テーブルのカラムには `roles` テーブルのレコードを参照する `role_id` カラムがあり外部キー制約がついているため、`users` テーブルより先に作成されている必要があるからだ。

　さらに、`books` テーブルにその蔵書の所有者を表す `user_id` カラムを追加しよう。丸ごとコピー＆ペーストできればよいが、紙面で読んでいる読者のために追加・変更している行にコメントをつけてあるので参照されたい。

　`.up.sql` を修正したら `.down.sql` のほうのファイルにも以下の行を追加しよう。

adapter/migrations/20240309170404_start.down.sql

```
DROP TRIGGER IF EXISTS books_updated_at_trigger ON books;
DROP TABLE IF EXISTS books;

-- 以下 3 行を追加
```

```
DROP TRIGGER IF EXISTS users_updated_at_trigger ON users;
DROP TABLE IF EXISTS users;
DROP TABLE IF EXISTS roles;

DROP FUNCTION set_updated_at;
```

各自の環境では一度 books テーブルのみの状態でマイグレーションされているはずなので、一度環境をまっさらに壊して再構築しよう。

```
$ cargo make compose-remove
$ cargo clean
$ cargo make watch
```

上記コマンドを順番に実行すると、Docker Compose 環境が再構築され、アプリケーションのビルドまでできるはずだが、watch コマンド中のテストで失敗する。これは、アプリケーションの実装側がまだデータベースに追加した制約に則っていないためで、アプリケーション側の修正が必要である。しかし、実際に修正するのは少し先になるので、いったんこの失敗するテストを実行しないようにしておこう。

Rust ではテストコード (#[test] アトリビュートまたはそれを拡張したテスト用アトリビュート) の下に #[ignore] アトリビュートを記述することでテスト実行用のコマンド (通常では cargo test) での実行対象にしないという設定が可能である。通常の開発時はあまり使うことはないかもしれないが、開発中に一時的に実行しないでおきたいテストなどは ignore するのも一手であろう。

adapter/src/repository/book.rs：テストを実施対象から除外

```
#[sqlx::test]
#[ignore] // この行を追加
async fn test_register_book(pool: sqlx::PgPool) -> anyhow::Result<()> {
```

5.4.2　ユーザー管理・ログイン・ログアウトの API 仕様

ユーザー管理 (作成や変更など) に関する API エンドポイントを表 5.2 に定義する。

表 5.2　ユーザー管理の API 一覧

HTTP メソッド	パス	説明	Rust の関数名	管理者権限
POST	/api/v1/users	ユーザーを追加する	register_user	要
GET	/api/v1/users	ユーザーの一覧を取得する	list_users	
DELETE	/api/v1/users/{user_id}	ユーザーを削除する	delete_user	要
PUT	/api/v1/users/{user_id}/role	ユーザーの権限を変更する	change_role	要
GET	/api/v1/users/me	自分のユーザー情報を取得する	get_current_user	
PUT	/api/v1/users/me/password	自分のパスワードを変更する	change_password	

この表で「管理者権限」列に「要」と記載している、ユーザーの追加・削除・権限変更のAPIは、強い権限を必要とするため、管理者のみが実行できるように実装する。

また、認証に関するAPIエンドポイントは表5.3の内容とする。ユーザー管理のAPIとは立ち位置が異なるため、エンドポイントのパスも、/api/v1/配下に置かずに分けてある。IDaaSなどでシステムを分離することを想定してのことだが、それ以上の理由があるわけではない。

表5.3 認証のAPI

HTTPメソッド	パス	説明	Rustの関数名
POST	/auth/login	ログインする	login
POST	/auth/logout	ログアウトする	logout

最初の1人のユーザー（システムの最初の管理者）は、事前にレコードに追加されていることを想定している。本節冒頭の roles テーブルのレコードも、システム稼働開始時に追加されることを想定しているので、APIの実装の前に初期データを投入できるようにしよう。

5.4.3 初期データの投入

初期データはSQLで直接投入できるようにしておく。roles テーブルのレコードおよび管理者ユーザーを追加するSQLだ。data ディレクトリを作成し、その中に initial_setup.sql というファイルを作成しよう。

data/initial_setup.sql：初期データの定義

```
INSERT INTO
  roles (name)
VALUES
  ('Admin'),
  ('User')
ON CONFLICT DO NOTHING;

INSERT INTO
  users (name, email, password_hash, role_id)
SELECT
  'Eleazar Fig',
  'eleazar.fig@example.com',
  '$2b$12$GFf.eB7OpIcB3hpCr/JhoOOVPHQ0YE9oLnDA0KyHq7oGBvAFospLK',
  role_id
FROM
  roles
WHERE
  name LIKE 'Admin';
```

1つ目の INSERT 文では roles テーブルに Admin（管理者）と User（利用者）のレコードを追加している。role_id や created_at などは自動採番されるようになっているので、指定するのは name だけにしてある。

2つ目の INSERT 文は、初期ユーザー（管理者）を追加するSQL文である。名前やEメールアドレスは任意のもので構わない（Eメールアドレスはログインに利用する）。パスワードは、ハッシュ化された文字列をデータベースに登録する。これは password という文字列を bcrypt でハッシュ化したものである。パス

ワードは手元で任意の文字列を設定してもらいたいので、cargo-make で使える簡易なコマンドを実装した。
Makefile.toml に以下を記載しよう。

Makefile.toml：パスワードハッシュの生成タスクの追加

```
[tasks.create-hash]
script_runner = "@rust"
script = '''
//! ```cargo
//! [dependencies]
//! bcrypt = "0.15.1"
//! ```
fn main() {
    let password = &std::env::args().collect::<Vec<String>>()[1];
    let hashed = bcrypt::hash(password, bcrypt::DEFAULT_COST).unwrap();
    println!("{}", hashed);
}
'''
```

そうして、以下のコマンドを実行してみよう。

```
$ cargo make create-hash Pa55w0rd
(中略)
$2b$12$IvhlRIGRnv.Wpi9tJPa1J.rez9FkKczoBqA4UD8WOUH2gJ9.lM9SW
```

このようにハッシュ化された文字列が出力されるのでこれで SQL に記入しよう。SQL を作れたら、次のコマンドで DB にデータを登録しておこう。

```
$ cargo make initial-setup
(中略)
INSERT 0 2
INSERT 0 1
```

データベースに追加したレコードを確認しておこう。おなじみの以下コマンドでデータベースに接続する。

```
$ cargo make psql
```

psql コマンドのプロンプトに入ったら、以下の SQL クエリで確認する。紙幅の都合上表示させるカラムは一部だけを指定しているが、読者の手元環境では `SELECT * FROM users;` のようなクエリですべてのカラムを確認してもよい。

```
app=# SELECT role_id, name FROM roles;
               role_id                | name
--------------------------------------+-------
 8c47565b-4b57-4881-b165-7e99dbcc7cee | Admin
 fd8ec486-7348-44a2-8fc2-d29166c711fa | User
(2 rows)
```

```
app=# SELECT user_id, email, role_id FROM users;
                user_id                |          email           |
role_id
--------------------------------------+--------------------------+----------------
--------------------------------------
 015da212-4d37-45b0-9a33-31b234a213ff | eleazar.fig@example.com | 8c47565b-
4b57-4881-b165-7e99dbcc7cee
(1 row)
(1 row)
```

これで、実装に進む準備ができた。

5.4.4　ログイン機能の実装

ログイン機能は非常に簡易的なものである。ログイン時に入力されたメールアドレスとパスワードを、先ほどusersに初期登録したデータと突合させてログイン可否を判定し、期限付きのアクセストークンを発行してクライアントに返却する。クライアントは、ログインAPI以外のAPIを実行するときはそのアクセストークンを利用する（図5.3参照）。

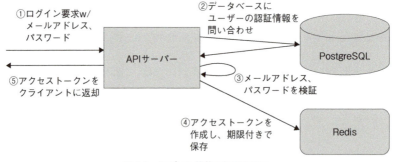

図5.3　ログイン機能の処理の流れ

ここで新たにRedisを使うことになる。Redisは高速なインメモリデータベースであり、いろいろなデータ構造をサポートしてはいるが、本システムでは「期限付きで揮発するキーバリューストア」として利用する。

ユーザーがログイン処理を行い成功するときにアクセストークンを発行すると、Redisには以下の形式でデータを保存する。

- キー：アクセストークン
- バリュー：ユーザーID

ユーザーがAPIのリクエスト時に、発行したアクセストークンをつけてリクエストすることで、システム側では「（キーとして）アクセストークンを指定して（バリューである）ユーザーIDを取り出す」ことができる。Redis上にデータが保存されていればユーザーIDが取り出せるし、アクセストークンが発行したものと異なっていたり、保存時に指定した期限を超過していたりするとRedis内にデータは存在せずユーザーIDを取り出せない。つまり、本システムでは「ユーザーIDを取り出せること」をアクセストークンが有効であることの

検証に用いる。

● Redis 接続の実装

Docker Compose にはあらかじめ構成要素に含んでいるが、アプリケーションからの接続はしていないため、データベース（RDBMS のほう、すなわち PostgreSQL）と同様に接続する処理から実装していく。

Redis に接続するための設定値を受け渡す構造体を追加する。

shared/src/config.rs

```
// この型を追記
pub struct RedisConfig {
    pub host: String,
    pub port: u16,
}
```

次に、adapter/src 配下のディレクトリにファイルを追加し、lib.rs に redis モジュールを追加する。

```
src
├── database
│   ├── mod.rs
│   └── model
│       ├── book.rs
│       └── mod.rs
├── lib.rs
├── redis  # 追加
│   ├── mod.rs  # 追加
│   └── model.rs  # 追加
└── repository
    ├── book.rs
    ├── health.rs
    └── mod.rs
```

adapter/src/lib.rs

```
pub mod database;
pub mod redis; // 追加
pub mod repository;
```

adapter/src/redis/model.rs

```
use shared::error::AppError;

pub trait RedisKey {
    type Value: RedisValue + TryFrom<String, Error = AppError>;
    fn inner(&self) -> String;
}

pub trait RedisValue {
    fn inner(&self) -> String;
}
```

第 5 章　蔵書管理サーバーの実装

adapter/src/redis/mod.rs

```rust
pub mod model;

use redis::{AsyncCommands, Client};
use shared::{config::RedisConfig, error::AppResult};

use self::model::{RedisKey, RedisValue};

pub struct RedisClient {
    client: Client,
}

impl RedisClient {
    pub fn new(config: &RedisConfig) -> AppResult<Self> {
        let client =
            Client::open(format!("redis://{}:{}", config.host, config.port))?;
        Ok(Self { client })
    }

    pub async fn set_ex<T: RedisKey>(
        &self,
        key: &T,
        value: &T::Value,
        ttl: u64,
    ) -> AppResult<()> {
        let mut conn = self.client.get_multiplexed_async_connection().await?;
        conn.set_ex(key.inner(), value.inner(), ttl).await?;
        Ok(())
    }

    pub async fn get<T: RedisKey>(
        &self,
        key: &T,
    ) -> AppResult<Option<T::Value>> {
        let mut conn = self.client.get_multiplexed_async_connection().await?;
        let result: Option<String> = conn.get(key.inner()).await?;
        result.map(T::Value::try_from).transpose()
    }

    pub async fn delete<T: RedisKey>(&self, key: &T) -> AppResult<()> {
        let mut conn = self.client.get_multiplexed_async_connection().await?;
        conn.del(key.inner()).await?;
        Ok(())
    }

    pub async fn try_connect(&self) -> AppResult<()> {
        let _ = self.client.get_multiplexed_async_connection().await?;
        Ok(())
    }
}
```

各メソッドは以下の用途で用いる。

- `new`：Redis 接続用のクライアントを初期化する。
- `set_ex`：期限付きでキーとバリューを保存する。指定した期限が来ると Redis 上から該当データが消える。
- `get`：キーを指定してバリューを取り出す。
- `delete`：キーを指定して、Redis 上の該当のキーとバリューを削除する。
- `try_connect`：接続を確認する。ヘルスチェック用。

`RedisKey` と `RedisValue` は、型で細かいミスを防ぐために用意した実装である。Redis のキーとバリューは、最終的にはいずれも `String` 型として扱われる。たとえば、次の関数のように記述することは当然可能である。

set_ex メソッドの引数を String 型にした例

```
// set_ex を例に取った疑似コードである。
pub async fn set_ex(&self, key: String, value: String, ttl: u64) -> AppResult<()> { ... }
```

この方法でも問題はないのだが、引数に同じ型が2つ続くと単純に引数の渡し間違いが発生した際に気づかないのと、そもそも `String` 型でこれらを扱ってしまうと、コード中でキーとバリューの区別をつけるのが難しくなることがあるためである。より多くの情報をコード中に落としておきたいため、キーもバリューもできれば独自の型で定義するようにしておきたい。これらを解決するために、`RedisKey` と `RedisValue` というトレイトを用意している。

具体的には、関数に `T: RedisKey` というトレイト制約を持つジェネリクスを足しておく。`RedisKey` と `RedisValue` は、`RedisKey` 内に対応する `RedisValue` を設定できる関連型 `Value` を定義しておき、これをやはり関数のシグネチャとして使用する。たとえば `set_ex` の実装例では、`key` として与えられる `T` 型と、その `T` 型の関連型である `T::Value` 型が関数上には現れることになる。これにより、`RedisKey` に関連した `RedisValue` 型しかこの関数の呼び出し時には引数として渡せないよう実装できている。

認証処理をこのあと実装にするにあたっては、前述したキーおよびバリューの型に対し、これらのトレイトを実装する。

● ログイン機能：kernel の実装

さて、ここからは前節と同様に、ログイン処理に関わるアプリケーション部分の実装を進めていく。前節と同じく、kernel、adapter、api の順に進める。まずは kernel 側へのファイル（モジュール）の追加と、追加したモジュールをソースツリーに追加するところからである。

```
src
├── lib.rs
├── model
│   ├── auth # 追加
│   │   ├── event.rs # 追加
│   │   └── mod.rs # 追加
│   ├── book
```

```
│   │       ├── event.rs
│   │       └── mod.rs
│   └── mod.rs
└── repository
    ├── auth.rs # 追加
    ├── book.rs
    ├── health.rs
    └── mod.rs
```

kernel/src/model/mod.rs、kernel/src/repository/mod.rs のそれぞれに以下の行を追加する。

```
pub mod auth;
```

モデルはアクセストークンを格納する型 AccessToken と、前節の CreateBook のような、トークン作成リクエストに使う CreateToken を定義する。アクセストークンにはある程度長く重複が（ほぼ）ない文字列とするため、UUID を文字列化したものを設定する。

kernel/src/model/auth/mod.rs
```
pub mod event;

pub struct AccessToken(pub String);
```

kernel/src/model/auth/event.rs
```
use crate::model::id::UserId;
use uuid::Uuid;

pub struct CreateToken {
    pub user_id: UserId,
    pub access_token: String,
}

impl CreateToken {
    pub fn new(user_id: UserId) -> Self {
        let access_token = Uuid::new_v4().simple().to_string();
        Self {
            user_id,
            access_token,
        }
    }
}
```

Repository 用のトレイトには以下の 4 メソッドを定義する。

- fetch_user_id_from_token：アクセストークンからユーザー ID を取得する
- verify_user：メールアドレスとパスワードが正しいか検証する
- create_token：アクセストークンを作成する
- delete_token：アクセストークンを削除する

kernel/src/repository/auth.rs：AuthRepository トレイトの定義

```
use async_trait::async_trait;
use shared::error::AppResult;

use crate::model::{
    auth::{event::CreateToken, AccessToken},
    id::UserId,
};

#[async_trait]
pub trait AuthRepository: Send + Sync {
    async fn fetch_user_id_from_token(
        &self,
        access_token: &AccessToken,
    ) -> AppResult<Option<UserId>>;
    async fn verify_user(
        &self,
        email: &str,
        password: &str,
    ) -> AppResult<UserId>;
    async fn create_token(&self, event: CreateToken)
        -> AppResult<AccessToken>;
    async fn delete_token(&self, access_token: AccessToken) -> AppResult<()>;
}
```

● ログイン機能：adapter の実装

adapter では model と repository 配下に auth モジュールを実装する。各 mod.rs にはこれまで同様 `pub mod auth;` を追記すること。

```
src
├── database
│   ├── mod.rs
│   └── model
│       ├── auth.rs # 追加
│       ├── book.rs
│       └── mod.rs # 編集
├── lib.rs
├── redis
│   ├── mod.rs
│   └── model.rs
└── repository
    ├── auth.rs # 追加
    ├── book.rs
    ├── health.rs
    └── mod.rs # 編集
```

モデルは以下のコードとなる。定義のための記述量は多いが、多くは NewType パターンにより String や Uuid をラップしている型と、その型から中身を取り出す定義であるので理解しやすいはずだ。アクセストークンとユーザー ID は Redis に保存されるデータなので、前に定義した RedisKey と RedisValue のトレイト

実装もここで定義する。

adapter/src/database/model/auth.rs：認証に使うデータ型の定義

```rust
use shared::error::{AppError, AppResult};
use std::str::FromStr;

use kernel::model::{
    auth::{event::CreateToken, AccessToken},
    id::UserId,
};

use crate::redis::model::{RedisKey, RedisValue};

pub struct UserItem {
    pub user_id: UserId,
    pub password_hash: String,
}

pub struct AuthorizationKey(String);
pub struct AuthorizedUserId(UserId);

pub fn from(event: CreateToken) -> (AuthorizationKey, AuthorizedUserId) {
    (
        AuthorizationKey(event.access_token),
        AuthorizedUserId(event.user_id),
    )
}

impl From<AuthorizationKey> for AccessToken {
    fn from(key: AuthorizationKey) -> Self {
        Self(key.0)
    }
}

impl From<AccessToken> for AuthorizationKey {
    fn from(token: AccessToken) -> Self {
        Self(token.0)
    }
}

impl From<&AccessToken> for AuthorizationKey {
    fn from(token: &AccessToken) -> Self {
        Self(token.0.to_string())
    }
}

impl RedisKey for AuthorizationKey {
    type Value = AuthorizedUserId;

    fn inner(&self) -> String {
        self.0.clone()
```

```
        }
    }

    impl RedisValue for AuthorizedUserId {
        fn inner(&self) -> String {
            self.0.to_string()
        }
    }

    impl TryFrom<String> for AuthorizedUserId {
        type Error = AppError;

        fn try_from(s: String) -> AppResult<Self> {
            Ok(Self(UserId::from_str(&s).map_err(|e| {
                AppError::ConversionEntityError(e.to_string())
            })?))
        }
    }

    impl AuthorizedUserId {
        pub fn into_inner(self) -> UserId {
            self.0
        }
    }
```

Repository 側のコードは以下のように実装する。ここで実装しているメソッドはそれぞれ以下の用途に用いる。

- `verify_user`：メールアドレスとパスワードの文字列から、該当するユーザーが存在することを検索しパスワードが正しいことを検証する。パスワードは平文ではなく bcrypt でハッシュ化された形で保存しているので、まさに bcrypt というクレートのメソッドを使ってハッシュ化前のパスワードとの同一性をチェックする。
- `create_token`：アクセストークンを生成して Redis に保存し、呼び出し元に返す。
- `delete_token`：Redis からアクセストークンを削除する。
- `fetch_user_id_from_token`：`create_token` で保存したアクセストークンが Redis 内にキーとして存在すれば、そのバリュー（ユーザー ID）を取得し返り値とする。Redis への保存時に設定したアクセストークンの有効期限が切れていたり、アクセストークン文字列が誤っていたりすると `Option::None` を返す。

adapter/src/repository/auth.rs：AuthRepositoryImpl の実装

```
use std::sync::Arc;

use async_trait::async_trait;
use derive_new::new;
use kernel::{
    model::{
        auth::{event::CreateToken, AccessToken},
```

```rust
            id::UserId,
        },
        repository::auth::AuthRepository,
    };
    use shared::error::{AppError, AppResult};

    use crate::{
        database::{
            model::auth::{from, AuthorizationKey, AuthorizedUserId, UserItem},
            ConnectionPool,
        },
        redis::RedisClient,
    };

    #[derive(new)]
    pub struct AuthRepositoryImpl {
        db: ConnectionPool,
        kv: Arc<RedisClient>,
        ttl: u64,
    }

    #[async_trait]
    impl AuthRepository for AuthRepositoryImpl {
        async fn fetch_user_id_from_token(
            &self,
            access_token: &AccessToken,
        ) -> AppResult<Option<UserId>> {
            let key: AuthorizationKey = access_token.into();
            self.kv
                .get(&key)
                .await
                .map(|x| x.map(AuthorizedUserId::into_inner))
        }

        async fn verify_user(
            &self,
            email: &str,
            password: &str,
        ) -> AppResult<UserId> {
            let user_item = sqlx::query_as!(
                UserItem,
                r#"
                    SELECT user_id, password_hash FROM users
                    WHERE email = $1;
                "#,
                email
            )
            .fetch_one(self.db.inner_ref())
            .await
            .map_err(AppError::SpecificOperationError)?;

            let valid = bcrypt::verify(password, &user_item.password_hash)?;
```

```
        if !valid {
            return Err(AppError::UnauthenticatedError);
        }

        Ok(user_item.user_id)
    }

    async fn create_token(
        &self,
        event: CreateToken,
    ) -> AppResult<AccessToken> {
        let (key, value) = from(event);
        self.kv.set_ex(&key, &value, self.ttl).await?;
        Ok(key.into())
    }

    async fn delete_token(&self, access_token: AccessToken) -> AppResult<()> {
        let key: AuthorizationKey = access_token.into();
        self.kv.delete(&key).await
    }
}
```

● Config と Registry の更新

Redis への接続と、認証認可用の `AuthRepository` を追加したので、registry と shared の関係箇所も更新する。

まず shared モジュール内の `src/config.rs` に実装を追加する。ここまではデータベース（PostgreSQL）への接続設定のみだったが、

- Redis への接続
- アクセストークンの有効期限（TTL：Time To Live）

を環境変数から設定値へと読み込めるようにする。

shared/src/config.rs：Redis 用の設定値読み込み処理の追加

```
use anyhow::Result;

pub struct AppConfig {
    pub database: DatabaseConfig,
    // 以下の 2 行を追加
    pub redis: RedisConfig,
    pub auth: AuthConfig,
}

impl AppConfig {
    pub fn new() -> Result<Self> {
        // 省略

        // 環境変数を読み込んで各設定値のデータを作成する。
```

第 5 章 蔵書管理サーバーの実装

```rust
            let redis = RedisConfig {
                host: std::env::var("REDIS_HOST")?,
                port: std::env::var("REDIS_PORT")?.parse::<u16>()?,
            };
            let auth = AuthConfig {
                ttl: std::env::var("AUTH_TOKEN_TTL")?.parse::<u64>()?,
            };
            Ok(Self {
                database,
                redis, // 追加
                auth,  // 追加
            })
        }
    }

    // 中略

    // この型を追加
    pub struct AuthConfig {
        pub ttl: u64,
    }
```

次に registry モジュール側では、shared への依存と repository アクセスへの追加を行う。

registry/src/lib.rs

```rust
use std::sync::Arc;

use adapter::{
    database::ConnectionPool,
    redis::RedisClient,
    repository::{
        auth::AuthRepositoryImpl, book::BookRepositoryImpl,
        health::HealthCheckRepositoryImpl,
    },
};
use kernel::repository::{
    auth::AuthRepository, book::BookRepository, health::HealthCheckRepository,
};
use shared::config::AppConfig;

// a) DI コンテナの役割を果たす構造体を定義する。Clone はのちほど axum 側で必要になるため。
#[derive(Clone)]
pub struct AppRegistry {
    health_check_repository: Arc<dyn HealthCheckRepository>,
    book_repository: Arc<dyn BookRepository>,
    auth_repository: Arc<dyn AuthRepository>, // 追加
}

impl AppRegistry {
    pub fn new(
        pool: ConnectionPool,
```

```
            redis_client: Arc<RedisClient>, // 追加
            app_config: AppConfig, // 追加
        ) -> Self {
            // b) 依存解決を行う。関数内で手書きする。
            let health_check_repository =
                Arc::new(HealthCheckRepositoryImpl::new(pool.clone()));
            let book_repository = Arc::new(BookRepositoryImpl::new(pool.clone()));
            // 以下の行を追加
            let auth_repository = Arc::new(AuthRepositoryImpl::new(
                pool.clone(),
                redis_client.clone(),
                app_config.auth.ttl,
            ));

            Self {
                health_check_repository,
                book_repository,
                auth_repository, // 追加
            }
        }

        // 中略

        // このメソッドを追加
        pub fn auth_repository(&self) -> Arc<dyn AuthRepository> {
            self.auth_repository.clone()
        }
    }
```

● ログイン機能：api の実装

さて、ここでようやく api の実装である。ファイルを追加し、mod.rs に `pub mod auth;` を追記する。

```
src
├── handler
│   ├── auth.rs    # 追加
│   ├── book.rs
│   ├── health.rs
│   └── mod.rs     # 変更
├── lib.rs
├── model
│   ├── auth.rs    # 追加
│   ├── book.rs
│   └── mod.rs     # 変更
└── route
    ├── auth.rs    # 追加
    ├── book.rs
    ├── health.rs
    └── mod.rs     # 変更
```

まず、model/auth.rs にリクエストとレスポンス用の型を定義する。

api/src/model/auth.rs：ログイン API の入出力の型定義

```rust
use kernel::model::id::UserId;
use serde::{Deserialize, Serialize};

#[derive(Deserialize)]
#[serde(rename_all = "camelCase")]
pub struct LoginRequest {
    pub email: String,
    pub password: String,
}

#[derive(Serialize)]
#[serde(rename_all = "camelCase")]
pub struct AccessTokenResponse {
    pub user_id: UserId,
    pub access_token: String,
}
```

この型を使って handler/auth.rs を定義する。ログインの実装は、AuthRepository に定義した verify_user と create_token メソッドを使い、発行したアクセストークンをユーザー ID とともにレスポンスとして返却する。

login メソッドと同時に logout メソッドも実装してしまいたいところであるが、ここはもう一手間必要となるため todo!() としておき、次項で解説する。

api/src/handler/auth.rs：login メソッドの実装

```rust
use axum::{extract::State, http::StatusCode, Json};
use kernel::model::auth::event::CreateToken;
use registry::AppRegistry;
use shared::error::AppResult;

use crate::model::auth::{AccessTokenResponse, LoginRequest};

pub async fn login(
    State(registry): State<AppRegistry>,
    Json(req): Json<LoginRequest>,
) -> AppResult<Json<AccessTokenResponse>> {
    let user_id = registry
        .auth_repository()
        .verify_user(&req.email, &req.password)
        .await?;
    let access_token = registry
        .auth_repository()
        .create_token(CreateToken::new(user_id))
        .await?;

    Ok(Json(AccessTokenResponse {
        user_id,
        access_token: access_token.0,
    }))
}
```

```rust
}

pub async fn logout(
    State(registry): State<AppRegistry>,
) -> AppResult<StatusCode> {
    todo!() // ここはいまは実装しない。
}
```

このメソッドに対して route/auth.rs でパスの定義をし、src/bin/app.rs でそのパスをサーバーのパスに追加すると、HTTP の API として実行できるようになる。

api/src/route/auth.rs：ルーターの追加

```rust
use axum::{routing::post, Router};
use registry::AppRegistry;

use crate::handler::auth::{login, logout};

pub fn routes() -> Router<AppRegistry> {
    let auth_router = Router::new()
        .route("/login", post(login))
        .route("/logout", post(logout));
    Router::new().nest("/auth", auth_router)
}
```

src/bin/app.rs：Redis 接続の初期化処理

```rust
use std::{
    net::{Ipv4Addr, SocketAddr},
    sync::Arc, // 追加
};

// redis::RedisClient を追加
use adapter::{database::connect_database_with, redis::RedisClient};
// auth を追加
use api::route::{auth, book::build_book_routers, health::build_health_check_routers};

// （中略）

// 以下の 2 行を追加
// Redis への接続を行うクライアントのインスタンスを作成する。
let kv = Arc::new(RedisClient::new(&app_config.redis)?);

// new の引数を追加
let registry = AppRegistry::new(pool, kv, app_config);

let app = Router::new()
    .merge(build_health_check_routers())
    .merge(build_book_routers())
    .merge(auth::routes()) // この行を追加
```

```
    .with_state(registry);
// （後略）
```

● **ログイン機能の動作確認**

ここまでの実装をしてコンパイルが通っているならば、実動作を確認しておく。`cargo make watch` でウォッチしているなら一度 Ctrl+C で終了させ、以下のコマンドでサーバーを実行する。

```
$ cargo make run
```

別のターミナルを立ち上げ、curl コマンドで実行してみよう。ここでコマンドの最後で指定している JSON の値（メールアドレスとパスワード）の文字列は、「5.4.3 項　初期データの投入」でデータベースに書き込んだユーザー情報である。もし異なるメールアドレス・パスワードを登録した場合は適宜登録データに合わせて修正すること。

```
$ curl -v -X POST "http://localhost:8080/auth/login" \
-H 'content-type: application/json' \
-d '{"email":"eleazar.fig@example.com","password":"password"}'
```

以下のような JSON が返ってくるはずだ。もちろん、userId も accessToken も、UUID で作成した値なので読者の環境と紙面の値が一致することはないが、JSON としてこういう構成になっていれば OK である。

```
{"userId":"3a273455-31a2-491d-bb6b-54eca44655c5","accessToken":"c2b05842e453402a921ebe683db1c14f"}
```

もしも、初期データの投入後にデータベースを削除してしまった場合や、登録したかわからなくなった場合は（中身を確認してからでもいいが）とりあえず一度壊して再構築してしまってもよい。その場合は以下のコマンドを順番に実行する。

```
$ cargo make compose-remove
$ cargo make build
$ cargo make initial-setup
$ cargo make run
```

5.4.5　ログアウト機能の実装と、そのための `FromRequestParts` の実装

ログアウト機能を実装するには、「どのユーザーがアクセスしてきたか」を識別する必要がある。本システムにおいて、それを識別するためのカギは、ログイン時に発行されたアクセストークンである。アクセストークンは、ログイン以外の本システムの API をコールする際に、HTTP ヘッダに以下のように付加することでシステムはユーザーのアクセスの有効性を検証し、アクセスしてきたユーザーが誰であるかを識別する。

以下は実際にログアウトの HTTP リクエストで送信された HTTP ヘッダの抜粋である。この中で、`Authorization: Bearer 5c0d692b56214a52ac1059fec2c7e387` の Bearer より後ろがアクセストークンの情報である（HTTP ヘッダの標準的な仕様は関連する RFC を読むか、MDN [11] のような開発者向け Web サ

---

[11] https://developer.mozilla.org/ja/docs/Web/HTTP/Headers

イトの情報を参照されたい）。

```
POST /auth/logout HTTP/1.1
Accept: */*
Accept-Encoding: gzip, deflate, br, zstd
Accept-Language: ja-JP,ja;q=0.9,en-US;q=0.8,en;q=0.7
Authorization: Bearer 5c0d692b56214a52ac1059fec2c7e387
Connection: keep-alive
Content-Length: 0
Content-Type: application/json
（略）
```

アプリケーション側では、このHTTPヘッダのAuthorization行（以下、Authorizationヘッダと呼ぶ）からアクセストークンを取り出し、ログイン時に発行したアクセストークンと合致するかどうかを検証する。これは、ログインAPI以外のすべてのAPIで必要な処理であるため、ここまでで実装してきたapiのhandlerに処理が渡る前に実行されるようにしたい。本項見出しにもあるFromRequestParts（フルパスではaxum::extract::FromRequestParts）を使えば、この前処理を実行して、結果を構造体にまとめて各handlerへ渡すことができる。

この前処理と処理結果を格納する構造体の定義はapiレイヤーのsrc/extractor.rsに実装する。さっそくではあるが、この実装を提示する。処理手順の中で重要な部分にはコメントを付与してある。

api/src/extractor.rs：リクエスト受信時のアクセストークンの検証処理

```rust
use axum::extract::FromRequestParts;
use axum::http::request::Parts;
use axum::{async_trait, RequestPartsExt};
use axum_extra::headers::authorization::Bearer; // ★
use axum_extra::headers::Authorization; // ★
use axum_extra::TypedHeader; // ★
use kernel::model::auth::AccessToken;
use kernel::model::id::UserId;
use kernel::model::role::Role; // ★
use kernel::model::user::User; // ★
use shared::error::AppError;

use registry::AppRegistry;

// a) リクエストの前処理を実行後、handlerに渡す構造体を定義
pub struct AuthorizedUser {
    pub access_token: AccessToken,
    pub user: User,
}

impl AuthorizedUser {
    pub fn id(&self) -> UserId {
        self.user.id
    }

    pub fn is_admin(&self) -> bool {
```

```rust
            self.user.role == Role::Admin
    }
}

#[async_trait]
impl FromRequestParts<AppRegistry> for AuthorizedUser {
    type Rejection = AppError;

    // handler メソッドの引数に AuthorizedUser を追加したときはこのメソッドが呼ばれる。
    async fn from_request_parts(
        parts: &mut Parts,
        registry: &AppRegistry,
    ) -> Result<Self, Self::Rejection> {
        // b) HTTP ヘッダからアクセストークンを取り出す。
        let TypedHeader(Authorization(bearer)) = parts
            .extract::<TypedHeader<Authorization<Bearer>>>()
            .await
            .map_err(|_| AppError::UnauthorizedError)?;
        let access_token = AccessToken(bearer.token().to_string());

        // c) アクセストークンが紐づくユーザー ID を抽出する。
        let user_id = registry
            .auth_repository()
            .fetch_user_id_from_token(&access_token)
            .await?
            .ok_or(AppError::UnauthenticatedError)?;

        // d) ユーザー ID でデータベースからユーザーのレコードを引く。
        let user = registry
            .user_repository()
            .find_current_user(user_id) // ★
            .await?
            .ok_or(AppError::UnauthenticatedError)?;

        Ok(Self { access_token, user })
    }
}
```

AuthorizedUser 構造体に FromRequestParts<AppRegistry> トレイトを実装すると、前述のとおり handler メソッドの引数に user: AuthorizedUser のように記述することで、handler メソッドに渡す前に上記の from_request_parts を実行させられるようになる。その中では以下の手順で処理を行う。

1. リクエストの HTTP ヘッダから Authorization: Bearer <アクセストークン> が付与されている行を抜き出し、「<アクセストークン>」の部分を抽出する。
2. Redis にて、アクセストークンをキーとするレコードからユーザー ID を抽出する。
3. ユーザー ID からユーザーのデータベースのレコードを抽出する。

この手順を実行するのが上記のコードであるが、コード内の★マークでコメントをつけている行は現時点では未定義なので、この extractor.rs だけでは動作しない。

1. 依存クレートの追加（axum-extra、strum）
2. ユーザー情報を扱う User 型および関連する型とトレイトの追加（kernel レイヤー）
3. 2 のトレイトの実装の追加（adapter registry モジュール）

2 と 3 は「5.2 節　シンプルな蔵書データの登録・取得処理の作成」で books テーブルに対して kernel adapter レイヤーで実装した手順と同じことを users のテーブルに対しても実施するだけである。関係するファイル数は多いがやり方はほぼ同じなのでさくさくと進めていこう。

● 依存クレートの追加

Cargo.toml にはすでに定義済みであるが、ここで新たに使用する以下の 2 つのクレートについて説明する。

Cargo.toml

```toml
axum-extra = { version = "0.9.3", features = ["typed-header"] }
strum = { version = "0.26.2", features = ["derive"] }
```

axum-extra は、今回使用する HTTP ヘッダから情報を取得するためのトレイトや型を提供するのに加え、axum にいろいろな機能を追加できるクレートである。

strum は、主に文字列と enum 間の変換をサポートするトレイトやマクロを提供するクレートである。TypeScript に慣れている人は、文字列で代数的データ型を表現することが当たり前かもしれないが、Rust では enum の要素と文字列は異なるため、相互変換が必要になる。愚直にやるならば From や TryFrom トレイトで自ら実装してもよいが、strum を使うことで実装が楽になる部分も多いだろう。このようなクレートを用いてボイラープレートを丁寧に減らしておくのは、ミスを防いだり、そもそも実装の手間を削減してコードの品質や実装スピードを高めるために重要である。

strum は kernel レイヤー、axum-extra は api レイヤーで使用するよう設定してある。

● kernel レイヤーの実装

これまでの実装のとおり、kernel レイヤーではレイヤードアーキテクチャで api と adapter の依存性を切り離すためのトレイトおよび型の定義を行う。今回はユーザーを扱うための User 型と、User 型のデータを扱うための UserRepository トレイトを定義する。また、本システムの設計では、ユーザーは「管理者」とそれ以外の権限を Role 型で扱えるようにするため同時にここで定義する。

まず、kernel/src 以下のソースコードのツリーを以下に表記する。book/mod.rs など本項で扱わないファイルは省略してある。「変更」とマークした mod.rs には、ファイル追加に伴うモジュールの宣言を追記する。

```
src
├── lib.rs
├── model
│   ├── mod.rs    # 変更
│   ├── role.rs   # 追加
│   └── user
│       ├── event.rs  # 追加
│       └── mod.rs    # 追加
└── repository
    ├── mod.rs    # 変更
```

```
└── user.rs  # 追加
```

mod.rs に追記するモジュール定義は以下のとおりである。

kernel/src/model/mod.rs：モジュール定義の追加

```
pub mod role;
pub mod user;
```

kernel/src/repository/mod.rs：モジュール定義の追加

```
pub mod user;
```

model ディレクトリの各ファイルへの型定義を追加する。

kernel/src/model/role.rs：Role の定義

```rust
use strum::{AsRefStr, EnumIter, EnumString};

#[derive(Debug, EnumString, AsRefStr, EnumIter, Default, PartialEq, Eq)]
pub enum Role {
    Admin,
    #[default]
    User,
}
```

ユーザーを表す型定義を追加する。BookOwner（書籍の所有者）、CheckoutUser（借りたユーザー）は本節よりあとの節で使うが、ここでまとめて定義しておく。

kernel/src/model/user/mod.rs：User などの定義

```rust
use crate::model::{id::UserId, role::Role};

pub mod event;

#[derive(Debug, PartialEq, Eq)]
pub struct User {
    pub id: UserId,
    pub name: String,
    pub email: String,
    pub role: Role,
}

#[derive(Debug)]
pub struct BookOwner {
    pub id: UserId,
    pub name: String,
}

#[derive(Debug)]
pub struct CheckoutUser {
```

```
    pub id: UserId,
    pub name: String,
}
```

以下は`UserRepository`トレイトのトレイトメソッドの引数に与える型で、こちらの使用も次節であるが定義だけしておく。

kernel/src/model/user/event.rs

```rust
use crate::model::{id::UserId, role::Role};

#[derive(Debug)]
pub struct CreateUser {
    pub name: String,
    pub email: String,
    pub password: String,
}

#[derive(Debug)]
pub struct UpdateUserRole {
    pub user_id: UserId,
    pub role: Role,
}

#[derive(Debug)]
pub struct UpdateUserPassword {
    pub user_id: UserId,
    pub current_password: String,
    pub new_password: String,
}

#[derive(Debug)]
pub struct DeleteUser {
    pub user_id: UserId,
}
```

repository側は以下のようにトレイト実装を作成する。ログアウト機能の実装に必要なメソッドは`find_current_user`のみであるが、トレイトにメソッドの定義のみはしておく。

kernel/src/repository/user.rs

```rust
use async_trait::async_trait;
use shared::error::AppResult;

use crate::model::{
    id::UserId,
    user::{
        event::{CreateUser, DeleteUser, UpdateUserPassword, UpdateUserRole},
        User,
    },
};
```

```rust
#[async_trait]
pub trait UserRepository: Send + Sync {
    async fn find_current_user(
        &self,
        current_user_id: UserId,
    ) -> AppResult<Option<User>>;
    async fn find_all(&self) -> AppResult<Vec<User>>;
    async fn create(&self, event: CreateUser) -> AppResult<User>;
    async fn update_password(
        &self,
        event: UpdateUserPassword,
    ) -> AppResult<()>;
    async fn update_role(&self, event: UpdateUserRole) -> AppResult<()>;
    async fn delete(&self, event: DeleteUser) -> AppResult<()>;
}
```

● **adapter レイヤーの実装**

次は adapter レイヤーである。最初に adapter/src のツリー表示を示す。book.rs など本節で扱わないファイルは省略している。「変更」とマークした mod.rs には、ファイル追加に伴うモジュールの宣言を追記する。

```
src
├── database
│   └── model
│       ├── mod.rs  # 変更
│       └── user.rs # 追加
├── lib.rs
└── repository
    ├── mod.rs  # 変更
    └── user.rs # 追加
```

mod.rs にそれぞれ pub mod user; を追記する。

adapter/src/repository/mod.rs：モジュール定義を追加

```rust
pub mod user;
```

adapter/src/database/model/mod.rs：モジュール定義を追加

```rust
pub mod user;
```

続いて、adapter 内で扱う型情報を定義する。

adapter/src/database/model/user.rs

```rust
use kernel::model::{id::UserId, role::Role, user::User};
use shared::error::AppError;
use sqlx::types::chrono::{DateTime, Utc};
use std::str::FromStr;
```

```rust
pub struct UserRow {
    pub user_id: UserId,
    pub name: String,
    pub email: String,
    pub role_name: String,
    pub created_at: DateTime<Utc>,
    pub updated_at: DateTime<Utc>,
}

impl TryFrom<UserRow> for User {
    type Error = AppError;
    fn try_from(value: UserRow) -> Result<Self, Self::Error> {
        let UserRow {
            user_id,
            name,
            email,
            role_name,
            ..
        } = value;
        Ok(User {
            id: user_id,
            name,
            email,
            role: Role::from_str(role_name.as_str())
                .map_err(|e| AppError::ConversionEntityError(e.to_string()))?,
        })
    }
}
```

次に、repository の実装をする。トレイトメソッドは find_current_user() のみ実装して残りは todo!() としておく。

adapter/src/repository/user.rs：UserRepositoryImpl の実装

```rust
use async_trait::async_trait;
use derive_new::new;
use kernel::model::id::UserId;
use kernel::model::user::{
    event::{CreateUser, DeleteUser, UpdateUserPassword, UpdateUserRole},
    User,
};
use kernel::repository::user::UserRepository;
use shared::error::{AppError, AppResult};

use crate::database::{model::user::UserRow, ConnectionPool};

#[derive(new)]
pub struct UserRepositoryImpl {
    db: ConnectionPool,
}

#[async_trait]
```

```rust
impl UserRepository for UserRepositoryImpl {
    async fn find_current_user(
        &self,
        current_user_id: UserId,
    ) -> AppResult<Option<User>> {
        let row = sqlx::query_as!(
            UserRow,
            r#"
                SELECT
                    u.user_id,
                    u.name,
                    u.email,
                    r.name as role_name,
                    u.created_at,
                    u.updated_at
                FROM users AS u
                INNER JOIN roles AS r USING(role_id)
                WHERE u.user_id = $1
            "#,
            current_user_id as _
        )
        .fetch_optional(self.db.inner_ref())
        .await
        .map_err(AppError::SpecificOperationError)?;
        match row {
            Some(r) => Ok(Some(User::try_from(r)?)),
            None => Ok(None),
        }
    }

    async fn find_all(&self) -> AppResult<Vec<User>> {
        todo!()
    }

    async fn create(&self, event: CreateUser) -> AppResult<User> {
        todo!()
    }

    async fn update_password(
        &self,
        event: UpdateUserPassword,
    ) -> AppResult<()> {
        todo!()
    }

    async fn update_role(&self, event: UpdateUserRole) -> AppResult<()> {
        todo!()
    }

    async fn delete(&self, event: DeleteUser) -> AppResult<()> {
        todo!()
    }
```

}
```

### ● registryモジュールの実装

adapterレイヤーを実装したので、使えるようにするまであと一歩だ。registry/src/lib.rsのAppRegistryにuser_repositoryを追加する。

registry/src/lib.rs

```rust
// use 行は割愛するが、以下を追加する。
// use adapter::repository::user::UserRepositoryImpl;
// use kernel::repository::user::UserRepository;

#[derive(Clone)]
pub struct AppRegistry {
    health_check_repository: Arc<dyn HealthCheckRepository>,
    book_repository: Arc<dyn BookRepository>,
    auth_repository: Arc<dyn AuthRepository>,
    // 追加
    user_repository: Arc<dyn UserRepository>,
}

impl AppRegistry {
    pub fn new(
        pool: ConnectionPool,
        redis_client: Arc<RedisClient>,
        app_config: AppConfig,
    ) -> Self {
        // 中略

        // 追加
        let user_repository = Arc::new(UserRepositoryImpl::new(pool.clone()));

        Self {
            health_check_repository,
            book_repository,
            auth_repository,
            user_repository, // 追加
        }
    }

    // 中略

    // user_repository を返すメソッドを追加
    pub fn user_repository(&self) -> Arc<dyn UserRepository> {
        self.user_repository.clone()
    }
}
```

● 改めてextractorの実装とログアウトメソッドの仕上げ

ここで、本項冒頭で提示したapi/src/extractor.rsを実装する。そして、同ディレクトリにあるlib.rs
```

に以下の行を追加する。

api/src/lib.rs：extractor モジュールの追加

```
pub mod extractor;
```

これでextractor.rs内で必要なメソッドはすべて実装できた。最後に、これが動作する契機をlogoutメソッドに実装する。

api/src/handler/auth.rs：ログアウトメソッドの実装

```
// 前略

use crate::{
    extractor::AuthorizedUser, // ここを追加
    model::auth::{AccessTokenResponse, LoginRequest},
};

// 中略

// logout メソッドの中身を実装
pub async fn logout(
    user: AuthorizedUser, // 引数も追加する。
    State(registry): State<AppRegistry>,
) -> AppResult<StatusCode> {
    registry
        .auth_repository()
        .delete_token(user.access_token)
        .await?;
    Ok(StatusCode::NO_CONTENT)
}
```

　これで、cargo make build を実行すると、警告はたくさん出るがコンパイルは通るはずである。警告は不使用のメソッドや引数に関するもので、これらはあとで使うので問題ない。
　実装してコンパイルが通ったら、動作確認をする前に動作の流れを解説しておこう。
　ログアウトする処理は、ログイン時に発行したアクセストークンを無効化する処理である。本システムのAPIでは、アクセストークンはHTTPのAuthorizationヘッダに付与する形でAPIサーバーへ伝える仕様としたい。そのため、APIサーバー側では共通処理としてAuthorizationヘッダ行があるときはその行からアクセストークンを抽出し、アクセスしてきたユーザー情報を逆引きできるようにしたい。これを行うのがAuthorizedUser 構造体に対するFromRequestParts トレイトの実装である。
　このトレイト実装は、上記logoutメソッドを例にとると、引数にuser: AuthorizedUserが指定されると、axumのフレームワーク内でHTTPリクエストからFromRequestParts::from_request_parts メソッドが実行され、無事AuthorizedUser型のインスタンスを作成できればそれを引数に渡してlogoutメソッドが実行される。一方で、無効なアクセストークンだったりAuthorizationヘッダ行がなかったりする場合は、FromRequestParts::from_request_parts メソッドがエラーになるのでlogoutメソッドに処理が渡る前にエラーが返される。
　では、実際に動作確認していこう。まずサーバーを起動する。

```
$ cargo make run
```

別ターミナルで curl コマンドを実行する。まずは改めてログインから。

```
$ curl -v "http://localhost:8080/auth/login" \
-H 'content-type: application/json' \
-d '{"email":"eleazar.fig@example.com","password":"password"}'
(中略)
{"userId":"b1c0285d0a294c629db87fd870242e24","accessToken":"b9b58f72eb8c42a795f
dd2652c4b484d"}
```

アクセストークン行を取り出し、ログアウトメソッドを実行する。

```
$ curl -v -X POST "http://localhost:8080/auth/logout" \
-H 'Authorization: Bearer b9b58f72eb8c42a795fdd2652c4b484d'
*   Trying [::1]:8080...
* Connected to localhost (::1) port 8080
> POST /auth/logout HTTP/1.1
> Host: localhost:8080
> User-Agent: curl/8.4.0
> Accept: */*
> Authorization: Bearer b9b58f72eb8c42a795fdd2652c4b484d
>
< HTTP/1.1 204 No Content
< date: Mon, 22 Apr 2024 18:06:07 GMT
<
* Connection #0 to host localhost left intact
```

成功時は 204 No Content を応答するように実装したため、これでログアウトは完了している。

念のためエラーとなる場合も実行しておく。すでにログアウト済みの状態、つまり先ほど発行したアクセストークンが無効になっている状態で同じログアウトメソッドをもう一度実行する。

```
$ curl -v -X POST "http://localhost:8080/auth/logout" \
-H 'Authorization: Bearer b9b58f72eb8c42a795fdd2652c4b484d'
(中略)
< HTTP/1.1 403 Forbidden
< content-length: 0
< date: Mon, 22 Apr 2024 18:06:50 GMT
<
* Connection #0 to host localhost left intact
```

403 Forbidden が返ってきている。これはこのアクセストークンがすでに無効であることを示している。また、Authorization ヘッダ行をつけない場合も試しておく。

```
$ curl -v -X POST "http://localhost:8080/auth/logout"
(中略)
< HTTP/1.1 401 Unauthorized
< content-length: 0
```

```
< date: Mon, 22 Apr 2024 18:07:42 GMT
< 
* Connection #0 to host localhost left intact
```

こちらは `401 Unauthorized` が返却される。`Authorization` ヘッダを付与していないため、操作が認可されていないと指摘されているので想定どおりである。

これでログイン・ログアウトを実装できた。次項からは他の API を実装していく。

5.4.6 ユーザー管理機能の残りの API の実装

ログインとログアウトを実装するのに長くなってしまったが、現状ではデータベースへの初期投入データにいるユーザーでしかログインできない。本節の API 仕様で列挙した、ユーザー追加など残りの API を実装していく。「5.4.2 項 ユーザー管理・ログイン・ログアウトの API 仕様」で掲載したユーザー管理機能のAPI 仕様を再掲する（表 5.4）。

表 5.4 ユーザー管理の API 一覧（再掲）

HTTP メソッド	パス	説明	Rust の関数名	管理者権限
POST	/api/v1/users	ユーザーを追加する	register_user	要
GET	/api/v1/users	ユーザーの一覧を取得する	list_users	
DELETE	/api/v1/users/{user_id}	ユーザーを削除する	delete_user	要
PUT	/api/v1/users/{user_id}/role	ユーザーの権限を変更する	change_role	要
GET	/api/v1/users/me	自分のユーザー情報を取得する	get_current_user	
PUT	/api/v1/users/me/password	自分のパスワードを変更する	change_password	

これらを実装するのに、前項までで歯抜けになっていた adapter のコードから実装していく。

● adapter レイヤーの実装

まずは adapter レイヤーに不足している実装を足していこう。主要な実装は adapter/src/repository/user.rs であるが、そこに追加する前に adapter/src/database/mod.rs にメソッドを追加する。SQL でトランザクションを使うため、コネクションプールから sqlx のトランザクションを取り出すメソッドである。

adapter/src/database/mod.rs：トランザクションを取り出すメソッドを追加

```
use shared::{
    config::DatabaseConfig,
    error::{AppError, AppResult}, // 追加
};

// 中略
```

5.4 ユーザー管理機能の実装

```rust
impl ConnectionPool {
    // 中略

    // ConnectionPool 型に begin メソッドを追加
    pub async fn begin(
        &self,
    ) -> AppResult<sqlx::Transaction<'_, sqlx::Postgres>> {
        self.0.begin().await.map_err(AppError::TransactionError)
    }
}
```

begin メソッドも使いながら user.rs を実装する。use 行は追加分のみを掲載し、実装済みの find_current_user メソッドの実装は省略する。

adapter/src/repository/user.rs：UserRepositoryImpl の各メソッドの実装

```rust
// 以下の行を追加
use kernel::model::role::Role;

#[async_trait]
impl UserRepository for UserRepositoryImpl {
    async fn find_current_user(
        &self,
        current_user_id: UserId,
    ) -> AppResult<Option<User>> {
        // 実装済みのため省略
    }

    async fn find_all(&self) -> AppResult<Vec<User>> {
        let users = sqlx::query_as!(
            UserRow,
            r#"
                SELECT
                    u.user_id,
                    u.name,
                    u.email,
                    r.name as role_name,
                    u.created_at,
                    u.updated_at
                FROM users AS u
                INNER JOIN roles AS r USING(role_id)
                ORDER BY u.created_at DESC;
            "#
        )
        .fetch_all(self.db.inner_ref())
        .await
        .map_err(AppError::SpecificOperationError)?
        .into_iter()
        .filter_map(|row| User::try_from(row).ok())
        .collect();
```

```rust
        Ok(users)
    }

    async fn create(&self, event: CreateUser) -> AppResult<User> {
        let user_id = UserId::new();
        let hashed_password = hash_password(&event.password)?;
        // ユーザーを追加するときは管理者ではなく一般のユーザー権限とする。
        let role = Role::User;

        let res = sqlx::query!(
            r#"
                INSERT INTO users(user_id, name, email, password_hash, role_id)
                SELECT $1, $2, $3, $4, role_id FROM roles WHERE name = $5;
            "#,
            user_id as _,
            event.name,
            event.email,
            hashed_password,
            role.as_ref()
        )
        .execute(self.db.inner_ref())
        .await
        .map_err(AppError::SpecificOperationError)?;

        if res.rows_affected() < 1 {
            return Err(AppError::NoRowsAffectedError(
                "No user has been created".into(),
            ));
        }

        Ok(User {
            id: user_id,
            name: event.name,
            email: event.email,
            role,
        })
    }

    async fn update_password(
        &self,
        event: UpdateUserPassword,
    ) -> AppResult<()> {
        let mut tx = self.db.begin().await?;

        let original_password_hash = sqlx::query!(
            r#"
                SELECT password_hash FROM users WHERE user_id = $1;
            "#,
            event.user_id as _
        )
        .fetch_one(&mut *tx)
        .await
```

```rust
            .map_err(AppError::SpecificOperationError)?
            .password_hash;

        // 現在のパスワードが正しいかを検証する。
        verify_password(&event.current_password, &original_password_hash)?;

        // 新しいパスワードのハッシュに置き換える。
        let new_password_hash = hash_password(&event.new_password)?;
        sqlx::query!(
            r#"
                UPDATE users SET password_hash = $2 WHERE user_id = $1;
            "#,
            event.user_id as _,
            new_password_hash,
        )
        .execute(&mut *tx)
        .await
        .map_err(AppError::SpecificOperationError)?;

        tx.commit().await.map_err(AppError::TransactionError)?;

        Ok(())
    }

    async fn update_role(&self, event: UpdateUserRole) -> AppResult<()> {
        let res = sqlx::query!(
            r#"
                UPDATE users
                SET role_id = (
                    SELECT role_id FROM roles WHERE name = $2
                )
                WHERE user_id = $1
            "#,
            event.user_id as _,
            event.role.as_ref()
        )
        .execute(self.db.inner_ref())
        .await
        .map_err(AppError::SpecificOperationError)?;

        if res.rows_affected() < 1 {
            return Err(AppError::EntityNotFound(
                "Specified user not found".into(),
            ));
        }

        Ok(())
    }

    async fn delete(&self, event: DeleteUser) -> AppResult<()> {
        let res = sqlx::query!(
            r#"
```

```rust
                    DELETE FROM users
                    WHERE user_id = $1
                "#,
                event.user_id as _
            )
            .execute(self.db.inner_ref())
            .await
            .map_err(AppError::SpecificOperationError)?;

            if res.rows_affected() < 1 {
                return Err(AppError::EntityNotFound(
                    "Specified user not found".into(),
                ));
            }

            Ok(())
        }
    }

    fn hash_password(password: &str) -> AppResult<String> {
        bcrypt::hash(password, bcrypt::DEFAULT_COST).map_err(AppError::from)
    }

    fn verify_password(password: &str, hash: &str) -> AppResult<()> {
        let valid = bcrypt::verify(password, hash)?;
        if !valid {
            return Err(AppError::UnauthenticatedError);
        }
        Ok(())
    }
```

各メソッドの実装のポイントをざっくり解説する。

- find_all メソッド
    - ユーザーの一覧を取得するためのメソッドで、sqlx::query_as! メソッドを通じて UserRow 構造体に SELECT 結果をマッピングする。データベースのレコード上ではロールは roles テーブルへの外部キー参照であるが、UserRow 構造体にはロール名（文字列）で格納するために INNER JOIN で roles テーブルと結合している。
- create メソッド
    - ユーザーを作成するためのメソッドで、INSERT するために必要なデータは CreateUser 型のデータとして渡される。CreateUser 型の内部では平文で持っているが、データベースのレコードとして格納するときは bcrypt でハッシュ化する hash_password 関数を実行している。
    - INSERT のような、レコードを取得する問い合わせではない場合は sqlx::query! マクロを使う。このマクロの戻り値 res の rows_affected メソッドを使えば、実際に追加ないし変更されたレコード行数を取得できるのでチェックをしておくとよい（SQL に ON CONFLICT DO NOTHING などと書いていて、意図しない CONFLICT が起きた場合など）。

- update_password メソッド
    - ユーザー自身によるパスワード変更のためのメソッド。ここで先ほど作成したトランザクション取得のメソッドを使い、パスワード取得のクエリと、変更後のパスワードの書き込みクエリをトランザクションとして実行する。
- update_role メソッド
    - ユーザー情報の更新を行うメソッドであるがこちらは「管理者が他のユーザーの権限を変更したい」ときに呼ばせたいので、パスワード変更とは別の API として実装している。
- delete メソッド
    - ユーザーを削除するメソッドであり、SQL クエリ以外は前 2 つの update_ ～メソッドと同じである。

adapter 実装の動作確認にはテストコードを実装しておくのがベストであるが、テストの話は第 6 章に譲るとして本章では割愛する。

● api レイヤーの実装

AppRegistry と UserRepository へのアクセス方法は前項で済んでいるため、api レイヤーを実装すれば前項の adapter のデータベース操作とのつなぎ込みを Web API 化できる。

1. model モジュールの変更
2. handler モジュールの変更
3. route モジュールの変更

追加・変更するファイルは以下のとおりである。変更しないファイルは省略している。「変更」とマークしている mod.rs には新規追加のファイル（モジュール）を読み込めるよう記述を追加しておく。

```
src
├── handler
│   ├── mod.rs   # 変更
│   └── user.rs  # 追加
├── model
│   ├── mod.rs   # 変更
│   └── user.rs  # 追加
└── route
    ├── mod.rs   # 変更
    ├── user.rs  # 追加
    └── v1.rs    # 追加
```

api/src/route/mod.rs：モジュール定義を追加

```
pub mod user;
pub mod v1;
```

api/src/model/mod.rs：モジュール定義を追加

```
pub mod user;
```

api/src/handler/mod.rs：モジュール定義を追加

```
pub mod user;
```

model モジュールの変更

　model モジュールには Web API のリクエストとレスポンスでやりとりするデータを格納する型を実装していく。コード分量が多いが、model で定義している型や実装がおおよそ以下のような構成になっていることを把握すれば全体を理解しやすいであろう。

- UserResponse：Web API で「ユーザー」の情報として返したい型
- UsersResponse：UserResponse を一覧で返す場合のデータ構造
- RoleName：UserResponse の中で扱う Role の型
- ~~ Request：API リクエスト時のペイロードで受け取るデータ
- それぞれの型に対する From トレイトの実装：kernel クレートで定義された同種の型に変換するための実装

　最後の項目は、レイヤードアーキテクチャならではの、実装として重複しているように見える部分であり無駄に感じるかもしれない。しかし、ここを分けておくことで変更への耐性は強くなるうえ、型に実装するトレイトもレイヤーの責務単位で分けられるので、derive やアトリビュートマクロの記述が煩雑になることを減らせる。

　以下にコードを示す。

api/src/model/user.rs：リクエスト・レスポンスで使う型と From トレイトの定義

```rust
use derive_new::new;
use garde::Validate;
use kernel::model::{
    id::UserId,
    role::Role,
    user::{
        event::{CreateUser, UpdateUserPassword, UpdateUserRole},
        User,
    },
};
use serde::{Deserialize, Serialize};
use strum::VariantNames;

#[derive(Serialize, Deserialize, VariantNames)]
#[strum(serialize_all = "kebab-case")]
pub enum RoleName {
    Admin,
    User,
}

impl From<Role> for RoleName {
    fn from(value: Role) -> Self {
        match value {
```

```rust
                Role::Admin => Self::Admin,
                Role::User => Self::User,
            }
        }
    }

    impl From<RoleName> for Role {
        fn from(value: RoleName) -> Self {
            match value {
                RoleName::Admin => Self::Admin,
                RoleName::User => Self::User,
            }
        }
    }

    #[derive(Serialize, Deserialize)]
    #[serde(rename_all = "camelCase")]
    pub struct UsersResponse {
        pub items: Vec<UserResponse>,
    }

    #[derive(Serialize, Deserialize)]
    #[serde(rename_all = "camelCase")]
    pub struct UserResponse {
        pub id: UserId,
        pub name: String,
        pub email: String,
        pub role: RoleName,
    }

    impl From<User> for UserResponse {
        fn from(value: User) -> Self {
            let User {
                id,
                name,
                email,
                role,
            } = value;
            Self {
                id,
                name,
                email,
                role: RoleName::from(role),
            }
        }
    }

    #[derive(Deserialize, Validate)]
    #[serde(rename_all = "camelCase")]
    pub struct UpdateUserPasswordRequest {
        #[garde(length(min = 1))]
        current_password: String,
```

```rust
        #[garde(length(min = 1))]
        new_password: String,
    }

    #[derive(new)]
    pub struct UpdateUserPasswordRequestWithUserId(
        UserId,
        UpdateUserPasswordRequest,
    );

    impl From<UpdateUserPasswordRequestWithUserId> for UpdateUserPassword {
        fn from(value: UpdateUserPasswordRequestWithUserId) -> Self {
            let UpdateUserPasswordRequestWithUserId(
                user_id,
                UpdateUserPasswordRequest {
                    current_password,
                    new_password,
                },
            ) = value;
            UpdateUserPassword {
                user_id,
                current_password,
                new_password,
            }
        }
    }

    #[derive(Deserialize, Validate)]
    #[serde(rename_all = "camelCase")]
    pub struct CreateUserRequest {
        #[garde(length(min = 1))]
        name: String,
        #[garde(email)]
        email: String,
        #[garde(length(min = 1))]
        password: String,
    }

    impl From<CreateUserRequest> for CreateUser {
        fn from(value: CreateUserRequest) -> Self {
            let CreateUserRequest {
                name,
                email,
                password,
            } = value;
            Self {
                name,
                email,
                password,
            }
        }
    }
```

```rust
#[derive(Deserialize)]
#[serde(rename_all = "camelCase")]
pub struct UpdateUserRoleRequest {
    role: RoleName,
}

#[derive(new)]
pub struct UpdateUserRoleRequestWithUserId(UserId, UpdateUserRoleRequest);

impl From<UpdateUserRoleRequestWithUserId> for UpdateUserRole {
    fn from(value: UpdateUserRoleRequestWithUserId) -> Self {
        let UpdateUserRoleRequestWithUserId(
            user_id,
            UpdateUserRoleRequest { role },
        ) = value;
        Self {
            user_id,
            role: Role::from(role),
        }
    }
}
```

`CreateUserRequest` という型を例にとって、詳細について簡単に解説する。この部分では garde というクレートを利用している。これは主に「リクエストデータを検証（バリデーション）する」ためのクレートである。やはりボイラープレートの削減に便利である。各フィールドは String 型であるが、入力値ごとに守らせたい制約がある場合にフィールドごとにその制約をアトリビュートで記述できる。

1. まず Validate を derive 行に記述する。
2. 制約をつけたいフィールドに #[garde(〜)] アトリビュートを付与する。
    - 文字数を最低 1 文字以上としたい場合は #[garde(length(min = 1))]
    - E メールアドレス形式にしたい場合は #[garde(email)]
    - そのほか、IP アドレスや URL、電話番号など、多くの形式を簡単に指定可能
3. リクエストを処理するメソッドで validate メソッドを実行する（このあと handler で実装する）。

```rust
#[derive(Deserialize, Validate)]
#[serde(rename_all = "camelCase")]
pub struct CreateUserRequest {
    #[garde(length(min = 1))]
    name: String,
    #[garde(email)]
    email: String,
    #[garde(length(min = 1))]
    password: String,
}
```

handler モジュールの変更

続いて handler 側の実装である。基本的には対応する `UserRepository` トレイトのメソッドを実行して結果を受け取るだけであるが、ポイントが 2 つある。

- 管理者権限でしか実行できない API の場合は、`user.is_admin()` で権限を確認する。
- リクエストのペイロードを受け取る型があるメソッドは `req.validate(&())?;` を実行して、制約を満たしていない入力にはエラーを返すようにする。

このポイントさえ押さえておけば、あとはトレイトメソッドを呼ぶ前後の型変換のみのコードなのですぐ理解可能であろう。

以下にコードを示す。

api/src/handler/user.rs : api レイヤーのユーザー管理系メソッドを実装

```rust
use axum::{
    extract::{Path, State},
    http::StatusCode,
    Json,
};
use garde::Validate;
use kernel::model::{id::UserId, user::event::DeleteUser};
use registry::AppRegistry;
use shared::error::{AppError, AppResult};

use crate::{
    extractor::AuthorizedUser,
    model::user::{
        CreateUserRequest, UpdateUserPasswordRequest,
        UpdateUserPasswordRequestWithUserId, UpdateUserRoleRequest,
        UpdateUserRoleRequestWithUserId, UserResponse, UsersResponse,
    },
};

/// ユーザーを追加する (Admin only)。
pub async fn register_user(
    user: AuthorizedUser,
    State(registry): State<AppRegistry>,
    Json(req): Json<CreateUserRequest>,
) -> AppResult<Json<UserResponse>> {
    //AuthorizedUser の権限が Admin のときのみ実行可能とする。
    if !user.is_admin() {
        return Err(AppError::ForbiddenOperation);
    }

    req.validate(&())?;

    let registered_user =
        registry.user_repository().create(req.into()).await?;
```

```rust
        Ok(Json(registered_user.into()))
    }

    /// ユーザーの一覧を取得する。
    pub async fn list_users(
        _user: AuthorizedUser,
        State(registry): State<AppRegistry>,
    ) -> AppResult<Json<UsersResponse>> {
        let items = registry
            .user_repository()
            .find_all()
            .await?
            .into_iter()
            .map(UserResponse::from)
            .collect();

        Ok(Json(UsersResponse { items }))
    }

    /// ユーザーを削除する (Admin only)。
    pub async fn delete_user(
        user: AuthorizedUser,
        Path(user_id): Path<UserId>,
        State(registry): State<AppRegistry>,
    ) -> AppResult<StatusCode> {
        //AuthorizedUser の権限が Admin のときのみ実行可能とする。
        if !user.is_admin() {
            return Err(AppError::ForbiddenOperation);
        }

        registry
            .user_repository()
            .delete(DeleteUser { user_id })
            .await?;

        Ok(StatusCode::OK)
    }

    /// ユーザーのロールを変更する (Admin only)。
    pub async fn change_role(
        user: AuthorizedUser,
        Path(user_id): Path<UserId>,
        State(registry): State<AppRegistry>,
        Json(req): Json<UpdateUserRoleRequest>,
    ) -> AppResult<StatusCode> {
        //AuthorizedUser の権限が Admin のときのみ実行可能とする。
        if !user.is_admin() {
            return Err(AppError::ForbiddenOperation);
        }

        registry
            .user_repository()
```

```rust
                .update_role(UpdateUserRoleRequestWithUserId::new(user_id, req).into())
                .await?;

        Ok(StatusCode::OK)
    }

    /// ユーザーが自分自身のユーザー情報を取得する。
    pub async fn get_current_user(user: AuthorizedUser) -> Json<UserResponse> {
        Json(UserResponse::from(user.user))
    }

    /// ユーザーが自分自身のパスワードを変更する。
    pub async fn change_password(
        user: AuthorizedUser,
        State(registry): State<AppRegistry>,
        Json(req): Json<UpdateUserPasswordRequest>,
    ) -> AppResult<StatusCode> {
        req.validate(&())?;

        registry
            .user_repository()
            .update_password(
                UpdateUserPasswordRequestWithUserId::new(user.id(), req).into(),
            )
            .await?;

        Ok(StatusCode::OK)
    }
```

route モジュールの変更

リクエストを受け取る関数を実装したので、あとは URL のパスと紐づけるだけである。API 実装時には、後方互換性担保のために /api/v1 のようにその API のバージョンをパスの先頭に付与することが多いだろう。本書でも主には例示のためにやり方を示しておく。

まずは、/users/ ~のパスの構造と HTTP メソッドごとの呼び出す関数の紐づけである。ユーザーを ID で指定する場合は /users/:user_id、つまり /users/{ ここに UUID 文字列 } という形式で受け付けるが、API コールするユーザーの「自分自身」に対してのみ使えるメソッドは /users/me で指定する仕様としている。

api/src/route/user.rs：ルーターの定義

```rust
  use axum::{
      routing::{delete, get, put},
      Router,
  };
  use registry::AppRegistry;

  use crate::handler::user::{
      change_password, change_role, delete_user, get_current_user, list_users,
      register_user,
  };
```

5.4 ユーザー管理機能の実装

```
pub fn build_user_router() -> Router<AppRegistry> {
    Router::new()
        .route("/users/me", get(get_current_user))
        .route("/users/me/password", put(change_password))
        .route("/users", get(list_users).post(register_user))
        .route("/users/:user_id", delete(delete_user))
        .route("/users/:user_id/role", put(change_role))
}
```

さらに、他のパスの上位パスに /api/v1 を付与する実装を追加する。

api/src/route/v1.rs：URL パスにバージョン番号を持たせる設定

```
use axum::Router;
use registry::AppRegistry;

use super::{
    book::build_book_routers, health::build_health_check_routers,
    user::build_user_router,
};

pub fn routes() -> Router<AppRegistry> {
    let router = Router::new()
        .merge(build_health_check_routers())
        .merge(build_book_routers())
        .merge(build_user_router());

    Router::new().nest("/api/v1", router)
}
```

最後に src/bin/app.rs で呼び出す関数を変更してこのパス情報を更新する。まず、use api::route ではじまる以下の行を、

src/bin/app.rs：use 行変更前

```
use api::route::{
    auth, book::build_book_routers, health::build_health_check_routers,
};
```

以下のとおり変更する。

src/bin/app.rs：use 行変更後

```
use api::route::{auth, v1};
```

さらに、bootstrap() 関数内の Router::new() に続く merge メソッドの呼び出しを以下のように変更する。

src/bin/app.rs：ルーターの設定変更前

```
let app = Router::new()
    .merge(build_health_check_routers()) // 削除
```

```
        .merge(build_book_routers()) // 削除
        .merge(auth::routes())
        .with_state(registry);
```

src/bin/app.rs：ルーターの設定変更後

```
let app = Router::new()
    .merge(v1::routes()) // この行を追加
    .merge(auth::routes())
    .with_state(registry);
```

● 動作確認

一通り実装したので実動作を確認する。以下のコマンドで、まっさらな状態にしてからビルド＆初期データを投入してアプリケーションを実行する。

```
$ cargo make compose-remove
$ cargo make build
$ cargo make initial-setup
$ cargo make run
```

まずはログインしてアクセストークンを取得する。トークンを取得できたら、accessToken フィールドの値をコピーしておき、次の Bearer Token のリクエスト時に貼り付けられるようにすると便利である。

```
$ curl -v "http://localhost:8080/auth/login" \
-H 'content-type: application/json' \
-d '{"email":"eleazar.fig@example.com","password":"password"}'
(中略)
{"userId":"b1c0285d0a294c629db87fd870242e24","accessToken":"c6f3f9cbaa2844e3bc0
1db048b7c647c"}
```

ユーザーの一覧の取得。この時点では、初期データとして投入したユーザーのみ。

```
$ curl -v "http://localhost:8080/api/v1/users" \
-H 'Authorization: Bearer c6f3f9cbaa2844e3bc01db048b7c647c'
(中略)
{"items":[{"id":"b1c0285d0a294c629db87fd870242e24","name":"Eleazar
Fig","email":"eleazar.fig@example.com","role":"Admin"}]}
```

ユーザーを追加する。

```
$ curl -v -X POST "http://localhost:8080/api/v1/users" \
-H 'Authorization: Bearer c6f3f9cbaa2844e3bc01db048b7c647c' -H 'Content-Type:
application/json' \
-d '{"name":"yamada","email":"yamada@example.com","password":"hogehoge"}'
(中略)
{"id":"527b06f5b8404f92b3637279e9d1d5f1","name":"yamada","email":"yamada@
example.com","role":"User"}
```

もう一度ユーザーの一覧を取得する。

```
$ curl -v "http://localhost:8080/api/v1/users" \
-H 'Authorization: Bearer c6f3f9cbaa2844e3bc01db048b7c647c'
(中略)
{"items":[{"id":"527b06f5b8404f92b3637279e9d1d5f1","name":"yamada","email":"yam
ada@example.com","role":"User"},{"id":"b1c0285d0a294c629db87fd870242e24","name"
:"Eleazar Fig","email":"eleazar.fig@example.com","role":"Admin"}]}
```

初期データのユーザーと追加したユーザーをリストとして取得できている。紙面での紹介はここまでに留めるが、他の API についても実行して試すとよいだろう。

5.5 蔵書の CRUD 機能のアップデート

前節まででユーザー管理までを実装できた。ここで、「5.2 節　シンプルな蔵書データの登録・取得処理の作成」での実装に思いを馳せてみると、データベースのテーブルの定義を変更して動かなくなったままの状態であった。動作を正すだけではなく、蔵書データの登録・取得処理を最終的な実装に合わせていく。

今回の実装を経たうえでの API エンドポイントの仕様は表 5.5 のとおりとする。

表 5.5　蔵書の API 一覧

HTTP メソッド	パス	説明	Rust の関数名
POST	/api/v1/books	書籍データを登録する	register_book
GET	/api/v1/books	書籍データの一覧を取得する	show_book_list
GET	/api/v1/books/{book_id}	書籍データの詳細を取得する	show_book
PUT	/api/v1/books/{book_id}	書籍データを更新する	update_book
DELETE	/api/v1/books/{book_id}	書籍データを削除する	delete_book

これに加え、以下の点を機能として追加する。

- ページネーション機能
    - 蔵書の一覧を取得する際に、`limit` と `offset` の 2 つのクエリパラメータを指定し、その範囲の蔵書のみを取得する。

蔵書は本を購入するたびに増加するので、一覧取得時の 1 回のリクエストで取得する数に上限を設けておく。ページネーションは「1 ページ」を単位とする実装をする場合もあるが、本書では「一覧に追加された日付の降順で並んでいる蔵書に対し、開始位置 (offset) からの取得数上限 (limit) を指定する方式とする。

では、蔵書の CRUD を実装するために、ここまでと同様まずは kernel から実装していく。

5.5.1　kernel レイヤーでの更新

ページネーションを実装するために、`list.rs` というファイルを追加し、その中にページネーションを表現するための型を作成する。

kernel/src/model/list.rs：ページネーション用の型の定義

```rust
#[derive(Debug)]
pub struct PaginatedList<T> {
    pub total: i64,
    pub limit: i64,
    pub offset: i64,
    pub items: Vec<T>,
}

impl<T> PaginatedList<T> {
    pub fn into_inner(self) -> Vec<T> {
        self.items
    }
}
```

パラメータとして受け取る `limit` と `offset` だけでなく、対象のレコードの総数を格納する `total` をフィールドに用意する。一覧する対象は `items` フィールドに `Vec<T>` 型として格納する。

`mod.rs` にも追加してこの型を使えるようにする。

kernel/src/model/mod.rs：モジュール定義の追加

```rust
pub mod list;
```

次に、最初には実装しなかった `update` と `delete` のメソッドを実装するために、`model/book/mod.rs` と `model/book/event.rs` を更新する。追加内容などはコード内のコメントで記載する。

kernel/src/model/book/mod.rs

```rust
// use 行に `user::BookOwner` を追加
use crate::model::{id::BookId, user::BookOwner};

pub mod event;

#[derive(Debug)]
pub struct Book {
    pub id: BookId,
    pub title: String,
    pub author: String,
    pub isbn: String,
    pub description: String,
    // owner フィールドを追加
    pub owner: BookOwner,
}

// ページネーションの範囲を指定するための設定値を格納する型を追加
#[derive(Debug)]
pub struct BookListOptions {
    pub limit: i64,
    pub offset: i64,
}
```

5.5 蔵書のCRUD機能のアップデート

kernel/src/model/book/event.rs：更新・削除用の型の定義を追加

```rust
// CreateBook 以外のコードを追加する。
use crate::model::id::{BookId, UserId};

pub struct CreateBook {
    pub title: String,
    pub author: String,
    pub isbn: String,
    pub description: String,
}

#[derive(Debug)]
pub struct UpdateBook {
    pub book_id: BookId,
    pub title: String,
    pub author: String,
    pub isbn: String,
    pub description: String,
    pub requested_user: UserId,
}

#[derive(Debug)]
pub struct DeleteBook {
    pub book_id: BookId,
    pub requested_user: UserId,
}
```

`PaginatedList<T>` や `UpdateBook`、`DeleteBook` の追加で定義した型を使って、`BookRepository` トレイトを更新する。

kernel/src/repository/book.rs：BookRepository のトレイト定義を更新

```rust
use async_trait::async_trait;
use shared::error::AppResult;

// model で定義した型を use する。
use crate::model::{
    book::{
        event::{CreateBook, DeleteBook, UpdateBook},
        Book, BookListOptions,
    },
    id::{BookId, UserId},
    list::PaginatedList,
};

#[async_trait]
pub trait BookRepository: Send + Sync {
    // 蔵書を追加する際に所有者を指定する user_id を引数に追加している。
    async fn create(
        &self,
        event: CreateBook,
```

```rust
        user_id: UserId,
    ) -> AppResult<()>;

    // ページネーションするために options 引数を追加し
    // 戻り値は Vec から PaginatedList 型に変更
    async fn find_all(
        &self,
        options: BookListOptions,
    ) -> AppResult<PaginatedList<Book>>;

    // このメソッドは変更なし
    async fn find_by_id(&self, book_id: BookId) -> AppResult<Option<Book>>;

    // 以下の 2 メソッドを新規追加
    async fn update(&self, event: UpdateBook) -> AppResult<()>;
    async fn delete(&self, event: DeleteBook) -> AppResult<()>;
}
```

続いてこのトレイトを adapter 側の実装に反映していく。

5.5.2　adapter レイヤーでの更新

adapter レイヤーでは、追加で定義した型に合うように実装を修正していく。細かいコード差分が多いため、実装のポイントをコード内のコメントで追記していく。

まずは model 側の BookRow 型の拡張と、ページネーション用の型の定義をする。

adapter/src/database/model/book.rs：型定義の更新

```rust
// use 文の中身を追加
use kernel::model::{
    book::Book,
    id::{BookId, UserId},
    user::BookOwner,
};

pub struct BookRow {
    pub book_id: BookId,
    pub title: String,
    pub author: String,
    pub isbn: String,
    pub description: String,

    // 蔵書の所有者の ID、名前を追加
    pub owned_by: UserId,
    pub owner_name: String,
}

// フィールドとして追加した owned_by、owner_name を
// BookOwner 型にマッピングする。
impl From<BookRow> for Book {
    fn from(value: BookRow) -> Self {
```

```rust
            let BookRow {
                book_id,
                title,
                author,
                isbn,
                description,
                owned_by, // 追加
                owner_name, // 追加
            } = value;
            Self {
                id: book_id,
                title,
                author,
                isbn,
                description,
                // 追加
                owner: BookOwner {
                    id: owned_by,
                    name: owner_name,
                },
            }
        }
    }

    // ページネーション用の adapter 内部の型
    pub struct PaginatedBookRow {
        pub total: i64,
        pub id: BookId,
    }
```

adapter/src/repository/book.rs：BookRepositoryImpl の実装の更新

```rust
use async_trait::async_trait;
use derive_new::new;

// 新たに定義した型を追加で use する。
use kernel::model::{
    id::{BookId, UserId},
    {book::event::DeleteBook, list::PaginatedList},
};
use kernel::{
    model::book::{
        event::{CreateBook, UpdateBook},
        Book, BookListOptions,
    },
    repository::book::BookRepository,
};
use shared::error::{AppError, AppResult};

use crate::database::model::book::{BookRow, PaginatedBookRow};
use crate::database::ConnectionPool;

#[derive(new)]
```

```rust
pub struct BookRepositoryImpl {
    db: ConnectionPool,
}

#[async_trait]
impl BookRepository for BookRepositoryImpl {
    // create メソッドは引数にユーザー ID を取るように拡張されたので
    // 蔵書の所有者（登録者）のユーザー ID を books テーブルの user_id カラムに
    // 格納されるよう実装を追加する。
    async fn create(
        &self,
        event: CreateBook,
        user_id: UserId,
    ) -> AppResult<()> {
        sqlx::query!(
            r#"
                INSERT INTO books (title, author, isbn, description, user_id)
                VALUES ($1, $2, $3, $4, $5)
            "#,
            event.title,
            event.author,
            event.isbn,
            event.description,
            user_id as _
        )
        .execute(self.db.inner_ref())
        .await
        .map_err(AppError::SpecificOperationError)?;

        Ok(())
    }

    // find_all はページネーションを実装することにしたので内容は以前より複雑化している。
    // ステップとしては、
    // 1. 指定した limit と offset の範囲に該当する蔵書 ID のリストと総件数を取得する
    // 2. 対象の蔵書 ID から蔵書のレコードデータを取得する
    // 3.  取得したデータを戻り値の型に合うよう整えて返す
    //
    // 総件数（total）を取得するとき、1 つ目のクエリのレコードのカラムに総件数が含まれる
    // ような実装であるため、このクエリ結果のレコードが 0 件のときは総件数も取得できない。
    // そのときは、総件数も 0 件として返す仕様としている。
    async fn find_all(
        &self,
        options: BookListOptions,
    ) -> AppResult<PaginatedList<Book>> {
        let BookListOptions { limit, offset } = options;

        let rows: Vec<PaginatedBookRow> = sqlx::query_as!(
            PaginatedBookRow,
            r#"
                SELECT
                    COUNT(*) OVER() AS "total!",
```

```
                    b.book_id AS id
                FROM books AS b
                ORDER BY b.created_at DESC
                LIMIT $1
                OFFSET $2
            "#,
            limit,
            offset
        )
        .fetch_all(self.db.inner_ref())
        .await
        .map_err(AppError::SpecificOperationError)?;

        let total = rows.first().map(|r| r.total).unwrap_or_default(); // レコー
ドが 1 つもないときは total も 0 にする。
        let book_ids = rows.into_iter().map(|r| r.id).collect::<Vec<BookId>>();

        let rows: Vec<BookRow> = sqlx::query_as!(
            BookRow,
            r#"
                SELECT
                    b.book_id AS book_id,
                    b.title AS title,
                    b.author AS author,
                    b.isbn AS isbn,
                    b.description AS description,
                    u.user_id AS owned_by,
                    u.name AS owner_name
                FROM books AS b
                INNER JOIN users AS u USING(user_id)
                WHERE b.book_id IN (SELECT * FROM UNNEST($1::uuid[]))
                ORDER BY b.created_at DESC
            "#,
            &book_ids as _
        )
        .fetch_all(self.db.inner_ref())
        .await
        .map_err(AppError::SpecificOperationError)?;

        let items = rows.into_iter().map(Book::from).collect();

        Ok(PaginatedList {
            total,
            limit,
            offset,
            items,
        })
    }

    // find_by_id は、コードのシグネチャ自体は変わっていないが、
    // BookRow のフィールドに所有者の情報を含むようになったので
    // SQL のクエリを変更している。
```

```rust
    async fn find_by_id(&self, book_id: BookId) -> AppResult<Option<Book>> {
        let row: Option<BookRow> = sqlx::query_as!(
            BookRow,
            r#"
                SELECT
                    b.book_id AS book_id,
                    b.title AS title,
                    b.author AS author,
                    b.isbn AS isbn,
                    b.description AS description,
                    u.user_id AS owned_by,
                    u.name AS owner_name
                FROM books AS b
                INNER JOIN users AS u USING(user_id)
                WHERE b.book_id = $1
            "#,
            book_id as _
        )
        .fetch_optional(self.db.inner_ref())
        .await
        .map_err(AppError::SpecificOperationError)?;

        Ok(row.map(Book::from))
    }

    // update は SQL の UPDATE 文に当てはめているだけであるが、
    // 内容を変更できるのは所有者のみとするため、
    // SQL クエリの WHERE 条件を book_id と user_id の複合条件としている。
    async fn update(&self, event: UpdateBook) -> AppResult<()> {
        let res = sqlx::query!(
            r#"
                UPDATE books
                SET
                    title = $1,
                    author = $2,
                    isbn = $3,
                    description = $4
                WHERE book_id = $5
                AND   user_id = $6
            "#,
            event.title,
            event.author,
            event.isbn,
            event.description,
            event.book_id as _,
            event.requested_user as _
        )
        .execute(self.db.inner_ref())
        .await
        .map_err(AppError::SpecificOperationError)?;

        if res.rows_affected() < 1 {
```

```rust
            return Err(AppError::EntityNotFound(
                "specified book not found".into(),
            ));
        }
        Ok(())
    }

    // updateと同様に、deleteも所有者のみが行えるよう、
    // SQLクエリのWHEREの条件には book_id と user_id の複合条件にしている。
    async fn delete(&self, event: DeleteBook) -> AppResult<()> {
        let res = sqlx::query!(
            r#"
                DELETE FROM books
                WHERE book_id = $1
                AND   user_id = $2
            "#,
            event.book_id as _,
            event.requested_user as _
        )
        .execute(self.db.inner_ref())
        .await
        .map_err(AppError::SpecificOperationError)?;

        if res.rows_affected() < 1 {
            return Err(AppError::EntityNotFound(
                "specified book not found".into(),
            ));
        }

        Ok(())
    }
}

// テストコードのほうも動作しなくなっているので修正する。
#[cfg(test)]
mod tests {
    use super::*;
    use crate::repository::user::UserRepositoryImpl;
    use kernel::{
        model::user::event::CreateUser, repository::user::UserRepository,
    };

    // #[ignore] アトリビュートは削除しておく。
    #[sqlx::test]
    async fn test_register_book(pool: sqlx::PgPool) -> anyhow::Result<()> {
        // 蔵書のデータを追加・取得するためにはユーザー情報がないといけないため
        // テストコードのほうでもロールおよびユーザー情報を追加するコードを足した。
        // テストコードで、このようなデータベースにあらかじめデータを追加しておくために
        // fixtureという機能が便利であるが、次章で解説するためここでは愚直な実装としておく。
        sqlx::query!(r#"INSERT INTO roles(name) VALUES ('Admin'), ('User');"#)
            .execute(&pool)
```

```rust
            .await?;
        let user_repo =
            UserRepositoryImpl::new(ConnectionPool::new(pool.clone()));
        let repo = BookRepositoryImpl::new(ConnectionPool::new(pool.clone()));

        let user = user_repo
            .create(CreateUser {
                name: "Test User".into(),
                email: "test@example.com".into(),
                password: "test_password".into(),
            })
            .await?;

        let book = CreateBook {
            title: "Test Title".into(),
            author: "Test Author".into(),
            isbn: "Test ISBN".into(),
            description: "Test Description".into(),
        };
        repo.create(book, user.id).await?;

        // find_all を実行するためには BookListOptions 型の値が必要なので作る。
        let options = BookListOptions {
            limit: 20,
            offset: 0,
        };
        let res = repo.find_all(options).await?;
        assert_eq!(res.items.len(), 1);

        let book_id = res.items[0].id;
        let res = repo.find_by_id(book_id).await?;
        assert!(res.is_some());

        let Book {
            id,
            title,
            author,
            isbn,
            description,
            owner,
        } = res.unwrap();
        assert_eq!(id, book_id);
        assert_eq!(title, "Test Title");
        assert_eq!(author, "Test Author");
        assert_eq!(isbn, "Test ISBN");
        assert_eq!(description, "Test Description");
        assert_eq!(owner.name, "Test User");

        Ok(())
    }
}
```

5.5.3 api レイヤーでの更新

adapter の実装が終われば、あとは api でつなぎ込んでいくだけである。

api/src/model/user.rs

```rust
// BookOwner 型を追加する。
#[derive(Debug, Serialize)]
#[serde(rename_all = "camelCase")]
pub struct BookOwner {
    pub id: UserId,
    pub name: String,
}

impl From<kernel::model::user::BookOwner> for BookOwner {
    fn from(value: kernel::model::user::BookOwner) -> Self {
        let kernel::model::user::BookOwner { id, name } = value;
        Self { id, name }
    }
}
```

api/src/model/book.rs

```rust
// いろいろな use を追加
use derive_new::new;
use garde::Validate;
use kernel::model::{
    book::{
        event::{CreateBook, UpdateBook},
        Book, BookListOptions,
    },
    id::{BookId, UserId},
    list::PaginatedList,
};
use serde::{Deserialize, Serialize};

use super::user::BookOwner;

// garde で蔵書登録時の文字数制約を追加
// description は空文字でもよいので skip を指定している。
#[derive(Debug, Deserialize, Validate)]
#[serde(rename_all = "camelCase")]
pub struct CreateBookRequest {
    #[garde(length(min = 1))]
    pub title: String,
    #[garde(length(min = 1))]
    pub author: String,
    #[garde(length(min = 1))]
    pub isbn: String,
    #[garde(skip)]
    pub description: String,
}
```

```rust
// 変更なし
impl From<CreateBookRequest> for CreateBook {
    fn from(value: CreateBookRequest) -> Self {
        let CreateBookRequest {
            title,
            author,
            isbn,
            description,
        } = value;
        CreateBook {
            title,
            author,
            isbn,
            description,
        }
    }
}

// 蔵書データの更新用の型を追加する。
#[derive(Debug, Deserialize, Validate)]
#[serde(rename_all = "camelCase")]
pub struct UpdateBookRequest {
    #[garde(length(min = 1))]
    pub title: String,
    #[garde(length(min = 1))]
    pub author: String,
    #[garde(length(min = 1))]
    pub isbn: String,
    #[garde(skip)]
    pub description: String,
}

// パスパラメータからの BookId、
// リクエスト時に AuthorizedUser から取り出す UserId、
// UpdateBookRequest の 3 つの値のセットを UpdateBook 型に変換するための一時的な型
#[derive(new)]
pub struct UpdateBookRequestWithIds(BookId, UserId, UpdateBookRequest);

impl From<UpdateBookRequestWithIds> for UpdateBook {
    fn from(value: UpdateBookRequestWithIds) -> Self {
        let UpdateBookRequestWithIds(
            book_id,
            user_id,
            UpdateBookRequest {
                title,
                author,
                isbn,
                description,
            },
        ) = value;
        UpdateBook {
            book_id,
```

5.5 蔵書の CRUD 機能のアップデート

```rust
                title,
                author,
                isbn,
                description,
                requested_user: user_id,
            }
        }
    }

// クエリで limit と offset を受け取るための型
// handler 側のメソッドで、クエリのデータを取得できる。
#[derive(Debug, Deserialize, Validate)]
pub struct BookListQuery {
    #[garde(range(min = 0))]
    #[serde(default = "default_limit")]
    pub limit: i64,
    #[garde(range(min = 0))]
    #[serde(default)] // default は 0
    pub offset: i64,
}

const DEFAULT_LIMIT: i64 = 20;
const fn default_limit() -> i64 {
    DEFAULT_LIMIT
}

impl From<BookListQuery> for BookListOptions {
    fn from(value: BookListQuery) -> Self {
        let BookListQuery { limit, offset } = value;
        Self { limit, offset }
    }
}

// 実装済みの BookResponse 型にフィールド owner を追加
#[derive(Debug, Serialize)]
#[serde(rename_all = "camelCase")]
pub struct BookResponse {
    pub id: BookId,
    pub title: String,
    pub author: String,
    pub isbn: String,
    pub description: String,
    pub owner: BookOwner,
}

impl From<Book> for BookResponse {
    fn from(value: Book) -> Self {
        let Book {
            id,
            title,
            author,
            isbn,
```

```rust
                description,
                owner,
            } = value;
            Self {
                id,
                title,
                author,
                isbn,
                description,
                owner: owner.into(),
            }
        }
    }

    // api レイヤーでのページネーション表現用の型
    // 型の内部で持つフィールドは `PaginatedList<Book>` と同じであるが、
    // serde::Serialize を実装しているので JSON に変換してクライアントに返せる。
    #[derive(Debug, Serialize)]
    #[serde(rename_all = "camelCase")]
    pub struct PaginatedBookResponse {
        pub total: i64,
        pub limit: i64,
        pub offset: i64,
        pub items: Vec<BookResponse>,
    }

    impl From<PaginatedList<Book>> for PaginatedBookResponse {
        fn from(value: PaginatedList<Book>) -> Self {
            let PaginatedList {
                total,
                limit,
                offset,
                items,
            } = value;
            Self {
                total,
                limit,
                offset,
                items: items.into_iter().map(BookResponse::from).collect(),
            }
        }
    }
```

api/src/handler/book.rs：蔵書関連 API の更新

```rust
    // 必要に応じて use 行を追加する。
    use axum::{
        extract::{Path, Query, State},
        http::StatusCode,
        Json,
    };
    use garde::Validate;
    use kernel::model::{book::event::DeleteBook, id::BookId};
```

```rust
use registry::AppRegistry;
use shared::error::{AppError, AppResult};

use crate::{
    extractor::AuthorizedUser,
    model::book::{
        BookListQuery, BookResponse, CreateBookRequest, PaginatedBookResponse,
        UpdateBookRequest, UpdateBookRequestWithIds,
    },
};

// アクセストークンによるユーザー検証を行うため user を引数に追加。
// create の引数に user.id() でユーザー ID を取得できるので、
// アクセスしてきたユーザーを所有者として蔵書データを登録する。
//
// なお、リクエストデータの validate は忘れないように。
pub async fn register_book(
    user: AuthorizedUser,
    State(registry): State<AppRegistry>,
    Json(req): Json<CreateBookRequest>,
) -> AppResult<StatusCode> {
    req.validate(&())?;

    registry
        .book_repository()
        .create(req.into(), user.id())
        .await
        .map(|_| StatusCode::CREATED)
}

// アクセストークンによるユーザー検証はすべてのエンドポイントで
// 行うが、register_book 以外は user の値を使うわけではないので
// _user としてコンパイラ警告が出ないようにする。
//
// クエリは、`Query(query): Query<BookListQuery>,` の行のようにすると
// フィールド名に合わせた値をクエリから取得してくれる。
//
// PaginatedBookResponse は、From トレイトの実装をしっかりやっておいた
// おかげで、このメソッドでの実装がすっきりしているのがわかるだろう。
pub async fn show_book_list(
    _user: AuthorizedUser,
    Query(query): Query<BookListQuery>,
    State(registry): State<AppRegistry>,
) -> AppResult<Json<PaginatedBookResponse>> {
    query.validate(&())?;

    registry
        .book_repository()
        .find_all(query.into())
        .await
        .map(PaginatedBookResponse::from)
        .map(Json)
```

```rust
    }

    // _user を追加している以外は変更はない。
    pub async fn show_book(
        _user: AuthorizedUser,
        Path(book_id): Path<BookId>,
        State(registry): State<AppRegistry>,
    ) -> AppResult<Json<BookResponse>> {
        registry
            .book_repository()
            .find_by_id(book_id)
            .await
            .and_then(|bc| match bc {
                Some(bc) => Ok(Json(bc.into())),
                None => Err(AppError::EntityNotFound(
                    "The specific book was not found".to_string(),
                )),
            })
    }

    // ここから下の update_book、delete_book は新規追加の API である。
    pub async fn update_book(
        user: AuthorizedUser,
        Path(book_id): Path<BookId>,
        State(registry): State<AppRegistry>,
        Json(req): Json<UpdateBookRequest>,
    ) -> AppResult<StatusCode> {
        req.validate(&())?;

        let update_book = UpdateBookRequestWithIds::new(book_id, user.id(), req);

        registry
            .book_repository()
            .update(update_book.into())
            .await
            .map(|_| StatusCode::OK)
    }

    pub async fn delete_book(
        user: AuthorizedUser,
        Path(book_id): Path<BookId>,
        State(registry): State<AppRegistry>,
    ) -> AppResult<StatusCode> {
        let delete_book = DeleteBook {
            book_id,
            requested_user: user.id(),
        };
        registry
            .book_repository()
            .delete(delete_book)
            .await
            .map(|_| StatusCode::OK)
```

}
```

最後に api/src/route/book.rs に追加 API 分のパスを追記しておく。

api/src/route/book.rs：ルーターの更新

```
use axum::{
    // delete と put を追加
    routing::{delete, get, post, put},
    Router,
};
use registry::AppRegistry;

// delete_book と update_book を追加
use crate::handler::book::{
    delete_book, register_book, show_book, show_book_list, update_book,
};

pub fn build_book_routers() -> Router<AppRegistry> {
    let books_routers = Router::new()
        .route("/", post(register_book))
        .route("/", get(show_book_list))
        .route("/:book_id", get(show_book)) // 行末のセミコロンを削除
        .route("/:book_id", put(update_book)) // 追加
        .route("/:book_id", delete(delete_book)); // 追加

    Router::new().nest("/books", books_routers)
}
```

5.5.4 動作確認

ユーザー管理機能の実装時と同様に、一度まっさらな環境にして動作確認を行う。

```
$ cargo make compose-remove
$ cargo make build
$ cargo make initial-setup
$ cargo make run
```

最初はこれまでどおりログインしてアクセストークンを取得する。

```
$ curl -v "http://localhost:8080/auth/login" \
-H 'content-type: application/json' \
-d '{"email":"eleazar.fig@example.com","password":"password"}'
{"userId":"3e098f513fdf4af7ae424bc15c27fd05","accessToken":"42385c07138b42cd8aa
ec6cd10888623"}
```

最初の時点では、一冊も蔵書が登録されていないため一覧を取得してもまっさらな中身が返ってくる。

```
$ curl -v "http://localhost:8080/api/v1/books" \
-H 'authorization: Bearer 42385c07138b42cd8aaec6cd10888623'
```
```

```
(中略)
{"total":0,"limit":20,"offset":0,"items":[]}
```

適当なタイトルで蔵書を登録する。

```
$ curl -v -X POST http://localhost:8080/api/v1/books \
-H 'Authorization: Bearer 42385c07138b42cd8aaec6cd10888623' \
-H 'Content-Type: application/json' \
-d '{"title":"Rust book","author":"me","isbn":"1234567890","description":""}'
(中略)
< HTTP/1.1 201 Created
< content-length: 0
< date: Sun, 28 Apr 2024 16:48:32 GMT
<
* Connection #0 to host localhost left intact
```

もう一度取得したら、先ほど追加した蔵書がリストに出てくる。

```
$ curl -v "http://localhost:8080/api/v1/books" \
-H 'authorization: Bearer 42385c07138b42cd8aaec6cd10888623'
(中略)
{"total":1,"limit":20,"offset":0,"items":[{"id":"1581ca9bf1c44ccbb38d3a37cbc439
f3","title":"Rust book","author":"me","isbn":"1234567890","description":"","own
er":{"id":"3e098f513fdf4af7ae424bc15c27fd05","name":"Eleazar Fig"}}]}
```

紙面に掲載するのはここまでとしておくが、追加・変更・削除だけでなく、複数冊の蔵書データを登録しておき、/books?limit=10&offset=5 のようにクエリパラメータで取得範囲を指定する確認も行っておくとよいだろう。

5.6　蔵書の貸出機能の実装

　ここまでで、ユーザー情報および蔵書データを追加・変更・削除できるシステムにできた。ただ、本システムはここから貸出管理をできることを目的とするため、あともう 1 機能、「蔵書の貸出機能」を実装する。貸出機能については大きく「貸出・返却を行う機能」と「貸出中の状態や履歴を一覧できる機能」を実装する。
　貸出・返却を行う機能については以下の動作仕様とする。

- システムにログインしていれば貸出可能な状態の蔵書に対して借りる操作を行える。
- 貸出中のときは他のユーザーは借りることはできない。
- 借りたユーザーは該当の蔵書に対して「返却」操作ができる。
- 返却された蔵書は再び誰でも借りられる状態となる。

　また、貸出中の蔵書の情報の一覧機能は、用途に応じて以下の 3 種類を API を通じて取得できるようにする。

- 管理者向け：すべての蔵書のうち貸出中の蔵書だけの一覧を取得できる。
- ログインしたユーザー向け：自身が借りている本の一覧を取得できる。
- 蔵書に対する貸出履歴を取得できる。

次項から、この仕様を実現するための設計について記載する。

5.6.1　データベースのテーブル設計およびマイグレーションファイルの更新

前述の機能を実現するため、データベースのテーブルを設計する。貸出機能においては、表5.6の2テーブルを用意する。

表 5.6　貸出機能で使うテーブル

テーブル名	用途
checkouts	貸出中の蔵書の情報（借りたユーザー、借りた日時）を管理するテーブル
returned_checkouts	返却済みの蔵書の貸出情報を管理するテーブル。カラムは、checkouts のカラムに返却日時のタイムスタンプを加えたもの

データの流れは、以下の形で行うものとする。

1. 蔵書が貸出されたら、checkouts テーブルにレコードを追加する。
2. 蔵書が返却されると、checkouts テーブルの対象の貸出レコードに対して、
    1. 返却日時を追加して returned_checkouts テーブルへのレコード書き込み。
    2. checkouts テーブルから該当レコードを削除。

上記を踏まえ、マイグレーションファイルにテーブル定義を追記する。

adapter/migrations/20240309170404_start.up.sql：貸出機能で使うテーブルの定義を追加

```sql
-- adapter/migrations/20240309170404_start.up.sql の最下部に追加する。
CREATE TABLE IF NOT EXISTS checkouts (
    checkout_id UUID PRIMARY KEY DEFAULT gen_random_uuid(),
    book_id UUID NOT NULL UNIQUE,
    user_id UUID NOT NULL,
    checked_out_at TIMESTAMP(3) WITH TIME ZONE NOT NULL DEFAULT CURRENT_TIMESTAMP(3),

    FOREIGN KEY (book_id) REFERENCES books(book_id)
        ON UPDATE CASCADE
        ON DELETE CASCADE,
    FOREIGN KEY (user_id) REFERENCES users(user_id)
        ON UPDATE CASCADE
        ON DELETE CASCADE
);

CREATE TABLE IF NOT EXISTS returned_checkouts (
    checkout_id UUID PRIMARY KEY,
```

```
    book_id UUID NOT NULL,
    user_id UUID NOT NULL,
    checked_out_at TIMESTAMP(3) WITH TIME ZONE NOT NULL DEFAULT CURRENT_
TIMESTAMP(3),
    returned_at TIMESTAMP(3) WITH TIME ZONE NOT NULL DEFAULT CURRENT_
TIMESTAMP(3)
);
```

〜.down.sql のほうにもテーブルを DROP させる処理を記載しておく。

adapter/migrations/20240309170404_start.down.sql：追加したテーブルの打ち消し処理をファイル先頭に追記

```
-- adapter/migrations/20240309170404_start.down.sql の ** 先頭に ** 以下を追記
DROP TABLE IF EXISTS returned_checkouts;
DROP TABLE IF EXISTS checkouts;
```

各自の環境では books テーブルと user テーブルがマイグレーションされているはずなので、一度環境をまっさらに壊して再構築しよう。

```
$ cargo make compose-remove
$ cargo clean
$ cargo make compose-up-db
$ cargo make migrate
$ cargo make initial-setup
```

5.6.2 貸出・返却の API 仕様

貸出・返却機能の API は、本節冒頭で記載した「貸出・返却を行う機能」と「貸出中の状態や履歴を一覧できる機能」を定義するものとなる。表 5.7 の上 2 つが前者、残りが後者の API である。

表 5.7　貸出機能の API 一覧

HTTP メソッド	パス	説明	Rust の関数名
POST	/api/v1/books/{book_id}/checkouts	蔵書の貸出操作を行う	checkout_book
PUT	/api/v1/books/{book_id}/checkouts/{checkout_id}/returned	蔵書を返却する	return_book
GET	/api/v1/books/checkouts	未返却の貸出中の蔵書一覧を取得する	show_checked_out_list
GET	/api/v1/books/{book_id}/checkout-history	該当蔵書の貸出履歴を取得する	checkout_history
GET	/api/v1/users/me/checkouts	自分が借りている蔵書の一覧を取得する	

これらの API の追加も、これまでの流れと同じである。

1. `kernel` での型と Repository トレイトの追加
2. `adapter` でのトレイトの実装
3. `registry` への追加
4. `api` での API 実装

5.6.3 `kernel` レイヤーでの実装

`kernel` で追加または変更するファイルを以下に示す。変更のないファイルは一部表示を省略している。「変更」とマークした `mod.rs` には、ファイル追加に伴うモジュールの宣言を追記する。

```
src
├── model
│   ├── checkout
│   │   ├── event.rs  # 追加
│   │   └── mod.rs    # 追加
│   └── mod.rs        # 変更
└── repository
    ├── checkout.rs   # 追加
    └── mod.rs        # 変更
```

`mod.rs` の変更分は以下のとおり。

kernel/src/model/mod.rs：モジュールの追加

```
pub mod checkout;
```

kernel/src/repository/mod.rs：モジュールの追加

```
pub mod checkout;
```

「貸出」に該当する情報を `Checkout` という型で表現する。この型では「いつ」「誰が」「どの本を」借りたかの情報と「返却されたか、されたならいつか（`Option<DateTime<Utc>>` で表現）」という情報を持ち、ID（`CheckoutId`）をふってデータベースに格納される。

kernel/src/model/checkout/mod.rs：貸出の型の定義

```rust
use crate::model::id::{BookId, CheckoutId, UserId};
use chrono::{DateTime, Utc};

pub mod event;

#[derive(Debug)]
pub struct Checkout {
    pub id: CheckoutId,
    pub checked_out_by: UserId,
    pub checked_out_at: DateTime<Utc>,
    pub returned_at: Option<DateTime<Utc>>,
    pub book: CheckoutBook,
```

```rust
}

#[derive(Debug)]
pub struct CheckoutBook {
    pub book_id: BookId,
    pub title: String,
    pub author: String,
    pub isbn: String,
}
```

以下では、貸出時のメソッドに渡されるデータの型を`CreateCheckout`、返却時のメソッドに渡すデータ型を`UpdateReturned`として定義する。

kernel/src/model/checkout/event.rs：貸出・返却操作用の型の定義

```rust
use chrono::{DateTime, Utc};
use derive_new::new;

use crate::model::id::{BookId, CheckoutId, UserId};

#[derive(new)]
pub struct CreateCheckout {
    pub book_id: BookId,
    pub checked_out_by: UserId,
    pub checked_out_at: DateTime<Utc>,
}

#[derive(new)]
pub struct UpdateReturned {
    pub checkout_id: CheckoutId,
    pub book_id: BookId,
    pub returned_by: UserId,
    pub returned_at: DateTime<Utc>,
}
```

これらの型を使って、`CheckoutRepository`トレイトを定義する。貸出操作を「`Checkout`リソース（レコード）を作成する（＝`create`）」、返却操作を「`Checkout`リソースの`returned_at`フィールドを更新する（＝`update_returned`）」という命名としている。

kernel/src/repository/checkout.rs：CheckoutRepositoryトレイトの定義

```rust
use crate::model::{
    checkout::{
        event::{CreateCheckout, UpdateReturned},
        Checkout,
    },
    id::{BookId, UserId},
};
use async_trait::async_trait;
use shared::error::AppResult;
```

```rust
#[async_trait]
pub trait CheckoutRepository: Send + Sync {
    // 貸出操作を行う。
    async fn create(&self, event: CreateCheckout) -> AppResult<()>;

    // 返却操作を行う。
    async fn update_returned(&self, event: UpdateReturned) -> AppResult<()>;

    // すべての未返却の貸出情報を取得する。
    async fn find_unreturned_all(&self) -> AppResult<Vec<Checkout>>;

    // ユーザー ID に紐づく未返却の貸出情報を取得する。
    async fn find_unreturned_by_user_id(
        &self,
        user_id: UserId,
    ) -> AppResult<Vec<Checkout>>;

    // 蔵書の貸出履歴（返却済みも含む）を取得する。
    async fn find_history_by_book_id(
        &self,
        book_id: BookId,
    ) -> AppResult<Vec<Checkout>>;
}
```

API 仕様とおおよそ対応がとれているのがわかるだろう。find_*** メソッドに絞り込みのための引数を渡せるようにして汎用的に作ることも可能だろうが、ここでは必要な用途に合わせたメソッドを作成する。

5.6.4 adapter での実装

次に、kernel の定義に合わせ、実際の処理を adapter に実装していく。変更対象のファイルは以下のとおり。

```
src
├── database
│   └── model
│       ├── checkout.rs # 追加
│       └── mod.rs # 変更
└── repository
    ├── checkout.rs # 追加
    └── mod.rs # 変更
```

いつものように、mod.rs に追加しておく。

adapter/src/model/mod.rs：モジュールの追加

```rust
pub mod checkout;
```

adapter/src/repository/mod.rs：モジュールの追加

```rust
pub mod checkout;
```

adapterの中で使う型の定義を以下に示す。CheckoutRow、ReturnedCheckoutRowは、データベースからSELECTした情報をマッピングするための型である。sqlx::query_as!マクロを使う場合は、構造体の中に複数のフィールドを持つ構造体を入れて直接マッピングすることはできない（マクロではないほうのsqlx::query_as **関数**の場合は可能）ので、CheckoutRowではすべてのフィールドがフラットな状態でデータを受け取り、トレイトメソッドの戻り値を作るときにCheckout型の構造に合わせてデータをはめ込むようにしている。そのために~Rowの型からCheckout型へ変換するFromトレイトの実装を追加している。

adapter/src/model/checkout.rs
```
use kernel::model::{
    checkout::{Checkout, CheckoutBook},
    id::{BookId, CheckoutId, UserId},
};
use sqlx::types::chrono::{DateTime, Utc};

// 貸出状態を確認するための型
// 蔵書が存在する場合はこの型にはまるレコードが存在し、
// その蔵書が貸出中の場合は checkout_id および user_id が None ではない値になる。
// 蔵書が貸出中でない場合は checkout_id も user_id も None
pub struct CheckoutStateRow {
    pub book_id: BookId,
    pub checkout_id: Option<CheckoutId>,
    pub user_id: Option<UserId>,
}

// 貸出中の一覧を取得する際に使う型
pub struct CheckoutRow {
    pub checkout_id: CheckoutId,
    pub book_id: BookId,
    pub user_id: UserId,
    pub checked_out_at: DateTime<Utc>,
    pub title: String,
    pub author: String,
    pub isbn: String,
}

impl From<CheckoutRow> for Checkout {
    fn from(value: CheckoutRow) -> Self {
        let CheckoutRow {
            checkout_id,
            book_id,
            user_id,
            checked_out_at,
            title,
            author,
            isbn,
        } = value;
        Checkout {
            id: checkout_id,
            checked_out_by: user_id,
            checked_out_at,
```

```rust
            // 未返却なので、returned_at は None を入れる。
            returned_at: None,
            book: CheckoutBook {
                book_id,
                title,
                author,
                isbn,
            },
        }
    }
}

// 返却済みの貸出一覧を取得する際に使う型
pub struct ReturnedCheckoutRow {
    pub checkout_id: CheckoutId,
    pub book_id: BookId,
    pub user_id: UserId,
    pub checked_out_at: DateTime<Utc>,
    pub returned_at: DateTime<Utc>,
    pub title: String,
    pub author: String,
    pub isbn: String,
}

impl From<ReturnedCheckoutRow> for Checkout {
    fn from(value: ReturnedCheckoutRow) -> Self {
        let ReturnedCheckoutRow {
            checkout_id,
            book_id,
            user_id,
            checked_out_at,
            returned_at,
            title,
            author,
            isbn,
        } = value;
        Checkout {
            id: checkout_id,
            checked_out_by: user_id,
            checked_out_at,
            // 返却済みなので returned_at には日時データが入る。
            returned_at: Some(returned_at),
            book: CheckoutBook {
                book_id,
                title,
                author,
                isbn,
            },
        }
    }
}
```

次に実際にデータベースとのやりとりを行う処理を記述していく。前述のとおり、貸出状態によって取得・書き込みの対象となるテーブルを分けて考える必要がある。そのため**トランザクション**（transaction）を用いて複数回のクエリ操作を行うなど、これまでよりは少し複雑な実装が必要になる。以下にコードを示し、コード内のコメントで処理の解説を行う。

なお、コード内に**トランザクション分離レベル**（transaction isolation level）という用語が出てくるが、これはコードのあとに説明する。いったん、「create update_returned にはそういう設定が必要である」と理解しておいて、まずは処理全体の流れの把握をしてもらいたい。

adapter/src/repository/checkout.rs：CheckoutRepositoryImpl の実装

```rust
use crate::database::{
    model::checkout::{CheckoutRow, CheckoutStateRow, ReturnedCheckoutRow},
    ConnectionPool,
};
use async_trait::async_trait;
use derive_new::new;
use kernel::model::checkout::{
    event::{CreateCheckout, UpdateReturned},
    Checkout,
};
use kernel::model::id::{BookId, CheckoutId, UserId};
use kernel::repository::checkout::CheckoutRepository;
use shared::error::{AppError, AppResult};

#[derive(new)]
pub struct CheckoutRepositoryImpl {
    db: ConnectionPool,
}

#[async_trait]
impl CheckoutRepository for CheckoutRepositoryImpl {

    // 貸出操作を行う。
    async fn create(&self, event: CreateCheckout) -> AppResult<()> {
        let mut tx = self.db.begin().await?;

        // トランザクション分離レベルを SERIALIZABLE に設定する。
        self.set_transaction_serializable(&mut tx).await?;

        // 事前のチェックとして、以下を調べる。
        // - 指定の蔵書 ID を持つ蔵書が存在するか
        // - 存在した場合、この蔵書は貸出中ではないか
        //
        // 上記の両方が Yes だった場合、このブロック以降の処理に進む。
        {
            let res = sqlx::query_as!(
                CheckoutStateRow,
                r#"
                    SELECT
                        b.book_id,
```

```rust
                    c.checkout_id AS "checkout_id?: CheckoutId",
                    NULL AS "user_id?: UserId"
                FROM books AS b
                LEFT OUTER JOIN checkouts AS c USING(book_id)
                WHERE book_id = $1;
            "#,
            event.book_id as _
        )
        .fetch_optional(&mut *tx)
        .await
        .map_err(AppError::SpecificOperationError)?;

        match res {
            // 指定した書籍が存在しない場合
            None => {
                return Err(AppError::EntityNotFound(format!(
                    "書籍 ({}) が見つかりませんでした。",
                    event.book_id
                )))
            }
            // 指定した書籍が存在するが貸出中の場合
            Some(CheckoutStateRow {
                checkout_id: Some(_),
                ..
            }) => {
                return Err(AppError::UnprocessableEntity(format!(
                    "書籍 ({}) に対する貸出がすでに存在します。",
                    event.book_id
                )))
            }
            _ => {} // それ以外は処理続行
        }
    }

    // 貸出処理を行う、すなわち checkouts テーブルにレコードを追加する。
    let checkout_id = CheckoutId::new();
    let res = sqlx::query!(
        r#"
            INSERT INTO checkouts
            (checkout_id, book_id, user_id, checked_out_at)
            VALUES ($1, $2, $3, $4)
            ;
        "#,
        checkout_id as _,
        event.book_id as _,
        event.checked_out_by as _,
        event.checked_out_at,
    )
    .execute(&mut *tx)
    .await
    .map_err(AppError::SpecificOperationError)?;
```

```rust
            if res.rows_affected() < 1 {
                return Err(AppError::NoRowsAffectedError(
                    "No checkout record has been created".into(),
                ));
            }

            tx.commit().await.map_err(AppError::TransactionError)?;

            Ok(())
        }

        // 返却操作を行う。
        async fn update_returned(&self, event: UpdateReturned) -> AppResult<()> {
            let mut tx = self.db.begin().await?;

            // トランザクション分離レベルを SERIALIZABLE に設定する。
            self.set_transaction_serializable(&mut tx).await?;

            // 返却操作時は事前のチェックとして、以下を調べる。
            // - 指定の蔵書 ID を持つ蔵書が存在するか
            // - 存在した場合、
            //    - この蔵書は貸出中であり
            //    - かつ、借りたユーザーが指定のユーザーと同じか
            //
            // 上記の両方が Yes だった場合、このブロック以降の処理に進む。
            // なお、ブロックの仕様は意図的である。こうすることで、
            // res 変数がシャドーイングで上書きされるのを防ぐなどの
            // メリットがある。
            {
                let res = sqlx::query_as!(
                    CheckoutStateRow,
                    r#"
                        SELECT
                            b.book_id,
                            c.checkout_id AS "checkout_id?: CheckoutId",
                            c.user_id AS "user_id?: UserId"
                        FROM books AS b
                        LEFT OUTER JOIN checkouts AS c USING(book_id)
                        WHERE book_id = $1;
                    "#,
                    event.book_id as _,
                )
                .fetch_optional(&mut *tx)
                .await
                .map_err(AppError::SpecificOperationError)?;

                match res {
                    // 指定した書籍がそもそも存在しない場合
                    None => {
                        return Err(AppError::EntityNotFound(format!(
                            "書籍 ({}) が見つかりませんでした。",
                            event.book_id
```

```rust
                )))
            }
            // 指定した書籍が貸出中であり、貸出 ID または借りたユーザーが異なる場合
            Some(CheckoutStateRow {
                checkout_id: Some(c),
                user_id: Some(u),
                ..
            }) if (c, u) != (event.checkout_id, event.returned_by) => {
                return Err(AppError::UnprocessableEntity(format!(
                    "指定の貸出（ID（{}）、ユーザー（{}）、書籍（{}））は返却できません。",
                    event.checkout_id,
                    event.returned_by,
                    event.book_id
                )))
            }
            _ => {} // それ以外は処理続行
        }
    }

    // データベース上の返却操作として、
    // checkouts テーブルにある該当貸出 ID のレコードを、
    // returned_at を追加して returned_checkouts テーブルに INSERT する。
    let res = sqlx::query!(
        r#"
            INSERT INTO returned_checkouts
            (checkout_id, book_id, user_id, checked_out_at, returned_at)
            SELECT checkout_id, book_id, user_id, checked_out_at, $2
            FROM checkouts
            WHERE checkout_id = $1
            ;
        "#,
        event.checkout_id as _,
        event.returned_at,
    )
    .execute(&mut *tx)
    .await
    .map_err(AppError::SpecificOperationError)?;

    if res.rows_affected() < 1 {
        return Err(AppError::NoRowsAffectedError(
            "No returning record has been updated".into(),
        ));
    }

    // 上記処理が成功したら checkouts テーブルから該当貸出 ID のレコードを削除する。
    let res = sqlx::query!(
        r#"
            DELETE FROM checkouts WHERE checkout_id = $1;
        "#,
        event.checkout_id as _,
    )
    .execute(&mut *tx)
```

```rust
            .await
            .map_err(AppError::SpecificOperationError)?;

        if res.rows_affected() < 1 {
            return Err(AppError::NoRowsAffectedError(
                "No checkout record has been deleted".into(),
            ));
        }

        tx.commit().await.map_err(AppError::TransactionError)?;

        Ok(())
    }


    // すべての未返却の貸出情報を取得する。
    async fn find_unreturned_all(&self) -> AppResult<Vec<Checkout>> {
        // checkouts テーブルにあるレコードを全件抽出する。
        // books テーブルと INNER JOIN し、蔵書の情報も一緒に抽出する。
        // 出力するレコードは、貸出日の古い順に並べる。
        sqlx::query_as!(
            CheckoutRow,
            r#"
                SELECT
                    c.checkout_id,
                    c.book_id,
                    c.user_id,
                    c.checked_out_at,
                    b.title,
                    b.author,
                    b.isbn
                FROM checkouts AS c
                INNER JOIN books AS b USING(book_id)
                ORDER BY c.checked_out_at ASC
                ;
            "#,
        )
        .fetch_all(self.db.inner_ref())
        .await
        .map(|rows| rows.into_iter().map(Checkout::from).collect())
        .map_err(AppError::SpecificOperationError)
    }

    // ユーザー ID に紐づく未返却の貸出情報を取得する。
    async fn find_unreturned_by_user_id(
        &self,
        user_id: UserId,
    ) -> AppResult<Vec<Checkout>> {
        // find_unreturned_all の SQL に
        // ユーザー ID で絞り込む WHERE 句を追加したものである。
        sqlx::query_as!(
            CheckoutRow,
```

```rust
            r#"
                SELECT
                    c.checkout_id,
                    c.book_id,
                    c.user_id,
                    c.checked_out_at,
                    b.title,
                    b.author,
                    b.isbn
                FROM checkouts AS c
                INNER JOIN books AS b USING(book_id)
                WHERE c.user_id = $1
                ORDER BY c.checked_out_at ASC
                ;
            "#,
            user_id as _
        )
        .fetch_all(self.db.inner_ref())
        .await
        .map(|rows| rows.into_iter().map(Checkout::from).collect())
        .map_err(AppError::SpecificOperationError)
    }

    // 蔵書の貸出履歴（返却済みも含む）を取得する。
    async fn find_history_by_book_id(
        &self,
        book_id: BookId,
    ) -> AppResult<Vec<Checkout>> {
        // このメソッドでは、貸出中・返却済みの両方を取得して
        // 蔵書に対する貸出履歴の一覧として返す必要がある。
        // そのため、未返却の貸出情報と返却済みの貸出情報をそれぞれ取得し、
        // 未返却の貸出情報があれば Vec に挿入して返す、という実装とする。

        // 未返却の貸出情報を取得
        let checkout: Option<Checkout> =
            self.find_unreturned_by_book_id(book_id).await?;

        // 返却済みの貸出情報を取得
        let mut checkout_histories: Vec<Checkout> = sqlx::query_as!(
            ReturnedCheckoutRow,
            r#"
                SELECT
                    rc.checkout_id,
                    rc.book_id,
                    rc.user_id,
                    rc.checked_out_at,
                    rc.returned_at,
                    b.title,
                    b.author,
                    b.isbn
                FROM returned_checkouts AS rc
                INNER JOIN books AS b USING(book_id)
```

```rust
                    WHERE rc.book_id = $1
                    ORDER BY rc.checked_out_at DESC
                "#,
                book_id as _
            )
            .fetch_all(self.db.inner_ref())
            .await
            .map_err(AppError::SpecificOperationError)?
            .into_iter()
            .map(Checkout::from)
            .collect();

            // 貸出中である場合は返却済みの履歴の先頭に追加する。
            if let Some(co) = checkout {
                checkout_histories.insert(0, co);
            }

            Ok(checkout_histories)
    }
}

impl CheckoutRepositoryImpl {
    // create、update_returned メソッドでのトランザクションを利用するにあたり
    // トランザクション分離レベルを SERIALIZABLE にするために
    // 内部的に使うメソッド
    async fn set_transaction_serializable(
        &self,
        tx: &mut sqlx::Transaction<'_, sqlx::Postgres>,
    ) -> AppResult<()> {
        sqlx::query!("SET TRANSACTION ISOLATION LEVEL SERIALIZABLE")
            .execute(&mut **tx)
            .await
            .map_err(AppError::SpecificOperationError)?;
        Ok(())
    }

    // find_history_by_book_id で未返却の貸出情報を取得するために
    // 内部的に使うメソッド
    async fn find_unreturned_by_book_id(
        &self,
        book_id: BookId,
    ) -> AppResult<Option<Checkout>> {
        let res = sqlx::query_as!(
            CheckoutRow,
            r#"
                SELECT
                    c.checkout_id,
                    c.book_id,
                    c.user_id,
                    c.checked_out_at,
                    b.title,
                    b.author,
```

```
                    b.isbn
                FROM checkouts AS c
                INNER JOIN books AS b USING(book_id)
                WHERE c.book_id = $1
            "#,
            book_id as _,
        )
        .fetch_optional(self.db.inner_ref())
        .await
        .map_err(AppError::SpecificOperationError)?
        .map(Checkout::from);

        Ok(res)
    }
}
```

処理全体をコードとともに説明したところで、トランザクション分離レベルについて解説しておく。

create メソッドと update_returned メソッドの両方で、トランザクションを開始した直後に set_transaction_serializable メソッドをコールしている。これは、内部的には SQL クエリ SET TRANSACTION ISOLATION LEVEL 文にてトランザクション分離レベルを SERIALIZABLE（シリアライザブル）に設定している。create と update_returned は、最初に SELECT で取得した結果があとに続く INSERT の実行要否に影響を与える。そのような場合にシリアライザブルに設定することで、他のトランザクションの同時実行による競合を検出できるようになり、結果の一貫性を保証できるようになる。

ここでいう一貫性とはなんだろうか？ 蔵書の貸出を行う create メソッドを例に説明する。たとえば、1 冊の蔵書を 2 人のユーザーが借りようとするケースについて考える。その場合、一方のユーザーに貸出を許可し、他方は拒否しなければならない。これが一貫性が保たれている状態だ。もし両方のユーザーに貸出許可してしまったらシステムとして破綻してしまう。

まず、1 人が先に借りる手続きを完全に終わらせたあとに 2 人目が借りようとするケースでは、直列処理（すなわち競合が発生しない）であり 2 人目は「すでに貸し出されているので借りられない」となり、当然ながら一貫性は保たれる（図 5.4）。

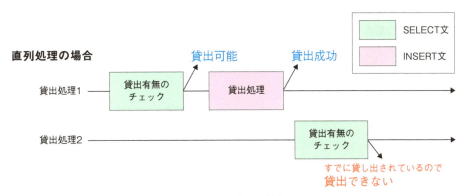

図 5.4 直列処理の場合

次に 2 人のユーザーが「同時に」借りようとするケースについて考える。その場合は図 5.5 の上段のよう

なタイミングが起こりうる。

　実際の動作を見てみよう。まず両方のユーザーについて、それぞれのトランザクションが開始され、SELECT文がほぼ同時に実行されるだろう。両方のSELECT文はcheckout_idがNULLという結果を返し、蔵書が貸出可能であることを示す。続いて両方のトランザクションでcheckoutsテーブルに対するINSERTがほぼ同時に開始される。ここでもし両方のINSERTが成功してしまうと2人に貸すことになってしまうので、一方はエラーで拒否しなければならない。トランザクションの分離レベルをシリアライザブルに設定すると、それを実現できる（図5.5下段）。つまり、一方のトランザクションのINSERTは成功し、（PostgreSQLの場合は）もう一方のINSERTは結果待ちでブロックされるようになる。そしてINSERTに成功した側がCOMMITすると、他方の待ちになっていた側に「could not serialize access due to concurrent update」というエラーが返り、トランザクションのABORTしかできなくなる。このエラーは「直列化異常」と呼ばれ、同時実行されている複数トランザクションをコミットした結果が、それらのトランザクションを1つずつ順番に実行するときの結果と異なっている（整合性が取れていない）ことを意味する[*12]。もし今回の2つのトランザクションが1つずつ順番に実行されたとすると、先行側がINSERTに成功したことにより、後続側のSELECTではcheckout_idがNULLではない結果が返されないとおかしい。しかし同時に実行されたときは両方のトランザクションにNULLが返されたため辻褄が合わず直列化異常になったわけだ。

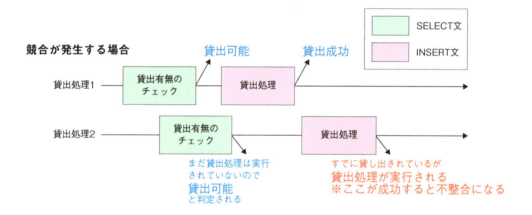

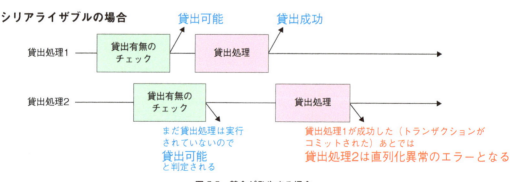

図5.5　競合が発生する場合

[*12] PostgreSQL 15文書　トランザクションの分離：https://www.postgresql.jp/document/15/html/transaction-iso.html

PostgreSQL のトランザクションの分離レベルはデフォルトで READ COMMITTED（リードコミッティド）という分離が緩いレベルになっている。リードコミッティドでは直列化異常は検査されず、今回のような SELECT の結果が後続の INSERT の内容に影響を与えるケースでは一貫性が保証されないことに注意が必要だ。

ところで、本書の checkouts テーブルと returned_checkouts テーブルには一意キー制約と外部キー制約をいくつか設定しているので、実はシリアライザブルに設定しなくても例に挙げたような不整合は発生しない。分離レベルをリードコミッティドのまま INSERT をほぼ同時に実行すると、一方のトランザクションは成功し、もう一方には book_id に対する一意キー制約違反のエラーが返る。これにより1冊を2人に貸し出すことは防げる。異なるケースだが、INSERT を実行するタイミングで蔵書が削除されたときも外部キー制約違反のエラーとなり不整合な状態は防げる。つまり、例のような一貫性を保証するだけならシリアライザブルを指定しなくてもいいし、SELECT 文の実行自体をなくしてしまってもいい。ただ、現実のアプリケーションでは貸出に失敗したときに、その理由（貸出中、貸出操作が他と競合した、書籍が存在しない、など）をユーザーに報告したくなるかもしれない。そのためには SELECT 文の実行やシリアライザブルの指定が必要になるだろう。また、テーブルを拡張したり処理を変更したりするときに、意図せず制約が機能しないような変更をしてしまい不整合が発生しうる状態になる可能性もある。この場合にもシリアライザブルの設定により意図しない不整合を防げるかもしれない。

5.6.5 registry への CheckoutRepository の追加

adapter への実装ができたら、api で使えるようにするために registry へ CheckoutRepository を追加する。単純な追加のためコード掲載のみに留める。

registry/src/lib.rs

```rust
// use 行は割愛するが、以下を追加する。
// use adapter::repository::checkout::CheckoutRepositoryImpl;
// use kernel::repository::checkout::CheckoutRepository;

#[derive(Clone)]
pub struct AppRegistry {
    health_check_repository: Arc<dyn HealthCheckRepository>,
    book_repository: Arc<dyn BookRepository>,
    auth_repository: Arc<dyn AuthRepository>,
    user_repository: Arc<dyn UserRepository>,
    // 追加
    checkout_repository: Arc<dyn CheckoutRepository>,
}

impl AppRegistry {
    pub fn new(
        pool: ConnectionPool,
        redis_client: Arc<RedisClient>,
        app_config: AppConfig,
    ) -> Self {
        // 中略

        // 追加
        let checkout_repository =
            Arc::new(CheckoutRepositoryImpl::new(pool.clone()));
```

```
        Self {
            health_check_repository,
            book_repository,
            auth_repository,
            user_repository,
            checkout_repository, // 追加
        }
    }

    // 中略

    // checkout_repository を返すメソッドを追加
    pub fn checkout_repository(&self) -> Arc<dyn CheckoutRepository> {
        self.checkout_repository.clone()
    }
}
```

5.6.6　api レイヤーへの実装

最後に api へのつなぎ込みを行う。貸出に関する API のうち「自分が借りている蔵書の一覧」は、/api/v1/users/me パスの配下なので user.rs に実装する。api レイヤー内で、追加または変更を入れるファイルは以下のとおり。「変更」をマークしたファイルのうち、mod.rs には追加したモジュールに対する宣言の追加、そのほかのファイル（ファイル名が user.rs、book.rs のもの）には貸出に関する関数の追加やルートの定義の追記を行う。

```
src
├── handler
│   ├── checkout.rs  # 追加
│   ├── mod.rs  # 変更
│   └── user.rs  # 変更
├── model
│   ├── checkout.rs  # 追加
│   ├── mod.rs  # 変更
│   └── user.rs  # 変更
└── route
    ├── book.rs  # 変更
    └── user.rs  # 変更
```

mod.rs に追加する checkout モジュールの宣言追加は以下のとおり。

api/src/model/mod.rs：モジュールの追加

```
pub mod checkout;
```

api/src/handler/mod.rs：モジュールの追加

```
pub mod checkout;
```

● model モジュールへの実装

ここでは、kernel レイヤーで定義されている Checkout をクライアントに JSON で返すための構造の定義を行う。CheckoutResponse 型の中のフィールド構成は kernel での Checkout とまったく同じであるが、CheckoutResponse 型には serde::Serialize を実装しているのでこの型からレスポンスの JSON に変換できる。

api/src/model/checkout.rs：貸出 API で使う型の定義

```rust
use chrono::{DateTime, Utc};
use kernel::model::{
    checkout::{Checkout, CheckoutBook},
    id::{BookId, CheckoutId, UserId},
};
use serde::Serialize;

#[derive(Serialize)]
#[serde(rename_all = "camelCase")]
pub struct CheckoutsResponse {
    pub items: Vec<CheckoutResponse>,
}

impl From<Vec<Checkout>> for CheckoutsResponse {
    fn from(value: Vec<Checkout>) -> Self {
        Self {
            items: value.into_iter().map(CheckoutResponse::from).collect(),
        }
    }
}

#[derive(Serialize)]
#[serde(rename_all = "camelCase")]
pub struct CheckoutResponse {
    pub id: CheckoutId,
    pub checked_out_by: UserId,
    pub checked_out_at: DateTime<Utc>,
    pub returned_at: Option<DateTime<Utc>>,
    pub book: CheckoutBookResponse,
}

impl From<Checkout> for CheckoutResponse {
    fn from(value: Checkout) -> Self {
        let Checkout {
            id,
            checked_out_by,
            checked_out_at,
            returned_at,
            book,
        } = value;
        Self {
            id,
            checked_out_by,
```

```
            checked_out_at,
            returned_at,
            book: book.into(),
        }
    }
}

#[derive(Serialize)]
#[serde(rename_all = "camelCase")]
pub struct CheckoutBookResponse {
    pub id: BookId,
    pub title: String,
    pub author: String,
    pub isbn: String,
}

impl From<CheckoutBook> for CheckoutBookResponse {
    fn from(value: CheckoutBook) -> Self {
        let CheckoutBook {
            book_id,
            title,
            author,
            isbn,
        } = value;
        Self {
            id: book_id,
            title,
            author,
            isbn,
        }
    }
}
```

● **handler モジュールへの実装**

model の実装ができたので、その型を使ってユーザーのリクエストを処理するエンドポイントでの処理の実装を行う。必要な型を丁寧に定義してきたので、型変換のコードなどをシンプルに表現できていることがわかるだろう。

まずは checkout.rs を示す。

api/src/handler/checkout.rs：api レイヤーの貸出関連メソッドの定義

```
use crate::{extractor::AuthorizedUser, model::checkout::CheckoutsResponse};
use axum::{
    extract::{Path, State},
    http::StatusCode,
    Json,
};
use kernel::model::{
    checkout::event::{CreateCheckout, UpdateReturned},
    id::{BookId, CheckoutId},
};
```

```rust
use registry::AppRegistry;
use shared::error::AppResult;

pub async fn checkout_book(
    user: AuthorizedUser,
    Path(book_id): Path<BookId>,
    State(registry): State<AppRegistry>,
) -> AppResult<StatusCode> {
    let create_checkout_history =
        CreateCheckout::new(book_id, user.id(), chrono::Utc::now());

    registry
        .checkout_repository()
        .create(create_checkout_history)
        .await
        .map(|_| StatusCode::CREATED)
}

pub async fn return_book(
    user: AuthorizedUser,
    Path((book_id, checkout_id)): Path<(BookId, CheckoutId)>,
    State(registry): State<AppRegistry>,
) -> AppResult<StatusCode> {
    let update_returned = UpdateReturned::new(
        checkout_id,
        book_id,
        user.id(),
        chrono::Utc::now(),
    );

    registry
        .checkout_repository()
        .update_returned(update_returned)
        .await
        .map(|_| StatusCode::OK)
}

pub async fn show_checked_out_list(
    _user: AuthorizedUser,
    State(registry): State<AppRegistry>,
) -> AppResult<Json<CheckoutsResponse>> {
    registry
        .checkout_repository()
        .find_unreturned_all()
        .await
        .map(CheckoutsResponse::from)
        .map(Json)
}

pub async fn checkout_history(
    _user: AuthorizedUser,
    Path(book_id): Path<BookId>,
```

```
        State(registry): State<AppRegistry>,
) -> AppResult<Json<CheckoutsResponse>> {
    registry
        .checkout_repository()
        .find_history_by_book_id(book_id)
        .await
        .map(CheckoutsResponse::from)
        .map(Json)
}
```

次に、user.rs に追加する実装である。

api/src/handler/user.rs

```
// 以下の use を追加
use crate::model::checkout::CheckoutsResponse;

/// 追加する関数
/// ユーザーが自身の借りている書籍の一覧を取得する。
pub async fn get_checkouts(
    user: AuthorizedUser,
    State(registry): State<AppRegistry>,
) -> AppResult<Json<CheckoutsResponse>> {
    registry
        .checkout_repository()
        .find_unreturned_by_user_id(user.id())
        .await
        .map(CheckoutsResponse::from)
        .map(Json)
}
```

● route モジュール

処理を実装できたら、リクエスト時のパス・HTTP メソッドと、前述の関数の紐づけを行う。ここでも book.rs と user.rs のそれぞれに実装を追加する。

api/src/route/book.rs：ルーターの更新（book）

```
// 前略

use crate::handler::{
    book::{
        delete_book, register_book, show_book, show_book_list, update_book,
    },
    // checkout の関数の use を追加する。
    checkout::{
        checkout_book, checkout_history, return_book, show_checked_out_list,
    },
};

pub fn build_book_routers() -> Router<AppRegistry> {
    // 中略
```

```
    let checkout_router = Router::new()
        .route("/checkouts", get(show_checked_out_list))
        .route("/:book_id/checkouts", post(checkout_book))
        .route(
            "/:book_id/checkouts/:checkout_id/returned",
            put(return_book),
        )
        .route("/:book_id/checkout-history", get(checkout_history));

    // merge メソッドで router を結合する。
    Router::new().nest("/books", books_routers.merge(checkout_router))
}
```

api/src/route/user.rs：ルーターの更新（user）

```
// 前略

// get_checkouts を追加する。
use crate::handler::user::{
    change_password, change_role, delete_user, get_checkouts,
    get_current_user, list_users, register_user,
};

pub fn build_user_router() -> Router<AppRegistry> {
    Router::new()
        .route("/users/me", get(get_current_user))
        .route("/users/me/password", put(change_password))
        // get_checkouts へのルートを追加する。
        .route("/users/me/checkouts", get(get_checkouts))
        .route("/users", get(list_users).post(register_user))
        .route("/users/:user_id", delete(delete_user))
        .route("/users/:user_id/role", put(change_role))
}
```

5.6.7 動作確認

いったんここで、簡単に動作確認しておこう。cargo make run でアプリケーションを起動し、以下の手順で貸出と返却の操作を行う。

まずはいつものようにアクセストークンを取得する。

```
$ curl -v "http://localhost:8080/auth/login" \
-H 'content-type: application/json' \
-d '{"email":"eleazar.fig@example.com","password":"password"}'
（中略）
{"userId":"ff2b4dd69e9744d5a18eeec9ee2791fe","accessToken":"fd2fb8f965f643d19da7a6826bb1000e"}
```

ここから先、JSON を 1 行で表示するとわかりづらいので、jq コマンド[13]で整形した出力で掲載する旨を

---

[13] https://jqlang.github.io/jq/

ご了承いただきたい。

5.5.4 項の動作確認コマンドにならって蔵書データを再度投入しよう。それができたら、以下のコマンドで蔵書が存在することを確認する。

```
$ curl -v "http://localhost:8080/api/v1/books" \
-H 'authorization: Bearer fd2fb8f965f643d19da7a6826bb1000e' | jq .
(中略)
{
  "total": 1,
  "limit": 20,
  "offset": 0,
  "items": [
    {
      "id": "d71cb059be5143e7943301fd92b93b4c",
      "title": "Rust book",
      "author": "me",
      "isbn": "1234567890",
      "description": "",
      "owner": {
        "id": "ff2b4dd69e9744d5a18eeec9ee2791fe",
        "name": "Eleazar Fig"
      }
    }
  ]
}
```

貸出を実行する。パスに指定する ID は上記の "id": "d71cb059be5143e7943301fd92b93b4c", 部分にある蔵書 ID である。

```
$ curl -v -X POST "http://localhost:8080/api/v1/books/d71cb059be5143e7943301fd9
2b93b4c/checkouts" \
-H 'authorization: Bearer fd2fb8f965f643d19da7a6826bb1000e'
(中略)
< HTTP/1.1 201 Created
< content-length: 0
< date: Wed, 01 May 2024 13:15:58 GMT
<
* Connection #0 to host localhost left intact
```

この状態で、貸出中の蔵書の一覧を表示してみる。以下の "id" の右側の値は貸出 ID（`CheckoutId`）であり、`"checkedOutBy"` の値はユーザー ID（`UserId`）である。ログインしているユーザーのユーザー ID を確認したい場合は、`/api/v1/users/me` に GET リクエストを投げることで確認できる。

```
$ curl -v "http://localhost:8080/api/v1/books/checkouts" \
-H 'authorization: Bearer fd2fb8f965f643d19da7a6826bb1000e' | jq .
(中略)
{
  "items": [
```

```
  {
    "id": "69dc9272736c415c821af1a1138f06be",
    "checkedOutBy": "ff2b4dd69e9744d5a18eeec9ee2791fe",
    "checkedOutAt": "2024-05-01T13:15:58.060Z",
    "returnedAt": null,
    "book": {
      "id": "d71cb059be5143e7943301fd92b93b4c",
      "title": "Rust book",
      "author": "me",
      "isbn": "1234567890"
    }
  }
]
}
```

蔵書の貸出はできたので返却操作を行う。パスの表記が長くなるが、checkouts/ の右側に貸出 ID を記載する。

```
$ curl -v -X PUT "http://localhost:8080/api/v1/books/d71cb059be5143e7943301fd92
b93b4c/checkouts/69dc9272736c415c821af1a1138f06be/returned" \
-H 'authorization: Bearer fd2fb8f965f643d19da7a6826bb1000e'
（中略）
< HTTP/1.1 200 OK
< content-length: 0
< date: Wed, 01 May 2024 13:22:57 GMT
<
* Connection #0 to host localhost left intact
```

再度、貸出中の一覧を取得すると空になっているはずだ。

```
$ curl -v "http://localhost:8080/api/v1/books/checkouts" \
-H 'authorization: Bearer fd2fb8f965f643d19da7a6826bb1000e' | jq .
（中略）
{
  "items": []
}
```

5.7 蔵書データへの貸出情報追加の実装

前節までで、機能としては一通り完了としてもよいのだが、あともう一つ、蔵書の一覧または指定の蔵書を取得した際、その蔵書が貸出中か否かがすぐにわかるようにしたい。そのために、Book や BookResponse の型を拡張して、貸出情報を含められるようにする。

5.7.1 kernel レイヤーの型の拡張

以下コードで「追加する」と記載している箇所のコードを既存コードに追加する。

kernel/src/model/book/mod.rs：型定義の追加

```rust
// CheckoutId、CheckoutUser と chrono の use を追加する。
use crate::model::{
    id::{BookId, CheckoutId},
    user::{BookOwner, CheckoutUser},
};
use chrono::{DateTime, Utc};

pub mod event;

#[derive(Debug)]
pub struct Book {
    pub id: BookId,
    pub title: String,
    pub author: String,
    pub isbn: String,
    pub description: String,
    pub owner: BookOwner,
    pub checkout: Option<Checkout>, // 追加する。
}

// 中略

// 追加する。
// この型は、model::checkout モジュール側でも同名の型を定義しているが
// それとは異なるモジュールにあるので別の型として扱われる。
// 実際、上記 `Book` 型の checkout フィールドとしてのみ使用する。
#[derive(Debug)]
pub struct Checkout {
    pub checkout_id: CheckoutId,
    pub checked_out_by: CheckoutUser,
    pub checked_out_at: DateTime<Utc>,
}
```

5.7.2　adapter レイヤーの実装

adapter の中では BookRow 型とは別に BookCheckoutRow 型を定義し、これらを結合させる into_book メソッドを実装する。これは、BookRepositoryImpl の find_all、find_by_id メソッドでは別クエリで取得して結合する実装をするためである。1 クエリで済ませる実装をしたい場合は、BookRow 型にすべてを盛り込む実装にしてもよい。適宜チャレンジしていただきたい。

adapter/src/database/model/book.rs：型定義の拡張

```rust
// chrono、CheckoutId、CheckoutUser、Checkout への use を追加
use chrono::{DateTime, Utc};
use kernel::model::{
    book::{Book, Checkout},
    id::{BookId, CheckoutId, UserId},
    user::{BookOwner, CheckoutUser},
};
```

```rust
// 変更なし
pub struct BookRow {
    pub book_id: BookId,
    pub title: String,
    pub author: String,
    pub isbn: String,
    pub description: String,
    pub owned_by: UserId,
    pub owner_name: String,
}

// From トレイトの実装の代わりに、引数を取る into_book メソッドを定義し実装する。
impl BookRow {
    pub fn into_book(self, checkout: Option<Checkout>) -> Book {
        let BookRow {
            book_id,
            title,
            author,
            isbn,
            description,
            owned_by,
            owner_name,
        } = self;
        Book {
            id: book_id,
            title,
            author,
            isbn,
            description,
            owner: BookOwner {
                id: owned_by,
                name: owner_name,
            },
            checkout,
        }
    }
}

// 変更なし
pub struct PaginatedBookRow {
    pub total: i64,
    pub id: BookId,
}

// 貸出情報を格納する型を新規追加
pub struct BookCheckoutRow {
    pub checkout_id: CheckoutId,
    pub book_id: BookId,
    pub user_id: UserId,
    pub user_name: String,
    pub checked_out_at: DateTime<Utc>,
}
```

```rust
// Checkout 型に変換する From トレイト実装を追加
impl From<BookCheckoutRow> for Checkout {
    fn from(value: BookCheckoutRow) -> Self {
        let BookCheckoutRow {
            checkout_id,
            book_id: _,
            user_id,
            user_name,
            checked_out_at,
        } = value;
        Checkout {
            checkout_id,
            checked_out_by: CheckoutUser {
                id: user_id,
                name: user_name,
            },
            checked_out_at,
        }
    }
}
```

以下、`BookRepositoryImpl` 内での `find_all` および `find_by_id` の実装の拡張である。

adapter/src/repository/book.rs：実装の拡張

```rust
// 以下の use を追加する。
use kernel::model::book::Checkout;
use std::collections::HashMap;
use crate::database::model::book::BookCheckoutRow;

// 中略

#[async_trait]
impl BookRepository for BookRepositoryImpl {
    // 中略

    async fn find_all(
        &self,
        options: BookListOptions,
    ) -> AppResult<PaginatedList<Book>> {
        // 中略

        // let items = ～ としていた行を以下の実装に置き換える。
        // find_checkouts メソッドで、指定した蔵書 ID の貸出有無の情報を取得する。
        let book_ids =
            rows.iter().map(|book| book.book_id).collect::<Vec<_>>();
        let mut checkouts = self.find_checkouts(&book_ids).await?;

        let items = rows
            .into_iter()
            .map(|row| {
```

```rust
                    let checkout = checkouts.remove(&row.book_id);
                    row.into_book(checkout)
                })
                .collect();

        Ok(PaginatedList {
            total,
            limit,
            offset,
            items,
        })
    }

    async fn find_by_id(&self, book_id: BookId) -> AppResult<Option<Book>> {
        // 中略

        // Ok(row.map(Book::from)) としていた行を以下に置き換える。
        match row {
            Some(r) => {
                let checkout = self
                    .find_checkouts(&[r.book_id])
                    .await?
                    .remove(&r.book_id);
                Ok(Some(r.into_book(checkout)))
            }
            None => Ok(None),
        }
    }

    // 中略
}

// 以下を新規追加
impl BookRepositoryImpl {
    // 指定された book_id が貸出中の場合に貸出情報を返すメソッドを追加する。
    async fn find_checkouts(
        &self,
        book_ids: &[BookId],
    ) -> AppResult<HashMap<BookId, Checkout>> {
        let res = sqlx::query_as!(
            BookCheckoutRow,
            r#"
                SELECT
                    c.checkout_id,
                    c.book_id,
                    u.user_id,
                    u.name AS user_name,
                    c.checked_out_at
                FROM checkouts AS c
                INNER JOIN users AS u USING(user_id)
                WHERE book_id = ANY($1)
            ;
```

```rust
                "#,
                book_ids as _
            )
            .fetch_all(self.db.inner_ref())
            .await
            .map_err(AppError::SpecificOperationError)?
            .into_iter()
            .map(|checkout| (checkout.book_id, Checkout::from(checkout)))
            .collect();

            Ok(res)
        }
    }

    #[cfg(test)]
    mod tests {
        // 中略

        #[sqlx::test]
        async fn test_register_book(pool: sqlx::PgPool) -> anyhow::Result<()> {
            // 中略

            let Book {
                id,
                title,
                author,
                isbn,
                description,
                owner,
                ..      // この行を追加することで、checkout フィールドをスキップする。
            } = res.unwrap();

            // 中略
        }
    }
```

5.7.3 api レイヤーの実装

最後に api レイヤーの実装追加である。ここは、model モジュールの型を拡張するだけでよく、handler の実装には変更は不要である。以下のコードのとおり、型の追加の定義と、既存型の定義の拡張をする。

api/src/model/user.rs : CheckoutUser 型の定義

```rust
    #[derive(Debug, Serialize)]
    #[serde(rename_all = "camelCase")]
    pub struct CheckoutUser {
        pub id: UserId,
        pub name: String,
    }

    impl From<kernel::model::user::CheckoutUser> for CheckoutUser {
        fn from(value: kernel::model::user::CheckoutUser) -> Self {
```

```rust
            let kernel::model::user::CheckoutUser { id, name } = value;
            Self { id, name }
        }
    }
```

api/src/model/book.rs：型の拡張

```rust
    // 以下の use 行を追加
    use chrono::{DateTime, Utc};
    use kernel::model::book::Checkout;
    use kernel::model::id::CheckoutId;
    use super::user::CheckoutUser;

    // 中略

    // checkout フィールドを追加する。
    #[derive(Debug, Serialize)]
    #[serde(rename_all = "camelCase")]
    pub struct BookResponse {
        pub id: BookId,
        pub title: String,
        pub author: String,
        pub isbn: String,
        pub description: String,
        pub owner: BookOwner,
        // 以下の行を追加
        pub checkout: Option<BookCheckoutResponse>,
    }

    impl From<Book> for BookResponse {
        fn from(value: Book) -> Self {
            let Book {
                id,
                title,
                author,
                isbn,
                description,
                owner,
                // 以下の行を追加
                checkout,
            } = value;
            Self {
                id,
                title,
                author,
                isbn,
                description,
                owner: owner.into(),
                // 以下の行を追加
                checkout: checkout.map(BookCheckoutResponse::from),
            }
        }
    }
```

```rust
// 中略

// 以下の型と From トレイト実装を新規追加
#[derive(Debug, Serialize)]
#[serde(rename_all = "camelCase")]
pub struct BookCheckoutResponse {
    pub id: CheckoutId,
    pub checked_out_by: CheckoutUser,
    pub checked_out_at: DateTime<Utc>,
}

impl From<Checkout> for BookCheckoutResponse {
    fn from(value: Checkout) -> Self {
        let Checkout {
            checkout_id,
            checked_out_by,
            checked_out_at,
        } = value;
        Self {
            id: checkout_id,
            checked_out_by: checked_out_by.into(),
            checked_out_at,
        }
    }
}
```

5.7.4 動作確認

前節での貸出・返却と組み合わせて、蔵書の一覧を実行してみる。

まずは、貸出していないときの応答である。"checkout": null の行が増えているのがおわかりだろう。

```
$ curl -v "http://localhost:8080/api/v1/books" \
-H 'authorization: Bearer fd2fb8f965f643d19da7a6826bb1000e' | jq .
(中略)
{
  "total": 1,
  "limit": 20,
  "offset": 0,
  "items": [
    {
      "id": "d71cb059be5143e7943301fd92b93b4c",
      "title": "Rust book",
      "author": "me",
      "isbn": "1234567890",
      "description": "",
      "owner": {
        "id": "ff2b4dd69e9744d5a18eeec9ee2791fe",
        "name": "Eleazar Fig"
      },
      "checkout": null
```

```
      }
    ]
}
```

この蔵書に対して貸出操作を行う。

```
$ curl -v -X POST "http://localhost:8080/api/v1/books/d71cb059be5143e7943301fd9
2b93b4c/checkouts" \
-H 'authorization: Bearer fd2fb8f965f643d19da7a6826bb1000e'
（攻略）
```

再度、蔵書の一覧を取得する。`"checkout":` の右側に `null` の代わりに貸出情報のオブジェクトが含まれるようになった。

```
$ curl -v "http://localhost:8080/api/v1/books" \
-H 'authorization: Bearer fd2fb8f965f643d19da7a6826bb1000e' | jq .
（中略）
{
  "total": 1,
  "limit": 20,
  "offset": 0,
  "items": [
    {
      "id": "d71cb059be5143e7943301fd92b93b4c",
      "title": "Rust book",
      "author": "me",
      "isbn": "1234567890",
      "description": "",
      "owner": {
        "id": "ff2b4dd69e9744d5a18eeec9ee2791fe",
        "name": "Eleazar Fig"
      },
      "checkout": {
        "id": "c603d9bddd0247baaf8ef51c77112222",
        "checkedOutBy": {
          "id": "ff2b4dd69e9744d5a18eeec9ee2791fe",
          "name": "Eleazar Fig"
        },
        "checkedOutAt": "2024-05-01T13:48:52.140Z"
      }
    }
  ]
}
```

これでアプリケーションの機能の実装は以上となる。長い章になったが、アプリケーション実装の知見を得てもらえれば幸いである。

5.8 フロントエンドとの結合動作確認

前節までで、コマンドラインでのコードの実行は完了したが、第 3 章の最後で紹介したフロントエンドの実装と組み合わせて動作させるには、あと一手間、**CORS**（cross-origin resource sharing; **オリジン間リソース共有**）[14] の設定が必要となる。本システムの構成では、API サーバーとフロントエンドのサーバーが異なるオリジンに存在するため、API サーバーは異なるオリジンからのアクセスを許可する必要がある。

対応するコードは、src/bin/app.rs に記述する。tower-http への依存はここで必要となる。

src/bin/app.rs：CORS の設定

```
// http::Method を追加
use axum::{http::Method, Router};

// 以下の行を追加
use tower_http::cors::{self, CorsLayer};

// cors 関数を追加
fn cors() -> CorsLayer {
    CorsLayer::new()
        .allow_headers(cors::Any)
        .allow_methods([
            Method::GET,
            Method::POST,
            Method::PUT,
            Method::DELETE,
        ])
        .allow_origin(cors::Any)
}

async fn bootstrap() -> Result<()> {
    // 中略

    let app = Router::new()
        .merge(v1::routes())
        .merge(auth::routes())
        .layer(cors()) // この行を追加
        .with_state(registry);

    // 中略
}
```

これで、cargo make run したサーバーに対してフロントエンドからログインすると、書籍一覧のページにアクセスでき、前節までに追加した書籍が表示されるはずである。

---

[14] https://developer.mozilla.org/ja/docs/Glossary/CORS を参照。

第 6 章 システムの結合とテスト

本章の概要

第 6 章では、自動テストについて解説する。アプリケーション開発において自動テストは欠かせない。本書で扱っているアプリケーションの kernel レイヤー、api レイヤー、adapter レイヤーそれぞれでどのような戦略でテストを行うかを解説する。それぞれのテストで使用するクレートについて解説し、具体的な実装を示す。

6.1 本書のアプリケーションのテスト戦略

まず本書で扱っているアプリケーションのテスト戦略を解説する。アプリケーションは kernel レイヤー、api レイヤー、adapter レイヤーの 3 つのレイヤーに分かれている。各レイヤーの責務を担保するための最低限のテストを実装している。将来的にアプリケーションのビジネスロジックが増えてきた際には kernel レイヤーにロジックの正しさを検証するテストが増えるが、本書の段階では必要ないため、api レイヤーと adapter レイヤーのテストを中心に解説する。

- kernel レイヤー
    - ロジックの正しさを検証する
- api レイヤー
    - ルーターの正しさを検証する
- adapter レイヤー
    - 外部システムとの接続ができること、
    - データベース操作の正しさを検証する

外部システムへの依存がない関数は**単体テスト**（unit test）を実装する。外部システムへの依存がある関数はモックを使ってテストを行うか、**結合テスト**（integration test）を行う。本システムでは Redis、PostgreSQL は結合テストを行う。

まずテストで使用するクレートと使い方の紹介を行う。そのあと各レイヤーのテストを解説する。

6.2 rstest を使ったテスト

テストフレームワークを提供するクレートとして rstest[*1] を導入する。Rust には標準のテストフレームワークがあるが、rstest はより柔軟なテストを書くことができる。rstest は**フィクスチャ（fixture）**やパラメータ化したテストをサポートしている。

rstest の使い方を説明する。実際に手元で動かす場合は `cargo new rstest-example --lib` とプロジェクトを作成し、書籍管理アプリケーションとは別のクレートとして動作確認用のクレートを準備する。

1. `cargo new rstest-example --lib` で動作確認用のクレートを作成し、`cd rstest-example` でプロジェクトのルートディレクトリに移動する
2. `cargo add rstest --dev` を実行して Cargo.toml の `[dev-dependencies]` 以下に rstest を追加する
3. `#[test]` を `#[rstest::rstest]` に変更する
4. `cargo test` を実行してテストが正常終了することを確認する

src/lib.rs：`#[test]` を `#[rstest]` に書き換える例

```rust
pub fn add(left: usize, right: usize) -> usize {
    left + right
}

#[cfg(test)]
mod tests {
    use super::*;

    #[rstest::rstest]
    fn it_works() {
        let result = add(2, 2);
        assert_eq!(result, 4);
    }
}
```

6.2.1 rstest::fixture

フィクスチャはテストの共通部分のコードをまとめるための機能である。テスト用の構造体を多くのテスト関数で使いたい場合など、テストコードのボイラープレートを減らすことで検証している内容を明確に保つことができる。フィクスチャは他の言語でもテストフレームワークが提供することが多いが、Rust でも標準のテスト機能では提供されてはおらず、rstest を利用する。

rstest はフィクスチャ機能を fixture というマクロとして提供してくれる。次のコードを lib.rs に書いて、`cargo test` を実行するとテストが正常終了することを確認する。なお、`fn 任意のフィクスチャ名`, 任意の関数名は特定の命名規則を要求されていないことを示すために日本語の関数名を使っている。実際に使う際は ASCII 文字でまったく問題がない。

[*1] https://crates.io/crates/rstest

src/lib.rs：rstest で fixture を使うテストの例

```
#[cfg(test)]
mod tests {
    use rstest::{fixture, rstest};
    // use でスコープに導入せずに #[rstest::fixture] と書くこともできる。
    #[fixture]
    fn 任意のフィクスチャ名() -> i32 {
        24
    }
    // use でスコープに導入せずに #[rstest::rstest] と書くこともできる。
    #[rstest]
    fn 任意の関数名(任意のフィクスチャ名: i32) {
        // 任意のフィクスチャ名 には fn 任意のフィクスチャ名() の実行結果 24 が入る。
        assert_eq!(任意のフィクスチャ名 * 2, 48);
    }
}
```

1. フィクスチャとして利用したい関数（例では fn 任意のフィクスチャ名）に #[fixture] をつける
   - この関数は引数を取れない点に注意
2. #[rstest] アトリビュートをつけた関数（例では fn test_func）の引数にフィクスチャの関数名と型（例では任意のフィクスチャ名: i32）を指定する
3. テスト関数内（例では fn test_func）で引数（例では任意のフィクスチャ名: i32）を使ってテストを行う

6.2.2 マクロを展開する cargo-expand

Rust では assert_eq! や #[fixture] はマクロであり、コンパイル時に Rust のコードに展開される。マクロ展開後のコードを確認することでフレームワークが抱えてくれた処理を理解しやすくなる。マクロを展開するためのツールである cargo-expand[*2] を使って、マクロ展開後の Rust コードを確認する方法を紹介する。

1. cargo --list で表示されるコマンド一覧を確認する
   - expand が表示されていなければ cargo install cargo-expand を実行して cargo-expand をインストールする
2. 展開したいコードに合わせてコマンドを実行する
   - 通常の実行ファイル用にコンパイルされるコードを展開する場合は cargo expand を実行する
   - テストコードを展開したい場合は cargo expand --tests を実行する
   - ライブラリコードを展開したい場合は cargo expand --lib を実行する

6.2.3 テストコードの動作を確認する

マクロを展開して #[rstest] や #[fixture] の動作を確認する。コード 6.2 を lib.rs に書いて、cargo expand --lib --tests を実行する。

[*2] https://github.com/dtolnay/cargo-expand

cargo-expand でマクロを展開したコード

```
#![feature(prelude_import)]
#[prelude_import]
use std::prelude::rust_2021::*;
#[macro_use]
extern crate std;
#[cfg(test)]
mod tests {
    use rstest::{fixture, rstest};
    #[allow(non_camel_case_types)]
    struct 任意のフィクスチャ名 {}
    impl 任意のフィクスチャ名 {
        #[allow(unused_mut)]
        pub fn get() -> i32 {
            任意のフィクスチャ名()
        }
        pub fn default() -> i32 {
            Self::get()
        }
    }
    #[allow(dead_code)]
    fn 任意のフィクスチャ名() -> i32 {
        { 24 }
    }
    extern crate test;
    #[cfg(test)]
    #[rustc_test_marker = "tests::/*Unicode表現の「任意の関数名」*/"]
    pub const 任意の関数名: test::TestDescAndFn = test::TestDescAndFn {
        desc: test::TestDesc {
            name: test::StaticTestName(
                "tests::\u{4efb}\u{610f}\u{306e}\u{95a2}\u{6570}\u{540d}",
            ),
            ignore: false,
            ignore_message: ::core::option::Option::None,
            source_file: "src/lib.rs",
            start_line: 11usize,
            start_col: 8usize,
            end_line: 11usize,
            end_col: 14usize,
            compile_fail: false,
            no_run: false,
            should_panic: test::ShouldPanic::No,
            test_type: test::TestType::UnitTest,
        },
        testfn: test::StaticTestFn(
            #[coverage(off)]
            || test::assert_test_result(任意の関数名()),
        ),
    };
    fn 任意の関数名() {
        fn 任意の関数名(任意のフィクスチャ名: i32) {
            {
```

```
                match (&(任意のフィクスチャ名 * 2), &48) {
                    (left_val, right_val) => {
                        if !(*left_val == *right_val) {
                            let kind = ::core::panicking::AssertKind::Eq;
                            ::core::panicking::assert_failed(
                                kind,
                                &*left_val,
                                &*right_val,
                                ::core::option::Option::None,
                            );
                        }
                    }
                };
            }
        }
        let 任意のフィクスチャ名 = 任意のフィクスチャ名::default();
        任意の関数名(任意のフィクスチャ名)
    }
}
#[rustc_main]
#[coverage(off)]
pub fn main() -> () {
    extern crate test;
    test::test_main_static(&[&任意の関数名])
}
```

フィクスチャを実現するためにラッパー関数として同名の関数を定義したり、同名の構造体が定義[*3]されたりしているが、動作は下記のようになる。

1. fn main() が実行され、test::test_main_static 経由で任意の関数名関数が呼び出される
2. 任意のフィクスチャ名::default() が呼び出され、任意のフィクスチャ名::get() を経由して fn 任意のフィクスチャ名() -> i32 が呼び出され、任意の関数名内の任意のフィクスチャ名に 24 が束縛される
3. fn 任意の関数名() の中で定義されている fn 任意の関数名(任意のフィクスチャ名: i32) に 24 が渡される
   - ここでテストする関数にフィクスチャの値が渡されている
4. fn 任意の関数名(任意のフィクスチャ名: i32) 関数内で任意のフィクスチャ名 * 2 と 48 を比較して、等しいことを検証する

なお、展開後のソースコードにもとの関数 fn 任意のフィクスチャ名() が残っていることからもわかるとおり、#[fixture] をつけても他の関数からの呼び出しは依然として可能である。

6.2.4 パラメータ化テストについて

次にパラメータ化テストの実装方法について説明する。**パラメータ化テスト**（parameterized test）とは、テスト関数に複数のパラメータを渡してテストを行う方法である。rstest では #[rstest] マクロを使ってパ

[*3] const 任意の関数名と fn 任意の関数名や struct 好きなフィクスチャと fn 好きなフィクスチャは名前が衝突しているように見えるが、ネームスペース（namespace）が異なるので衝突しない。https://doc.rust-lang.org/reference/names/namespaces.html に詳しい説明がある。

247

第6章 システムの結合とテスト

ラメータ化テストを実装する。

引き算を行う fn sub 関数のテストを例にパラメータ化テストの利点を説明する。次のコードはパラメータ化を行わずに複数のテストを実装している。

src/lib.rs：パラメーター化せずに複数のテストを実装する例

```
pub fn sub(a: i32, b: i32) -> i32 {
    a + b // 実装が間違っている
}
#[cfg(test)]
mod tests {
    use super::*;
    #[test]
    fn test_sub_1() {
        assert_eq!(sub(10, 0), 10);
    }
    #[test]
    fn test_sub_2() {
        assert_eq!(sub(100, 5), 95);
    }
}
```

fn test_sub_1 と fn test_sub_2 は fn sub に渡している値以外は同じ処理を行っている。例では処理がシンプルであり、テストの個数も2つと少ないため問題はないが、テストの個数が増えるとテストコードのボイラープレートが増えていく。パラメータ化テストで実装すればテスト関数に渡すデータだけを外出しして定義し、処理部分は1つの実装を使い回すことができる。次は同じテストをパラメータ化テストで実装した例である。

src/lib.rs：パラメータ化テストで上述のコードと同じ検証を行う例

```
pub fn sub(a: i32, b: i32) -> i32 {
    a + b // 実装が間違っている
}
#[cfg(test)]
mod tests {
    use super::*;
    use rstest::rstest;
    #[rstest]
    #[case(10, 0, 10)]
    #[case(100, 5, 95)]
    fn test_sub(#[case] a: i32, #[case] b: i32, #[case] expected: i32) {
        assert_eq!(sub(a, b), expected);
    }
}
```

変更点は次のとおりである。

- #[test] を #[rstest] に変更する

- テスト関数の引数に #[case] アトリビュート[*4] をつけてパラメータを受け取る
- #[rstest] マクロの下に #[case(100, 5, 95)] などテストケースを与える行を追加する
  - テスト関数の引数の #[case] と順番が対応するようにカンマ区切りで値を定義する

実行結果は下記のようになる。

```
# test の実行結果（抜粋）
running 2 tests
test tests::test_sub::case_1 ... ok
test tests::test_sub::case_2 ... FAILED

failures:

---- tests::test_sub::case_2 stdout ----
thread 'tests::test_sub::case_2' panicked at src/lib.rs:12:9:
assertion `left == right` failed
  left: 105
 right: 95
note: run with `RUST_BACKTRACE=1` environment variable to display a backtrace


failures:
    tests::test_sub::case_2

test result: FAILED. 1 passed; 1 failed; 0 ignored; 0 measured; 0 filtered out;
finished in 0.00s
```

test_sub について tests::test_sub::case_1、tests::test_sub::case_2 の2つのログが表示されており、case_1 は成功しているが、case_2 は失敗していることが示されている。実際に fn sub は引き算を意図した関数であるが誤って足し算で実装しており、case_2 の実行結果が想定した値と異なっているためテストが失敗している。このようにパラメータ化テストを使うことで同じ処理をまとめて書けるため、テストコードのボイラープレートを減らすことができる。

cargo expand --lib --test で展開したコードは下記のようになる。コメントは筆者によるもの。

マクロ展開後のソースコード概形

```
#![feature(prelude_import)]
#[prelude_import]
use std::prelude::rust_2021::*;
#[macro_use]
extern crate std;
pub fn sub(a: i32, b: i32) -> i32 {
    a + b
}
#[cfg(test)]
mod tests {
```

[*4] #[case] アトリビュートはマクロではなく、#[rstest] に対応する手続きマクロが解釈するための引数の役割を持ったアトリビュートである。

```
    use super::*;
    extern crate test;
    #[cfg(test)]
    #[rustc_test_marker = "tests::test_sub_1"]
    pub const test_sub_1: test::TestDescAndFn = test::TestDescAndFn {/* 省略
*/};
    fn test_sub_1() {
        match (&sub(10, 0), &10) { // a,b,expectedの値が 10,0,10 で渡されている。
            /* 省略 */
        };
    }
    extern crate test;
    #[cfg(test)]
    #[rustc_test_marker = "tests::test_sub_2"]
    pub const test_sub_2: test::TestDescAndFn = test::TestDescAndFn {/* 省略
*/};
    fn test_sub_2() {
        match (&sub(100, 5), &95) { // a,b,expectedの値が 100,5,95 で渡されている。
            /* 省略 */
        };
    }
}
#[rustc_main]
#[coverage(off)]
pub fn main() -> () {
    extern crate test;
    test::test_main_static(&[&test_sub_1, &test_sub_2])
}
```

- `#[fixture]` の実装と同様にテスト関数を包むラッパー関数（`fn test_sub_1`、`fn test_sub_2`）をパラメータごとに作成し、具体的な値を渡す仕組みになっている。

rstest を使うことでテストコードのボイラープレートを減らせることを説明した。

6.3　mockall を使ったテスト

次に **mockall**[5] について説明する。mockall クレートを使ってモック化を行う。mockall は、モックを簡単に作成するためのライブラリである。`#[automock]` というマクロを提供していて、トレイトに対してモック実装を自動実装してくれる。

mockall の使い方を確認するため、`cargo add mockall` を実行して Cargo.toml に mockall を追加する。

src/lib.rs：mockall の利用

```
use mockall::predicate::*;
use mockall::*;
#[automock]
```

---

[5]　https://crates.io/crates/mockall

```
trait 任意のトレイト名 {
    fn 任意のメソッド名 (&self, x: u32) -> u32;
}

fn トレイトオブジェクトを引数に取る関数 (
    x: &dyn 任意のトレイト名, v: u32
) -> u32 {
    x.任意のメソッド名 (v)
}
fn main() {
    let mut mock = Mock任意のトレイト名::new();
    mock.expect_任意のメソッド名().returning(|x| x + 1);
    assert_eq!(10, トレイトオブジェクトを引数に取る関数(&mock, 9));
}
```

mockall は特定のルールに従ってモックを自動的に生成する。まず、対象のトレイト名の先頭に Mock とついた構造体が裏で生成される。上述の例であれば、Mock任意のトレイト名という構造体が生成される。次に、トレイトが持つメソッドの名前の先頭に expect_ とついたメソッドが、その構造体に対して生成される。上述の例であれば、fn expect_任意のメソッド名() -> u32 というメソッドが、Mock任意のトレイト名構造体に対して生成される。

したがって、コード例の中では Mock任意のトレイト名::new() によりモックオブジェクトを呼び出し、そのモックオブジェクトに紐づく expect_任意のメソッド名() というメソッドを呼び出せるようになっている。この関数を呼び出したあとは、裏で mockall が生成した処理が走る。

裏で mockall が生成する処理を定義するため returning という関数を用いる。この関数に渡したクロージャが、モックオブジェクトのメソッドが呼び出された際に実行される。コード例では |x| x + 1 というクロージャが渡されているため、mock.任意のメソッド名(x) が呼び出された際に、クロージャが実行され x+1 が返されるようになっている。

テストを実行すると assert_eq!(10, トレイトオブジェクトを引数に取る関数(&mock, 9)) が成功することが確認でき、モックを使うことで処理の流れを定義した関数 fn トレイトオブジェクトを引数に取る関数(x: &dyn 任意のトレイト名, v: u32) -> u32 が引数のトレイトオブジェクトのメソッドを呼び出していることが確認できた。

「モック」

まず「モック」を利用する際におさえておきたい概念は、**テストダブル**（test double）と呼ばれるものである。モックというのは実はテストダブルという概念の分類の一つであり、ライブラリによっては後述するスタブと区別して使うことがある。

テストダブルとは、自動テストの際に、テスト対象が依存しているコンポーネントを置き換える代用品のことを指す。自動テスト時には、たとえばこれから実装するようにデータベースからのデータの取得や、データベースへの書き込み部分をテストダブルによって置き換える。

テストダブルにはモックとスタブの 2 種類が大まかには含まれる。モックは、テスト対象となるコードからの出力部分を模倣し、検証する際に用いられる。**スタブ**（stub）は、テスト対象となるコードへの入力を模倣する際に用いられる。データベースへの接続で考えるなら、スタブを使ってデータベース

からのデータの取り出しを模倣しておき、モックを使ってデータベースへのデータの書き込みを模倣する。モックはさらに、何をどのように書き込んだかや、何回モックした対象が呼ばれたかまでを検証する。

ここで紹介した mockall は、特にモックとスタブの呼び出しは区別しないようになっている。つまり両方とも mockall 内の呼び方では「モック」となっている。

モックを利用する際は、そもそも導入すべきかどうかについて議論になることも多いだろう。筆者も新しいプロジェクトを立ち上げるなどしてゼロからアプリケーションを書いていく際には、必ずチームにモックをどこでどのように導入するかを確認するようにしている。テストコードで登場する外部ツールのほとんどをモックしてしまうプロジェクトや、データベース周りのユニットテストだけはモックせずに実データベースを使用するプロジェクト、さらにはいかなるテストであってもまったくモックを用いないようにするプロジェクトなどさまざまあるだろう。

本書でモックを導入した理由は単純にモックの説明を行いたかったためである。本書ではインテグレーションテストにおいてのみ、ミドルウェアの接続部分で Repository に対してモックを差すように実装している。そのほか副次的な理由として、インテグレーションテストの時間短縮がある。ユニットテストと比べるとインテグレーションテストは一つ一つのテストの実行時間が伸びる傾向にある。テストに絡んでくるコンポーネントの量が増える傾向があるためである。ユニットテストで Repository の動作についてはすでに実データベースを使って確認済みであることから、（微々たる時間かもしれないが）テストの時間短縮も意図してモックを差している。

6.4 sqlx を使ったテスト

次に、sqlx::test を使ったテストについて説明する。sqlx::test は sqlx のテストフレームワークで、テスト用のデータベースとデータベースに対する fixture を提供してくれる。

6.4.1 sqlx でのテストの実行方法

次の手順で動作を確認する。

1. `cargo new sqlx-test-example --lib` で動作確認用のクレートを作成する
2. sqlx-test-example 直下で `cargo add sqlx --features runtime-tokio,postgres` を実行して Cargo.toml の `[dependencies]` 以下に sqlx を追加する
3. `#[test]` を `#[sqlx::test]` に変更する
4. `cargo make test` を実行してテストが正常終了することを確認する

これでクレートがインストールされていることが確認できた。次にデータベースを使ったテストを実装する。lib.rs を次のように書き換える。

src/lib.rs

```
#[cfg(test)]
mod tests {
```

```
    #[sqlx::test]
    async fn it_works(pool: sqlx::PgPool) {
        // 接続確認
        let row = sqlx::query!("SELECT 1 + 1 AS result")
            .fetch_one(&pool)
            .await
            .unwrap();
        let result = row.result;
        assert_eq!(result, Some(2));
    }
}
```

cargo make test を実行すると DATABASE_URL must be set: EnvVar(NotPresent) というエラーが表示され異常終了することが確認できる。rusty-book-manager の postgres コンテナにテスト用のデータベースインスタンス sqlx_test_example を作成する。

```
$ docker container exec -it rusty-book-manager-postgres-1 bash
root@[ハッシュ値]:/# psql -d app -U app
app=# create database sqlx_test_example;
```

.env ファイルに DATABASE_URL=postgresql://localhost:5432/sqlx_test_example?user=app&password=passwd を追加する。cargo make test が正常終了することを確認できる。

6.4.2 sqlx の fixture の使い方

#[sqlx::test] でフィクスチャ機能を使う方法を説明する。sqlx が提供するフィクスチャ機能では、SQL を使って手軽にテスト用のデータベースの初期値を設定することができる。データ挿入のために Rust のコードを実装する必要がなく、テストの事前条件を信頼しやすい。

作成した sqlx_test_example データベースに books テーブルを作成し、テスト用のデータを挿入する。

```
$ sqlx migrate add setup
```

migrations/{ タイムスタンプ }_setup.sql に次の SQL を書く。

migrations/{ タイムスタンプ }_setup.sql

```
create table books (
  id serial primary key,
  title text not null,
  author text not null
);
```

次を実行し、テーブルを作成する。

```
$ sqlx migrate run
```

lib.rs を次のように書き換える。

src/lib.rs
```rust
#[cfg(test)]
mod tests {
    #[sqlx::test(fixtures("common"))]
    async fn it_works(pool: sqlx::PgPool) {
        let row = sqlx::query!("SELECT author FROM books WHERE title = 'Test Book 1'")
            .fetch_one(&pool)
            .await
            .unwrap();
        let result = row.author;
        assert_eq!(result, "Test Author 1".to_string());
    }
}
```

fixtures で使用する SQL を src/fixtures/common.sql に書いておく。

src.fixtures/common.sql：テスト用のデータを追加
```sql
insert into books (title, author) values ('Test Book 1', 'Test Author 1');
insert into books (title, author) values ('Test Book 2', 'Test Author 2');
```

 async fn it_works(pool: sqlx::PgPool) にはテーブルを作成したりデータを挿入したりする SQL は書かれていないが、fixtures("common") で指定した SQL ファイル（とマイグレーションファイル）が実行されるため、テストが実行される前にテーブルが作成され、データが挿入される。common は src/fixtures/common.sql として解釈される[*6]。cargo make test が成功することを確認する。

以上で本書のアプリケーションで利用しているテスト用のクレートをすべて紹介した。

6.5 アプリケーションのテスト実装

本章の最初で触れたとおりそれぞれのレイヤーごとにテストの実装を解説する。

6.5.1 api レイヤーのテスト

api レイヤーでは adapter レイヤーのモックを使ってテストを行う。モックを使うことで、adapter レイヤーの実装に依存せずにルーター部分のテストを行うことができる。書籍の一覧を取得・検索するエンドポイントのテストを行う。

この /api/v1/books エンドポイントは、ページングに関する limit ないしは offset のクエリパラメータを付与して GET リクエストを送ると、指定された開始位置からはじまる、ページ単位で区切られた書籍の一覧を取得することができる。パラメータ化テストを用いて、指定した件数でページ化された、指定した開始

[*6] fixtures の指定は fixtures ディレクトリ以下のファイル名を指定する方法の他に、#[sqlx::test(fixtures("../../fixtures/other.sql", "/app/fixtures/common.sql"))] など相対・絶対パスで指定する方法もある。

位置からはじまるリストを取得できているかどうかをテストする。

このエンドポイント内では、AppRegistry のメソッドと BookRepository トレイトのメソッドの 2 つが順番に呼び出される。このテストでは AppRegistry と BookRepository のそれぞれに対しモックを差せるようにしたい。前者 AppRegistry は第 5 章時点では構造体に直接メソッドを実装している状態なので、事前準備としてこのあとにトレイト AppRegistryExt を実装する。

AppRegistryExt、つまり DI コンテナをモックするのは実装の手間の軽減のためである。このトレイトは BookRepository を取り出すこと以外にもさまざまなリポジトリを取得するためのメソッドを持たせるが、今回テストで使用したいのは BookRepository の取得に関するメソッド book_repository のみである。book_repository メソッドに対してのみモックを差すようにすることで、テストコードの実装の手間を軽減させている。

● 事前準備

事前準備では以下 2 点の実装修正を行う。

1. 構造体 AppRegistry に定義している Repository 取得メソッドをトレイト AppRegistryExt のメソッドとして実装する
2. すべてのトレイトに #[mockall::automock] アトリビュートを適用し、モック構造体を自動実装する

AppRegistryExt の定義と実装修正

まずは AppRegistry の実装から修正する。

registry/src/lib.rs：テスト用のトレイト実装

```
// 前略

// AppRegistry を AppRegistryImpl にリネームする。
#[derive(Clone)]
pub struct AppRegistryImpl {
    health_check_repository: Arc<dyn HealthCheckRepository>,
    book_repository: Arc<dyn BookRepository>,
    auth_repository: Arc<dyn AuthRepository>,
    user_repository: Arc<dyn UserRepository>,
    checkout_repository: Arc<dyn CheckoutRepository>,
}

// ここも型名をリネームする。
impl AppRegistryImpl {
    pub fn new(
        pool: ConnectionPool,
        redis_client: Arc<RedisClient>,
        app_config: AppConfig,
    ) -> Self {
        // 略
    }

    // ~_repository というメソッドは trait 側に移動するため、すべて削除する。
}
```

```rust
// AppRegistryExt トレイトを新規に定義する。
#[mockall::automock]
pub trait AppRegistryExt {
    fn health_check_repository(&self) -> Arc<dyn HealthCheckRepository>;
    fn book_repository(&self) -> Arc<dyn BookRepository>;
    fn auth_repository(&self) -> Arc<dyn AuthRepository>;
    fn checkout_repository(&self) -> Arc<dyn CheckoutRepository>;
    fn user_repository(&self) -> Arc<dyn UserRepository>;
}

// もともと AppRegistry 型に直接実装していたメソッドの内容を
// すべて AppRegistryExt トレイトのメソッド実装として定義し直す。
impl AppRegistryExt for AppRegistryImpl {
    fn health_check_repository(&self) -> Arc<dyn HealthCheckRepository> {
        self.health_check_repository.clone()
    }

    fn book_repository(&self) -> Arc<dyn BookRepository> {
        self.book_repository.clone()
    }

    fn auth_repository(&self) -> Arc<dyn AuthRepository> {
        self.auth_repository.clone()
    }

    fn user_repository(&self) -> Arc<dyn UserRepository> {
        self.user_repository.clone()
    }

    fn checkout_repository(&self) -> Arc<dyn CheckoutRepository> {
        self.checkout_repository.clone()
    }
}

// エンドポイントの実装で、これまで AppRegistry 型として受け取っていたところを
// トレイト実装された型として挿入するために型エイリアスで AppRegistry を定義し直す。
pub type AppRegistry = Arc<dyn AppRegistryExt + Send + Sync + 'static>;
```

こうすることで、エンドポイントで AppRegistry を使っていた箇所は実装を修正することなく、モックを差せる実装に変更できた[*7]。

あとは src/bin/app.rs の main メソッド内での構造体名を指定する箇所を修正しておく。変更箇所は以下の 2 行なので diff 形式で表記する。

```
@@ -4,7 +4,7 @@ use adapter::{database::connect_database_with,
redis::RedisClient};
 use anyhow::{Context, Result};
```

[*7] dyn、すなわち動的ディスパッチを用いることで速度面のパフォーマンス低下を気にする読者もいるかもしれない。本当に影響が懸念される場合はプロダクションコードには静的ディスパッチのコードとなるよう [cfg(test)] [cfg(not(test))] などで分岐させるのがよいだろう。

```
 use api::route::{auth, v1};
 use axum::Router;
-use registry::AppRegistry;
+use registry::AppRegistryImpl;
 use shared::config::AppConfig;

 #[tokio::main]
@@ -22,7 +22,7 @@ async fn bootstrap() -> Result<()> {
     let kv = Arc::new(RedisClient::new(&app_config.redis)?);

     // d) `AppRegistry` を生成する。
-    let registry = AppRegistry::new(pool, kv, app_config);
+    let registry = Arc::new(AppRegistryImpl::new(pool, kv, app_config));

     // d) `build_health_routes` 関数を呼び出す。`AppRegistry` を `Router` に登録しておく。
     let app = Router::new()
```

既存トレイトへの mockall::automock のアトリビュート追加

kernel/src/repository/ 配下にあるファイルでのトレイト定義すべてに対して、以下のようにアトリビュートを追加する（以下は BookRepository の例）。

kernel/src/repository/ 配下のトレイトに #[mockall::automock] のアトリビュートを追加する

```
#[mockall::automock] // この行を追加
#[async_trait]
pub trait BookRepository: Send + Sync {
    // 略
}
```

これでテストコードを実装する準備は完了である。

● テストコードの実装

api/tests/api/book.rs を作成し、以下のコードを書く。

api/tests/api/book.rs

```
// api/tests/api/book.rs

use std::sync::Arc;

use axum::{body::Body, http::Request};
use rstest::rstest;
use tower::ServiceExt;

use crate::{
    deserialize_json,
    helper::{fixture, make_router, v1, TestRequestExt},
};
use api::model::book::PaginatedBookResponse;
```

```rust
use kernel::{
    model::{
        book::Book,
        id::{BookId, UserId},
        list::PaginatedList,
        user::BookOwner,
    },
    repository::book::MockBookRepository,
};

#[rstest]
#[case("/books", 20, 0)]
#[case("/books?limit=50", 50, 0)]
#[case("/books?limit=50&offset=20", 50, 20)]
#[case("/books?offset=20", 20, 20)]
#[tokio::test]
async fn show_book_list_with_query_200(
    // 1. fixture として mock オブジェクトを渡している
    mut fixture: registry::MockAppRegistryExt,
    #[case] path: &str,
    #[case] expected_limit: i64,
    #[case] expected_offset: i64,
) -> anyhow::Result<()> {
    let book_id = BookId::new();

    // 2. モックの挙動を設定する
    fixture.expect_book_repository().returning(move || {
        let mut mock = MockBookRepository::new();
        mock.expect_find_all().returning(move |opt| {
            let items = vec![Book {
                id: book_id,
                title: "Rust による Web アプリケーション開発".to_string(),
                isbn: "".to_string(),
                author: "Yuki Toyoda".to_string(),
                description: "Rust による Web アプリケーション開発".to_string(),
                owner: BookOwner {
                    id: UserId::new(),
                    name: "Yuki Toyoda".to_string(),
                },
                checkout: None,
            }];
            Ok(PaginatedList {
                total: 1,
                limit: opt.limit,
                offset: opt.offset,
                items,
            })
        });
        Arc::new(mock)
    });

    // 3. ルーターを作成する
    let app: axum::Router = make_router(fixture);
```

```
        // 4. リクエストを作成・送信し、レスポンスのステータスコードを検証する
        let req = Request::get(&v1(path)).bearer().body(Body::empty())?;
        let resp = app.oneshot(req).await?;
        assert_eq!(resp.status(), axum::http::StatusCode::OK);

        // 5. レスポンスの値を検証する
        let result = deserialize_json!(resp, PaginatedBookResponse);
        assert_eq!(result.limit, expected_limit);
        assert_eq!(result.offset, expected_offset);

        // 6. テストが成功していることを示す
        Ok(())
    }
```

api/tests/api/main.rs を作成し、以下のコードを書く。

api/tests/api/main.rs

```
mod book;
mod helper;
```

api/tests/api/helper.rs には api レイヤーのテストで共通して使う関数を定義するが、紙幅の都合から内容は省略する。rusty-book-manager リポジトリに同名のファイルが含まれているので、そこから内容をコピーしてほしい。

helper.rs の追加後に cargo make test を実行すると、PaginatedBookResponse 型が serde::de::Deserialize<'_> を実装していないという内容のコンパイルエラーになるはずだ。このエラーは該当の型に derive(Deserialize) を追加することで解消できる。

api/src/model/book.rs

```
// Deserialize を追加する。
#[derive(Debug, Deserialize, Serialize)]
#[serde(rename_all = "camelCase")]
pub struct PaginatedBookResponse {
    // 略
    pub items: Vec<BookResponse>,
}
```

上のようにすると、今度は Vec<BookResponse> のところで同様のエラーになるはずだ。内包する以下の型にも derive(Deserialize) を追加することですべてのエラーを解消する。

- api/src/model/book.rs の BookResponse と BookCheckoutResponse
- api/src/model/user.rs の BookOwner と CheckoutUser

Deserialize を追加できたら再度 cargo make test を実行しよう。今度はテストが成功するはずだ。

```
$ cargo make test
  # 略
    PASS [   0.012s] api::api book::show_book_list_with_query_200::case_1
    PASS [   0.008s] api::api book::show_book_list_with_query_200::case_2
    PASS [   0.007s] api::api book::show_book_list_with_query_200::case_3
    PASS [   0.007s] api::api book::show_book_list_with_query_200::case_4
```

● **テストコードの解説**

api/tests/api/book.rs に書いたテストコードの挙動を説明する。各テストケースごとに fn show_book_list_with_query_200 が Ok(()) を返せばテスト成功、Err を返せばテスト失敗となる。

1. fn show_book_list_with_query_200 に引数が渡される

1. helper.rs で定義された pub fn fixture(mut fixture_auth: MockAppRegistryExt) -> MockAppRegistryExt の実行結果が fixture として渡される
2. rstest によって展開されたテストケースが path、expected_limit、expected_offset として渡される

2. モックオブジェクトの挙動を設定する

MockAppRegistryExt は automock によって registry/src/lib.rs で生成されている。

registry/src/lib.rs

```rust
#[automock]
pub trait AppRegistryExt {
    fn health_check_repository(&self) -> Arc<dyn HealthCheckRepository>;
    fn book_repository(&self) -> Arc<dyn BookRepository>;
    fn auth_repository(&self) -> Arc<dyn AuthRepository>;
    fn checkout_repository(&self) -> Arc<dyn CheckoutRepository>;
    fn user_repository(&self) -> Arc<dyn UserRepository>;
}
```

したがって fn book_repository(&self) -> Arc<dyn BookRepository>; に対応する fixture.expect_book_repository() メソッドが自動的に作成されている。returning メソッドで book_repository の戻り値を設定している。同様に automock によって MockBookRepository が定義されているので、find_all メソッドに対応する expect_find_all メソッドが返す値を設定する。

kernel/src/repository/book.rs

```rust
#[mockall::automock]
#[async_trait]
pub trait BookRepository: Send + Sync {
    async fn create(
        &self,
        event: CreateBook,
        user_id: UserId,
    ) -> AppResult<()>;
    async fn find_all(
        &self,
```

```
        options: BookListOptions,
    ) -> AppResult<PaginatedList<Book>>;
    async fn find_by_id(&self, book_id: BookId) -> AppResult<Option<Book>>;
    async fn update(&self, event: UpdateBook) -> AppResult<()>;
    async fn delete(&self, event: DeleteBook) -> AppResult<()>;
}
```

3. ルーターを作成する

このテストの実装と同時に `make_router` 関数を用意する。この関数は axum のルーターを作成する関数である。ルーターのステートはテスト用のものとしたいため、`MockAppRegistryExt` を登録する。

api/tests/api/helper.rs の抜粋

```
use std::sync::Arc;
use axum::Router;
use api::route::{auth, v1};
use registry::MockAppRegistryExt;

pub fn make_router(registry: MockAppRegistryExt) -> Router {
    Router::new()
        .merge(v1::routes())
        .merge(auth::routes())
        .with_state(Arc::new(registry))
}
```

4. リクエストを作成・送信し、レスポンスのステータスコードを検証する

1. テスト関数の引数として与えられた `path` に対する GET リクエストを作成する
2. リクエストを送信し、レスポンスを `resp` に束縛する
3. ステータスコードが `axum::http::StatusCode::OK` であることを検証する

5. レスポンスの値を検証する

1. レスポンスの JSON を `deserialize_json!` マクロを使って `PaginatedBookResponse` にデシリアライズする
    - `deserialize_json` は api/tests/api/helper.rs で定義している、第 1 引数のレスポンスを第 2 引数の型にデシリアライズするマクロである
2. レスポンスの `limit` と `offset` がそれぞれ `expected_limit` と `expected_offset` と等しいことを検証する

api/tests/api/helper.rs

```
#[macro_export]
macro_rules! deserialize_json {
    ($res:expr, $target:ty) => {{
        use tokio_stream::StreamExt;

        let mut bytes = Vec::new();
        let body = $res.into_body();
        let mut stream = body.into_data_stream();
```

```
            while let Ok(Some(chunk)) = stream.try_next().await {
                bytes.extend_from_slice(&chunk[..]);
            }
            let body: $target = serde_json::from_slice(&bytes)?;
            body
        }};
    }
```

6. テストが成功していることを示す

ここまででエラーが発生していなければテストは成功しているため、Ok(()) を返す。

以上の実装で、/api/v1/books のルーターについて正常系の動作検証を行った。つまり下記の 2 点を検証した。

- リクエストパスに応じて、期待している関数 book_repository() と find_all() が呼び出されていること
- クエリパラメータが関数の引数に渡されていること

api レイヤーで入力値のバリデーションを行っているため、あわせて異常系のテストをすることをおすすめする。テストケースにバリデーションで弾かれるパラメータ #[case("/books?limit=-1")] や #[case("/books?offset=bbb")] を渡し、StatusCode::BAD_REQUEST が返ってくることを確認すればよい。

異常系のテスト例

```
#[rstest]
#[case("/books?limit=-1")]
#[case("/books?offset=aaa")]
#[tokio::test]
async fn show_book_list_with_query_400(
    mut fixture: MockAppRegistryExt,
    #[case] path: &str,
) -> anyhow::Result<()> {
    // 省略
    assert_eq!(resp.status(), StatusCode::BAD_REQUEST);

    Ok(())
}
```

rusty-book-manager リポジトリの api/tests/api ディレクトリには、checkout や user など他のモジュールに対するテストも含まれているので参考にしてほしい。

6.5.2 adapter レイヤーのテスト

adapter レイヤーでは結合先のシステムを期待どおりに呼び出しているかを検証するテストを行う。今回実装するケースでは、「結合先のシステム」はデータベースのことである。

ここでは adapter/src/repository/book.rs にあるテストコードを例に、その挙動を解説する。全体のコードは rusty-book-manager リポジトリに含まれているので、そちらを参照してほしい。

以下のコードは BookRepositoryImpl の update メソッドをテストする。

adapter/src/repository/book.rs
```rust
#[cfg(test)]
mod tests {
    use super::*;
    #[sqlx::test(fixtures("common", "book"))]
    async fn test_update_book(pool: sqlx::PgPool) -> anyhow::Result<()> {
        let repo = BookRepositoryImpl::new(ConnectionPool::new(pool.clone()));
        // 2. fixtures/book.sql で作成済みの書籍を取得
        let book_id = BookId::from_str("9890736e-a4e4-461a-a77d-eac3517ef11b").unwrap();
        let book = repo.find_by_id(book_id).await?.unwrap();
        const NEW_AUTHOR: &str = "更新後の著者名";
        assert_ne!(book.author, NEW_AUTHOR);

        // 3．書籍の更新用のパラメータを作成し、更新を行う
        let update_book = UpdateBook {
            book_id: book.id,
            title: book.title,
            author: NEW_AUTHOR.into(), // ここが差分
            isbn: book.isbn,
            description: book.description,
            requested_user: UserId::from_str("5b4c96ac-316a-4bee-8e69-cac5eb84ff4c").unwrap(),
        };
        repo.update(update_book).await.unwrap();

        // 4．更新後の書籍を取得し、期待どおりに更新されていることを検証する
        let book = repo.find_by_id(book_id).await?.unwrap();
        assert_eq!(book.author, NEW_AUTHOR);

        Ok(())
    }
}
```

このテストコードの挙動を説明しよう。

1. `fn test_update_book` が呼び出される

`#[sqlx::test(fixtures("common", "book"))]` によって fixtures/common.sql と fixtures/book.sql が実行される。common.sql はテーブルの作成を行っている。book.sql はテスト用の書籍を挿入している。

adapter/src/repository/fixtures/book.sql
```sql
INSERT INTO
  books (
    book_id,
    title,
    author,
    isbn,
    description,
```

```
        user_id,
        created_at,
        updated_at
    )
VALUES
    (
        '9890736e-a4e4-461a-a77d-eac3517ef11b',
        ' 実践 Rust プログラミング入門 ',
        ' 初田直也他 ',
        '978-4798061702',
        'C/C++ の代わりとなるべき最新言語その独特な仕様をわかりやすく解説。',
        '5b4c96ac-316a-4bee-8e69-cac5eb84ff4c',
        now(),
        now()
    )
--   別レコード省略
ON CONFLICT DO NOTHING;
```

テスト関数の引数 pool: sqlx::PgPool は sqlx::test マクロによって渡されるもので、これを使ってテスト用のデータベースにアクセスすることができる。

2. テスト用のデータベースから書籍を取得する

fixtures/book.sql で作成済みの書籍を取得する。book_id は book.sql で定義している値と同じ値を指定している。意図せず「更新後の値」と同じ値で初期化されている場合に検知するために assert_ne!(book.author, NEW_AUTHOR); でこの時点では異なることを検証している。

3. 書籍の更新用のパラメータを作成し、更新を行う

UpdateBook を作成し repo.update を実行する。

4. 更新後の書籍を取得し、期待どおりに更新されていることを検証する

再度 repo.find_by_id を実行し、更新後の書籍が期待どおり（NEW_AUTHOR）に更新されていることを検証する。adapter レイヤーのテストはこのように、結合先のシステムとあわせてパブリックなメソッドが期待どおりに動作しているかを検証するテストを行う。

Redis への接続のテストについては説明を省略する。rusty-book-manager リポジトリの adapter/src/redis/mod.rs にテストコードがあるので、興味があれば参照してほしい。開発にあたっては各メソッドについて、上述のテストの類型を実装し、検証を行っていくことになる。以上で本書のアプリケーションのテスト実装について説明した。

第7章 アプリケーションの運用

> **本章の概要**
> 本章では、実装したり改善を行ったりすると運用上効率がよくなるであろう項目について解説する。具体的には「オブザーバビリティ」「CI」、そして「OpenAPI」に関する説明を行う。

7.1 オブザーバビリティ

オブザーバビリティ（observability）は近年耳にするようになった概念である。Rustも、アプリケーションのオブザーバビリティを高めるためのクレートがいくつかサードパーティで用意されている。この節では、オブザーバビリティの概要と、Rustでそれを実装するために必要となる知識について解説する。

7.1.1 オブザーバビリティとは何か

オブザーバビリティ（可観測性）を一言で説明するのは難しいが、OpenTelemetry（後述）の公式ドキュメント[*1]によれば、オブザーバビリティは次のことを実現できるようにする概念のようなものである。

- オブザーバビリティによって、システム内部の仕組みを知らずともシステムに関して質問できる。これにより、システムを内部の詳細な理解なしに、外部から理解できるようになる。
- これまで発見されてこなかった新しい問題のトラブルシューティングと対処が容易になる。
- 「なぜこの問題が起こっているのか？」という質問に答えられるようになる。

オブザーバビリティはさらに、上記を実現できるように、アプリケーションに対して適切に「計装」がなされていることを要求する。計装というのは、たとえば後述するトレースやスパン、イベントなどの実装を通じてアプリケーションを観測可能にすることを意味する。トラブルシュート時に必要な情報を過不足なく計装しておくことが、オブザーバビリティを高めるために重要な要件となる。トレーシングとは、送信されたログ情報などをもとに、アプリケーション内部でいま何が起きているのか、それがなぜ起こったのかなどを追跡調査することを指す。

[*1] https://opentelemetry.io/docs/concepts/observability-primer/

7.1.2 なぜオブザーバビリティを高める必要があるのか

　オブザーバビリティを高めると、アプリケーションを再度デプロイすることなく、そのアプリケーションでいま何が起こっているかを把握できるようになる。また、オブザーバビリティを高めるうえで必要となる指標は見ようと思えば誰でも閲覧可能であり、誰でもアプリケーションの現状を把握することができる。近年多くのアプリケーションはマイクロサービス化ないしは分散化が進んだ高度な分散システムであることが多いが、オブザーバビリティを高めることでこうしたアプリケーションであっても状態を把握可能である。結果として、障害が発生した際の初動において、適切な情報に基づいてすばやく問題を特定し、デバッグや修正を行うことができるようになる。

　オブザーバビリティの高められたアプリケーションは、再度デプロイすることなくそのままの状態で十分な調査やデバッグを行うことができる。従来の監視やそれにまつわるログの収集では、どうしても足りない情報が生じ、障害の属性や原因の推定に応じて都度ログを仕込むなどのコード改変を行い、アプリケーションをデプロイして確認する必要があった。これは原因究明から修正までの所要時間を大幅に増加させる原因となる。一方でオブザーバビリティの高められたアプリケーションであれば、さまざまな角度からアプリケーションの現状をログを通じて伝えることができるので、迅速に原因究明を行うことができる。デバッグと修正にかかる所要時間を減少させることができるのだ。

　また、オブザーバビリティが高まったアプリケーションでは、出力する指標が誰でも閲覧可能であり、十分な情報を伝えているため、誰でもアプリケーションの現状を正しく把握することができるようになる。従来障害対応やデバッグは、そのチームの熟達したエンジニアほど得意な傾向にあり、どちらかといえば職人芸に近いものであった。たとえばログを仕込む先や見るメトリクスなどは、現場で経験を積んだエンジニアほどすばやくよいあたりをつける傾向にあった。オブザーバビリティを高める際に使用するメトリクスはさまざまな角度からそのアプリケーションの現状を伝える。職人芸を使ったデバッグの必要性は少なくなり、開発に参加したばかりのエンジニアであっても、メトリクスを眺めれば障害対応やデバッグ作業に参加できるようになるだろう。結果として属人化が進みにくくなる。

　オブザーバビリティの向上が最も重要視されるのがマイクロサービスアーキテクチャを中心として構築されたアプリケーションである。こうしたアプリケーションでは、従来の逐次的に出力されるログで伝えられる情報だけでは不十分であることが多い。たとえば、あるサービスでログが1つ出力されていたとして、そのログがどの処理のあと、ないしはどのマイクロサービスを通過したあと出力されたものかを把握するのは一苦労である。オブザーバビリティが十分に高まったアプリケーションであれば、そうした情報でさえも追跡調査可能である。現代のような分散化されたアプリケーションのデバッグに非常によくフィットする。

　筆者の現場でも、オブザーバビリティの向上には日夜取り組んでいる。オブザーバビリティの向上は、結果として障害対応時の初動を速くする。これはひいてはサービスの信頼性の向上につながるし、ビジネス全体としても信頼性の高いサービスを提供でき、それにより他のサービスにユーザーを奪われるのを防ぎ、収益を継続的に上げ続けられるようになるはずである。ビジネス戦略にも関わる非常に重要な概念であるといえるだろう。

7.1.3 オブザーバビリティ向上とトレーシングのための要素

　オブザーバビリティは大まかには、イベント、スパン、トレース、そして構造化ログによって構成されている。

　イベント（events）はある時点で何があったかを記録したものである。たとえば、「データベースに insert クエリを発行した」「その結果、3件のレコードを保存できた」「API に外部の IP アドレスからアクセスがあった」「レスポンスとしてステータスコード 200 を返した」といった記録が、1行ずつログに出力されるイメー

ジである。オブザーバビリティで用いられるログは、従来のログとは異なり、フィールドをメッセージの中に持っている。のちほど紹介するトレーシングツールなどでは、このフィールドを使った検索が可能である。

スパン（spans）は、アプリケーションのプログラムの中における、特定の期間内のアクションや処理を表したものである。スパンはいわゆる文脈のようなもので、イベントがどのスパンに紐づくかという文脈情報を与えるものである、とも捉えられる。スパン同士は親子関係を持つ。たとえば、17:00、17:10、17:20の10分単位でイベントが3件発行されていたとする。このイベント群は実は「夕食の準備」というスパンに紐づいているものとしよう。こうすることで、なんの文脈情報も持たなかったイベントたちが、どの文脈や背景で発行されたものかがわかるようになった。これがスパンの役割である。

トレース（traces）は、一つのリクエストに対して行われた処理の中でどのようなスパンやイベントが発行されたかを追跡する方法のことをいう。トレースの中にはここまでに説明した、スパンとスパンに含まれるイベントが紐づいている。通常はトレースIDというものが発行され、ここにスパンが紐づけられて、詳細な調査を行うことができるようになっている。

ここまで一通りオブザーバビリティとそれを構成する要素について説明した。しかし、オブザーバビリティそれ自体は本書の主題ではないため、簡単な説明に留めている。より深くこの分野について探求したい読者は、『オブザーバビリティ・エンジニアリング』[*2]をはじめとする関連分野の書籍やインターネット上の記事を参照されたい。

これらは構造化ログと呼ばれるものに記録される。従来のログは非構造化ログと呼ばれており、たとえば次のようなテキスト形式のものが発行されていた。こちらのほうが馴染みのある読者も多いだろう。

```
2024-05-31T11:40:15.286125Z  INFO src/bin/app.rs:41: Starting server...
Completed Loading
2024-05-31T11:40:29.287499Z  INFO request{method=GET uri=/api/v1/hc version=
HTTP/1.1}: /Users/helloyuki/.cargo/registry/src/index.crates.io-
6f17d22bba15001f/tower-http-0.5.2/src/trace/on_request.rs:80: started
processing request
running build-script: proc-macro-error Building
2024-05-31T11:40:29.287849Z  INFO request{method=GET uri=/api/v1/hc version=
HTTP/1.1}: /Users/helloyuki/.cargo/registry/src/index.crates.io-
6f17d22bba15001f/tower-http-0.5.2/src/trace/on_response.rs:114: finished
processing request latency=1 ms status=404
```

非構造化ログは人間でも比較的読みやすい一方、機械は読みにくく検索をかけづらいという欠点があった。非構造化ログは単なる自然言語による文章であることが多く、これに対して特定のキーワードを使って検索をかけるのが難しいか、とても非効率であった。

構造化ログは、まずそもそもJSON（JSON Linesとも。以下、JSONと表記する）やLTSV[*3]、logfmt[*4]などの機械が読み取りやすい形式になっている。また、各ログが共通のフィールドを持つよう設計可能なため、あとから検索をかけてログを追いかけやすくなった。

[*2] Charity Majors／Liz Fong-Jones／George Miranda・著、大谷和紀／山口能迪・訳『オブザーバビリティ・エンジニアリング』（オライリー・ジャパン、2023）
[*3] Labeled Tab-Separated Values。値に名前のついたTSV形式、というのがイメージに近い。
[*4] スペース区切りでkey=valueを並べたシンプルなフォーマット。https://brandur.org/logfmt

7.1.4 Rustでオブザーバビリティを高める

Rustでオブザーバビリティを向上させるにはtracingというクレートを使用することが多い。すでにロギングの代わりとしてtracingクレートは導入済みであるが、オブザーバビリティを高めるためにさらに設定やログの出し方に改良を加える。

● tracingクレート

tracingクレート[*5]は構造化ログを出力するために使用できるクレートである。このクレートは先ほど説明したスパンとイベントを発行することができる。発行されたスパンとイベントを読み解くことで、たとえばあるリクエストを受け取ったあと、アプリケーションがどのような処理を行い、どのようなデータを返したかなどを追跡することができる。

ログの構造は自身で自由に指定することができる。たとえばJSONに構造化して出力できる。あるいは自身でカスタムしたフォーマットに細かく調整することも可能である。

本書で実装したような非同期処理を行うアプリケーションでは、従来のログはデバッグには向かないことが多い。というのもログ単体を見たとしても、どのリクエストに対する処理に含まれるログが出力されているのかが、非同期処理だと処理順序が逐次的でない関係で把握できない。tracingは非同期処理にも対応しており、出力されるログ情報にそうした追跡のために必要な情報を含められるよう設計されている。

tracingクレートは非同期ランタイムを提供するtokioチームによってメンテナンスされているが、使用するラインタイムはtokioである必要はない。つまり、async-stdやsmolといったtokio以外のランタイム上でも動作する。

● OpenTelemetry

OpenTelemetryそれ自体は、特定のサービスからやってくるテレメトリデータを作成・管理するために設計されたツールないしはコンポーネント群のことを指す。この中にはたとえば、APIやSDK、ログの送信機などが含まれる。

近年こうしたテレメトリデータの解析を行えるサービスが増えてきたが、サービスごとにSDKを持つなど混沌とした状況になりつつある。OpenTelemetryはこうしたサービス間で共通して利用できるコンポーネントを提供する。これらのサービスがOpenTelemetryを受付可能であれば、OpenTelemetryを自身のアプリケーションに導入しておくだけで、さまざまなメトリクスサービスを少ない手間で利用できる。

本書ではこれから、これまで実装してきた蔵書管理アプリケーションのログを、「Jaeger」というソフトウェアで閲覧できるようOpenTelemetryを使った実装例を示す。

7.1.5 蔵書管理アプリケーションに適用する

蔵書管理アプリケーションにtracingとOpenTelemetryを実装する。OpenTelemetryに対応させると、ローカル環境でJaegerのUI上でトレーシング結果が見られるようになる。

● 構造化ログの出力設定

tracingを使ってJSON形式の構造化ログを出力できるようにする。まず、すでに設定済みのtracing-subscriberクレートのfeaturesに、jsonを追加する。これはJSON形式で構造化ログを出力する際に必要になる。

[*5] https://docs.rs/tracing/latest/tracing/

Cargo.toml：tracing-subscriber へのフィーチャーの追加

```
tracing-subscriber = { version = "0.3.18", features = ["env-filter", "json"] }
```

次に、main 関数にすでに実装済みの tracing_subscriber の設定ビルダーを下記のように修正する。subscriber 変数に束縛しているロギングの設定情報に、.json() 関数の呼び出しを追加する。

src/bin/app.rs：.json() 関数の呼び出しの追加

```
fn init_logger() -> Result<()> {
    let log_level = match which() {
        Environment::Development => "debug",
        Environment::Production => "info",
    };

    let env_filter = EnvFilter::try_from_default_env().unwrap_or_else(|_| log_level.into());
    let subscriber = tracing_subscriber::fmt::layer()
        .with_file(true)
        .with_line_number(true)
        .with_target(false)
        // json メソッドを呼び出すと、ログを JSON 形式にできる。
        .json();

    tracing_subscriber::registry()
        .with(subscriber)
        .with(env_filter)
        .try_init()?;

    Ok(())
}
```

実装後サーバーを改めて起動し直してみると、出力されるログが JSON 形式になっていることがわかる。

```
{"timestamp":"2024-04-05T07:08:03.623491Z","level":"INFO","fields":{"message":"Starting server..."},"filename":"src/bin/app.rs","line_number":36}
```

ただ、ローカルではこれまでの非構造化ログ形式を採用しておいたほうが利用しやすいかもしれない。逆にクラウドサービス上にアプリケーションをデプロイして以降は、何かしらのログビューワーを経由してログを閲覧できるため、構造化ログのほうが扱いやすいかもしれない。

このような差異を吸収する一つのアイディアとして、環境ごとに用意するビルダーを分けてしまうという手が考えられる。たとえば次のように実装すると、ローカルでは非構造化ログを、本番環境では構造化ログを出力するように出し分けできるようになる。

src/bin/app.rs：ビルド環境ごとにログの出し方を変える

```
fn init_logger() -> Result<()> {
    let log_level = match which() {
        Environment::Development => "debug",
```

```
            Environment::Production => "info",
        };

        let env_filter = EnvFilter::try_from_default_env().unwrap_or_else(|_| log_
level.into());
        // デバッグビルド、リリースビルドともに共通の設定を行う。
        let subscriber = tracing_subscriber::fmt::layer()
            .with_file(true)
            .with_line_number(true)
            .with_target(false);
        // リリースビルド（本番環境）では、JSON の構造化ログを出力する。
        #[cfg(not(debug_assertions))]
        let subscriber = subscriber.json();

        tracing_subscriber::registry()
            .with(subscriber)
            .with(env_filter)
            .try_init()?;

        Ok(())
}
```

以上が tracing で JSON 形式の構造化ログを出力するための手順である。次に、tracing の instrument という機能について簡単に説明する。

● instrument の実装

tracing では、tracing::instrument というマクロを関数に付与することで、その関数のスパンを生成する。先ほども説明したとおり、スパンはイベントの束である。つまり tracing::instrument を関数に付与することで、その関数内で起きたイベントを一つの塊として管理できるようになる。

注意点だが、tracing::instrument マクロを関数に付与しただけではログとしては何も出力されない。tracing::instrument はスパンを生成するわけだが、スパンそれ自体はいわゆる概念上の存在である。何かログを出力させるためには、イベントを出力させなければならない。つまり、tracing::info! などのマクロを使ったログ出力が必要になる、ということである。

一例としてハンドラの関数に tracing::instrument を付与する例を示す。使い方は簡単であるものの、注意点もいくつかあり、あわせて解説を加えておく。

api/src/handler/book.rs：tracing::Instrument の実装

```
// 1
#[tracing::instrument(
    // 2
    skip(_user, registry),
    // 3
    fields(
        user_id = %_user.user.id.to_string()
    )
)]
```

```rust
pub async fn show_book(
    _user: AuthorizedUser,
    Path(book_id): Path<BookId>,
    State(registry): State<AppRegistry>,
) -> AppResult<Json<BookResponse>> {
    registry
        .book_repository()
        .find_by_id(book_id)
        .await
        .and_then(|bc| match bc {
            Some(bc) => Ok(Json(bc.into())),
            None => Err(AppError::EntityNotFound(
                "The specific book was not found".to_string(),
            )),
        })
}
```

1. `#[tracing::instrument(...)]` というマクロを付与すると、その関数のスパンを生成するためのコードを裏で自動生成する。
2. `#[tracing::instrument(...)]` マクロは、何も設定をしないと関数の引数などもすべて含めてスパンに入れてしまう。今回はすべての情報は不要で、絞った情報を表示したい。そのため、`skip` という設定でどの関数の引数をスキップするかを指定している。この例では、`book_id` はスパンの情報に含めておき、`_user` や `registry` は含めないように設定した。`_user` はのちに示すようにユーザー ID のみ情報として取り出す。`registry` はそもそも出力してしまうと情報量が多くなりすぎるうえに、どういったモジュールがアプリケーションに登録されているかどうかは、デバッグ時にそれほど有用な情報ではないため、スキップしておく。
3. `fields` という設定を使用すると、スパンに含める情報を加工することができる。今回は `_user` という関数の引数から、`user_id` のみを取り出しスパンのフィールドに含めるよう設定している。

このスパンが意図どおり動作しているかを確かめるには、たとえば次のように info レベルのイベントを出力するよう実装を追加し、show_book 関数を呼び出せるエンドポイントにリクエストを投げてみるとよい（フロントエンドの画面を開けるのであれば、書籍詳細ページを開くとよい）。

api/src/handler/book.rs : tracing::info! でのログの確認

```rust
#[tracing::instrument(
    skip(_user, registry),
    fields(
        user_id = %_user.user.id.to_string()
    )
)]
pub async fn show_book(
    _user: AuthorizedUser,
    Path(book_id): Path<BookId>,
    State(registry): State<AppRegistry>,
) -> AppResult<Json<BookResponse>> {
    tracing::info!("ここにログを追加した");
    registry
```

```
            .book_repository()
            .find_by_id(book_id)
            .await
            .and_then(|bc| match bc {
                Some(bc) => Ok(Json(bc.into())),
                None => Err(AppError::EntityNotFound(
                    "The specific book was not found".to_string(),
                )),
            })
    }
```

下記のようなログが出力されていれば成功である。"uri":"/api/v1/books/9890736ea4e4461aa77deac3517ef11b" に紐づけられたログが出力されており、"message":"ここにログを追加した" というフィールドが見つかれば成功である。ちなみにだが、book_id や user_id などは読者の環境次第でこの例のとおりの値にはなっていないだろうが、それは想定どおりである。

```
{"timestamp":"2024-05-31T11:52:12.217148Z","level":"INFO","fields
":{"message":"ここにログを追加した"},"filename":"api/src/handler/book.
rs","line_number":114,"span":{"book_id":"BookId(9890736e-a4e4-461a-a77d-
eac3517ef11b)","user_id":"171afe56c3da44488e4d6f44007d2ca5","name":"show_book"}
,"spans":[{"method":"GET","uri":"/api/v1/books/9890736ea4e4461aa77deac3517ef11b
","version":"HTTP/1.1","name":"request"},{"book_id":"BookId(9890736e-a4e4-461a-
a77d-eac3517ef11b)","user_id":"171afe56c3da44488e4d6f44007d2ca5","name":"show_
book"}]}
```

instrument の簡単な説明は以上である。実際の蔵書管理アプリケーションでは、各エンドポイントに tracing::instrument を付与している。こうすることで、たとえばエラー情報を持つイベントログが発行された際に、どのユーザーがどの操作を行った際にエラーを返したかを、ある程度詳しく知ることができるようになる。

次は OpenTelemetry 化を説明する。

● OpenTelemetry 化

OpenTelemetry 化は少し手順が複雑であるため、まず手順を整理する。

1. 関連するクレートを追加する。
2. init_logger 関数に OpenTelemetry との接続実装を追加する。
3. アプリケーション終了時に残ったログを送信し切る実装を追加する。
4. Jaeger を起動するコンテナを用意する。
5. 起動して動作確認する。

1. 関連するクレートを追加する

まずは次のように Cargo.toml に設定を追加する。

Cargo.toml：依存の追加

```
opentelemetry = "0.21.0"
tracing-opentelemetry = "0.22.0"
opentelemetry-jaeger = { version = "0.20.0", features = ["rt-tokio"] }
opentelemetry_sdk = { version = "0.21.2", features = ["rt-tokio"] }
```

1. opentelemetry クレートは、OpenTelemetry の API コンポーネントを実装したクレートである。
2. tracing-opentelemetry クレートは、tracing クレートと opentelemetry クレートの相互運用を可能にするクレートである。
3. opentelemetry-jaeger は、Jaeger と接続するために利用するクレートである。
4. opentelemetry_sdk クレートは、OpenTelemetry の SDK コンポーネントを実装したクレートである。

2. `init_logger` 関数に OpenTelemetry との接続実装を追加する

次のような実装を `init_logger` 関数に追加する。大まかな流れとしては、まず Jaeger と OpenTelemetry を接続した `tracer` を用意する。次に用意した `tracer` を tracing-opentelemetry クレートを経由して Layer 化する。最後に tracing のサブスクライバ（subscriber）に登録する。

src/bin/app.rs：OpenTelemetry との接続実装の追加

```
fn init_logger() -> Result<()> {
    let log_level = match which() {
        Environment::Development => "debug",
        Environment::Production => "info",
    };

    // 環境変数の読み込み
    let host = std::env::var("JAEGER_HOST")?;
    let port = std::env::var("JAEGER_PORT")?;
    let endpoint = format!("{host}:{port}");

    global::set_text_map_propagator(opentelemetry_jaeger::Propagator::new());
    // 1
    let tracer = opentelemetry_jaeger::new_agent_pipeline()
        .with_endpoint(endpoint)
        .with_service_name("book-manager")
        .with_auto_split_batch(true)
        // おおむねこの程度の bytes を送ればよいという値。アプリケーションのメッセージごとに変える。
        // 足りないと、「Exporter jaeger encountered the following error(s): thrift agent failed with message too long」のようなメッセージが出る。
        // Issue を参考に修正した：https://github.com/open-telemetry/opentelemetry-rust/issues/851
        .with_max_packet_size(8192)
        .install_simple()?;
    // 2
    let opentelemetry = tracing_opentelemetry::layer().with_tracer(tracer);

    let env_filter = EnvFilter::try_from_default_env().unwrap_or_else(|_| log_level.into());
    let subscriber = tracing_subscriber::fmt::layer()
```

```
            .with_file(true)
            .with_line_number(true)
            .with_target(false)
            .json();

    tracing_subscriber::registry()
        .with(subscriber)
        .with(env_filter)
        // 3
        .with(opentelemetry)
        .try_init()?;

    Ok(())
}
```

1. `Tracer` の生成部分である。`Tracer` の責務はスパンの生成である。そして、`Tracer` の設定は `new_agent_pipeline` メソッド以降のメソッドチェーンによって行われる。
2. `tracing` クレートと `opentelemetry` クレートとをブリッジさせる設定を行う。
3. `opentelemetry` 変数に束縛された結果は、他の `subscriber` や `env_filter` と同様にレイヤーという単位になる。`opentelemetry` レイヤーをレジストリに登録している。

3. アプリケーション終了時に残ったログを送信し切る実装を追加する

実運用上は、何らかの理由で突然アプリケーションが終了されるケースがある。具体的には、何らかの理由で SIGTERM が送信されるケースである。アプリケーションが終了させられた場合、できればその理由なども記録してトレースログとして送信しておきたい。要するに終了時に何らかの方法で、終了処理がはじまった時点で残っているログも送信し尽くしたいわけである。

このようなケースに対応する方法として、いわゆる**グレースフルシャットダウン**（graceful shutdown）と呼ばれる手法がある。要するに、アプリケーションが完全に終了してしまう前に、何らかの処理をフックさせて終了までに処理を行わせる終了方法のことをいう。

今回の要件としては、アプリケーションが完全に終了するまでに手元に残存しているログをすべて送信し尽くしたい。これを `shutdown_signal` という関数を実装して実現する。

`shutdown_signal` 関数はシンプルで、「Ctrl+C」ないしは SIGTERM をまずは検知させる。これを検知すると、OpenTelemetry が持つ `opentelemetry::global::shutdown_tracer_provider` という関数を呼び出す。この関数が実行されると、OpenTelemetry の `TracerProvider` がシャットダウンされる。この関数を実行後にアプリケーションが終了することになる。

src/bin/app.rs：シグナル受信時の動作の実装

```
async fn shutdown_signal() {
    fn purge_spans() {
        global::shutdown_tracer_provider();
    }

    let ctrl_c = async {
        tokio::signal::ctrl_c()
            .await
```

```rust
            .expect("Failed to install CTRL+C signal handler");
    };

    #[cfg(unix)]
    let terminate = async {
        tokio::signal::unix::signal(tokio::signal::unix::SignalKind::termina
te())
            .expect("Failed to install SIGTERM signal handler")
            .recv()
            .await
            .expect("Failed to receive SIGTERM signal");
    };

    #[cfg(not(unix))]
    let terminate = std::future::pending();

    tokio::select! {
        _ = ctrl_c => {
            tracing::info!("Ctrl-C を受信しました。");
            purge_spans()
        },
        _ = terminate => {
            tracing::info!("SIGTERM を受信しました。");
            purge_spans()
        }
    }
}
```

次に、この関数を axum に組み込む。axum はサーバーの起動時に、グレースフルシャットダウンを扱う `with_graceful_shutdown()` を持っているため、ここに先ほど実装した関数を登録する。

src/bin/app.rs：グレースフルシャットダウンのフックの設定

```rust
    axum::serve(listener, app)
        // 1
        .with_graceful_shutdown(shutdown_signal())
        .await
        .context("Unexpected error happened in server")
        .inspect_err(|e| {
            tracing::error!(
                error.cause_chain = ?e,
                error.message = %e,
                "Unexpected error"
            )
        })
```

1. `with_graceful_shutdown` にグレースフルシャットダウン時に呼び出したい関数を渡しておく。

4. Jaeger を起動するコンテナを用意する

Jaeger を起動するためのコンテナを Docker Compose に用意する。compose.yaml に次のように `jaeger`

というコンテナ設定を追加し、さらに networks にも jaeger 用のものを設定する。

compose.yaml：Jaeger コンテナの追加

```
services:
  app:
    # app の設定が書かれている。
    depends_on:
      - redis
      - postgres
      - jaeger # この行を追加

  redis:
    # redis の設定が書かれている。

  postgres:
    # postgres の設定が書かれている。

  jaeger:
    image: jaegertracing/all-in-one:${JAEGER_VERSION:-latest}
    ports:
      - "16686:16686"
      - "6831:6831/udp"
      - "6832:6832/udp"
      - "14268:14268"
    environment:
      - LOG_LEVEL=debug

volumes:
  # volumes の設定が書かれている。
```

さらに Makefile.toml に、次のように Jaeger のコンテナを起動できる設定を追加する。

Makefile.toml：Jaeger コンテナ起動タスクの追加

```
[tasks.compose-up-jaeger]
extend = "set-env-docker"
command = "docker"
args = ["compose", "up", "-d", "jaeger"]
```

before-build タスクには、追加したタスクを依存させておく。

Makefile.toml：before-build タスクへの依存の追加

```
[tasks.before-build]
run_task = [
    { name = [
        "compose-up-db",
        "migrate",
        "compose-up-redis",
        "compose-up-jaeger", # ここを追加
```

```
    ] },
]
```

一度手元でJaegerのコンテナを起動し、コンテナが無事に立ち上がるかどうかを確認しておくとよいだろう。

```
$ docker compose ps
```

5. 起動して動作確認する

まず先にDocker Compose上にJaegerを起動する。起動の際は、`cargo make run`ですべてのコンテナを起動してもよい。すでに他のコンテナを起動済みであり、Jaegerのコンテナのみ追加で起動したい場合には、`cargo make compose-up-jaeger`コマンドを実行する。

Jaeger側の起動とログ収集を確認したい場合は、Google Chromeなどのブラウザで`http://localhost:16686`にアクセスする。すでに起動済みの蔵書管理アプリケーションの機能をいくつか操作すると、Jaegerの画面上にトレーシングログが収集されていくのを確認できるはずである。

7.2 ビルドスピードの改善

Rustは、実行時間に関していえばほとんど最高峰のパフォーマンスを誇るプログラミングである。一方で、その実行速度を実現するために犠牲になっているものがある。それは、ビルド時間[*6]である。ビルド時間はRustを使ったWebアプリケーションの実装において悩みの種である。Webアプリケーション開発においては、Rustの標準ライブラリのみでは間に合わない機能を多々サードパーティクレートに頼ることになる。そのため依存が増え、サードパーティクレートのビルドまで含め、時間がかかるようになってしまう。

性能評価は環境や状況によって変わってしまうため、書籍内ではベンチマークをとりながら改善するといったことはあえて行わない。限定的なケースでのパフォーマンス改善は、汎用性に欠けると考えるためである。一方で、Rustコミュニティ内で一般的によく行われているであろう手法をいくつか列挙しておく。幅広く列挙しておくため、ビルドスピードの課題に直面した際に少しずつ施策を試してみるとよいだろう。

7.2.1 調整以前

まずは、コンパイラやCI（継続的インテグレーション；continuous integration）などにさまざまな調整を入れる前に手をつけられる話題について確認する。

● 最新のRustバージョンを使うようにする

ビルドスピードを高めるための手っ取り早い手段として、Rustのバージョンを常に最新に保つことが挙げられる。Rustのコンパイラそれ自体は日進月歩でスピードアップが行われている。2023年から2024年の1

[*6] コンパイルにかかる「コンパイル時間」や、CIによる「テスト実行時間」もここに含む。開発中、プルリクエストを出してからのCI、デプロイまでのすべての時間と考えてもらってよい。ここではもう少し広範な「最終的なアプリケーション実行までの」時間を議論したいため、ビルドにかかる時間のことを「ビルド時間」、ビルドする速さのことを「ビルドスピード」と表記する。

年間でも 15% 程度速度向上が行われるなど[*7]、一定程度の成果も現れている。そういうわけで、Rust のバージョンを常に最新に保っておくことは、ビルドスピードの改善の恩恵を享受できる可能性を高めることにつながる。

　Rust のバージョンを引き上げる際は、開発しているソフトウェアに対するリグレッションテストなどは欠かせないが、自動テストなどでリグレッションが起きていないことを担保できていれば、比較的スムーズに引き上げられるはずである。

● cargo check を日常的に利用する

　本書でもすでに紹介済みではあるが、`cargo build`（本書のコード上は `cargo make build`）ではなく、`cargo check`（本書のコード上は `cargo make check`）を使用しながら、コードのコンパイルが通過するかどうかを確かめるのをおすすめする。一般に build より check は 2 倍〜 3 倍速いとされている。ちなみにだが、VS Code などで動作する rust-analyzer はファイルを保存するたびに一度コンパイルを走らせるが、その際は `cargo check` が裏で動作している。

● 性能の高いマシンを使う

　身も蓋もない話だが、残念ながらビルド速度の改善に一番効くのは、使用するマシンのスペックの向上である。筆者の経験からも、これが一番よく効く。もちろん自身で買い替えてもよいし、たとえば AWS 上に高スペックな EC2 インスタンスを用意し、そこで開発するという手もある。

● どのコンパイルフェーズが重いのか調査する

　「推測するな、計測せよ」という格言がある。

　手当たり次第に調整に入る前に、まずは何がボトルネックになっているのかを把握するのは重要な行為である。幸いにも、Cargo にはコンパイル時にどこに時間がかかっているのかを計測できるコマンドがある。build コマンドに `--timings` というフラグをつけると、どのクレートのコンパイルにどれだけの時間やリソースがかかったかの計測結果を確認できる。

　下記のコマンドを実行すると、HTML ファイルが生成される。「Timing report saved to」というメッセージのあとに生成されるものがそれだ。プロジェクト内の `target/cargo-timings` というディレクトリに成果物が生成されるため、それをブラウザで開いて確認できる。たとえば、本書で実装したアプリケーションに対して使用する場合は、次のようにして実行できる。

```
$ cargo make build --timings
...ビルドのログが流れる
    Timing report saved to <ファイルへのパス>
```

　紙幅の都合上すべてを紹介するのは難しいが、たとえば次のように、どのような順番で依存クレートがコンパイルされ、どのくらい時間がかかったのかを可視化したグラフ（図 7.1）や、CPU 使用率をはじめとするリソースの利用状況を確認できるグラフ（図 7.2）を見ることができる。

[*7] 定期的にコンパイラのパフォーマンス改善を計測して X にポストしている人がおり、その人による参考情報。たとえば https://twitter.com/Beranek1582/status/1760546947352453317 など。

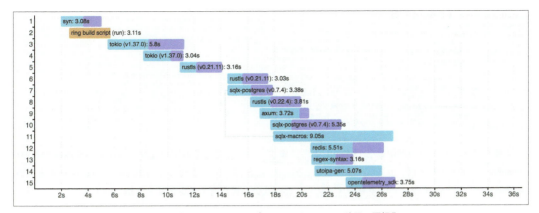

図 7.1 各クレートのコンパイルにかかっている時間の可視化

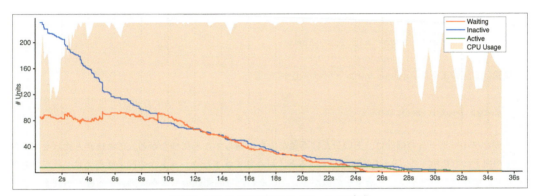

図 7.2 コンパイルに使用したリソースの可視化

　筆者の環境で実行したグラフが示す限りでは、たとえば sqlx や opentelemetry、utoipa に関連するクレートのコンパイルが重そうだという洞察を得られた。こうした洞察をもとに、たとえば不要な依存を削除したり、デバッグ環境でのみ使用するクレートを決めたり、場合によってはより機能を少なく絞ったクレートに乗り換えたりなどを検討する。ここからはいくつか手法を紹介する。

● 不要な依存、不要なフィーチャーを消す

　不要な依存や、依存クレートの使用していないフィーチャーフラグは整理するのをおすすめする。大きな速度向上に貢献するのはまれかもしれないが、単純に使用していないものは削除しておくべきであるためである。

　不要な依存の削除には、たとえば CI で使用できる「cargo-machete」というツールを利用して検出する方法がある。インストールは、自身の開発マシン上の開発環境では下記のコマンドで行える。

```
$ cargo install cargo-machete
```

　また、GitHub Actions であれば、「taiki-e/install-action」で一度インストールさせ、その後のステップで `cargo machete` を使って呼び出すことができる。たとえば次のように呼び出せるだろう。

GitHub Actions での呼び出し例

```yaml
- name: Install tools
  uses: taiki-e/install-action@v2
  with:
    tool: cargo-machete
# 間にさまざまな処理が挟まるかもしれない。
- name: Check unused dependencies
  run: cargo machete
```

不要なフィーチャーの削除は 2 パターンある。まず一つは、そもそも不要なフィーチャーを削除する方法である。これはたとえば、cargo-features-manager などのツールを使って検出させ、削除させると早い。もう一つは、default フィーチャーをオフにし、必要な分だけ自身でオンにする方法である。

cargo-features-manager を使うと、自身の開発しているクレートで使用していない依存クレートのフィーチャーを検出し、自動で削除することができる。このコマンドは、たとえば次のようにしてインストールすることができる。

```
$ cargo install cargo-features-manager
```

削除は下記のように、prune コマンドを呼び出す[*8]。

```
$ cargo features prune
```

不要なフィーチャーの削除は、その分だけ不要な依存を減らすことにつながる。これはたとえばセキュリティの向上にも貢献する。Rust で開発していると、日々さまざまなクレートから脆弱性が発見されているとわかる。依存クレートやフィーチャーの数が多いと、それだけ脆弱性のリスクに晒される確率が高まることになる。不要なクレートへの依存やフィーチャーの削除は、こうした確率を低減するともいえるだろう。

次に、デフォルトのフィーチャーをいったんオフにし、必要な分だけオンにする方法も同様に、不要なフィーチャーの使用を減らすことにつながる。たとえば Cargo.toml の anyhow に対して適用すると、次のようになる。

デフォルトのフィーチャーを削除する例

```toml
# 修正前の書き方は下記
# anyhow = "1.0.71"
anyhow = { version = "1.0.71", default-features = false }
```

修正前の書き方は default-features = true を指定したのと同じである。ちなみにだが、anyhow についてはデフォルトでオンになるフィーチャーは std 一つである。

たとえばよく効くのは tokio だろう。本書は便宜のために full というフィーチャーを指定して作業をはじめたが、実はこの full には大量に使っていない機能が含まれている。読者の手元で上記の手法を試してみるとよいかもしれない。

[*8] ただ、書籍で示したような <crate 名>.workspace = true の書き方には対応していないらしく、たとえば <crate 名>.version の行が追加されてしまう。本書を通じて開発したアプリケーションに対してこれを適用するのは注意が必要である。

● ミニマルなクレートに代える

いくつかのクレートには、機能を削ぎ落として小さくしたクレートが別で（場合によっては作者以外によって）提供されていることがある。たとえば、serde には miniserde[*9] というクレートが存在する。このクレートは、JSON 以外への対応をカットするなどして機能を極限まで削り、コード量とバイナリサイズを小さくしたものである。

こうしたクレートへの置き換えも、場合によってはビルドスピードの向上に貢献する可能性がある。

7.2.2 コンパイラの調整

一通り無駄を取り去ったあとは、コンパイラに備わっているオプションやパラメータの調整、ないしはコンパイラの一部機能の再検討を通じてさらにビルドスピードの向上を期待できる。

● ビルドオプションを調整する

一つはビルドオプションの調整である。Rust のビルド時にはいくつかオプションがあり、それらを設定し直すことでビルドスピードを改善できることがある。

cargo-wizard というツールを用いると、ある程度基本的な調整はかけられる。cargo-wizard はコマンドライン上で動くツールで、コンパイル速度重視の設定、ランタイムパフォーマンス重視の設定、バイナリサイズ縮減重視の設定の 3 つの設定項目を自動で付与するツールである。ただし非常に基礎的な設定しかできないため、さらにチューニングをかけたい場合は個別に自身の手で追加でオプションを調整する必要がある。

たとえば次のコマンドを実行するとインストールできる。

```
$ cargo install cargo-wizard
```

実行は下記のとおりであり、いわゆるコマンドプロンプトが立ち上がって、必要な設定を選択することでコンパイルオプションの最適化の結果を享受できる。

```
$ cargo wizard

# 次のようなプロンプトが立ち上がり、順番に選択することで最適化オプションを設定できる。
cargo wizard
? Select the profile that you want to update/create:
> dev (builtin)
  release (builtin)
  <Create a new profile>
[↑↓ to move, enter to select, type to filter]
```

● より速いリンカを利用する

より速いリンカの利用は、コンパイル時のリンクフェーズの時間短縮を目的とするのであれば、一定程度効果を発揮することがある。リンクは、コンパイルの最終フェーズにあたるもので、コンパイルの結果生み出された中間生成物ないしは成果物同士を結びつけ、実行形式のファイルを生成することである。このフェーズは、Rust のコンパイル時間の中では LLVM 関連のコード生成の次くらいに大きな時間を占める作業である。したがって、このフェーズの時間短縮は、コンパイル時間の効果的な短縮につながる可能性が高いといえる。

[*9] https://github.com/dtolnay/miniserde

ローカルマシンでの開発においてはフルビルドが走ることはまれである。基本的にはRustコンパイラは、一度コンパイルをすると成果物をキャッシュしておき、二度目以降は格納されたキャッシュと比較して、差がある箇所だけ再度コンパイルをかける**インクリメンタルコンパイル**（incremental compile）を頻繁に実行することが多い。インクリメンタルコンパイルにより、たとえば依存クレートに対してフルビルドがかかる回数は少なくなる。ただ、リンクは成果物の生成に最終的には必要になるため、ローカル開発においてはリンクの占める時間というのは比較的大きい可能性が高い。このため、リンカの変更は、ローカルマシンでの開発におけるコンパイル時間の短縮に大きく貢献する可能性がある。

一方で、CI上のコンパイルはそもそもフルビルドであることが多い。というか、そもそも高速化のためにインクリメンタルコンパイルを意図的にオフにすることすらある。このため、リンカを変更したとしても、それ以外のコンパイルのフェーズにかかる時間のほうが圧倒的に大きいため、大きくはコンパイル時間の削減に貢献しない可能性が高い。

このように、自身がいまどのタイミングでの「コンパイル」を高速化したいかという問題領域をよく検討する必要がある点だけは先に強調しておく。

Linuxでは、Rustのデフォルトで使用されるリンカはGNU ldというリンカだが、moldというデフォルトのリンカよりもさらに速いリンカを利用できる。moldは日本出身のソフトウェアエンジニアである植山類氏によって開発されているリンカである。

macOSでは現状moldは使用できないため、soldというmoldのmacOS向けのリンカを使用することで、実質的にmoldを利用できる。ただこのsoldのコードは、将来的にmold側にマージされることが予定されている[*10]。本書執筆時点ではsoldの利用を推奨するが、将来時点ではmoldで完結するようになっている可能性がある。

macOSでは、2023年9月のXcodeのリリースに含まれるld64というリンカが利用できる。実はmoldのほうがわずかに速いものの、現時点ではこのリンカはmoldとほとんど同等のスピードが出るとされている[*11]。macOSユーザーの場合は、いまのところはApple社の提供するリンカをそのまま使っておいてとくに問題はないだろうと考えられる。もちろん将来的にmoldのほうが速くなっている可能性はあるため、定期的にmoldの成果を確認するなどキャッチアップは必要になる。

moldをUbuntu（筆者の環境はバージョン23.04）で動かしてみる。まず、moldを手元の環境にインストールする。

```
$ sudo apt update
$ sudo apt install mold
```

moldを利用したビルドは下記の3パターンで実行できる。`mold -run`コマンドを利用するか、蔵書管理アプリケーション内のディレクトリに.cargo/config.tomlを作成し、必要な設定を書くか、環境変数を経由して必要な設定を行うか、のどれかである。

まず、`mold -run`を使う場合は、下記のようにコマンドを実行する。

```
$ mold -run cargo make build
```

.cargo/config.tomlに必要な設定を書く方法は下記である。このファイルには、そのディレクトリで

[*10] https://github.com/rui314/mold/issues/1171#issuecomment-2019350145
[*11] https://twitter.com/rui314/status/1665929739155177472

cargo コマンドを実行する際に行いたい設定を記述することができる。ここに、rustflags という設定を追加する。

.cargo/config.toml：rustflags の設定例
```
[build]
rustflags = ["-C", "link-arg=-fuse-ld=mold"]
```

環境変数 RUSTFLAGS に設定して実行する方法もある。この方法は先ほどの .cargo/config.toml に rustflags を設定するのと実質的に等価である。

```
$ RUSTFLAGS="-C link-arg=-fuse-ld=mold" cargo make build
```

上記のどれかを設定して実行してみると、ビルド時間を短縮できているかもしれない。ビルド時間に悩む読者はトライしてみるといいだろう。

lld

速いリンカの候補として、mold 以外には「lld」というリンカの使用が挙げられる。

「lld」は LLVM プロジェクトによって開発が進められているリンカである。先ほど説明したとおり Linux では Rust コンパイラのデフォルトのリンカとして「GNU ld」というものが使用されているが、これと比較してかなり高速に動作する。ちなみに余談だが、オリジナルの lld の作者は、mold の作者である植山類氏である。

lld を導入するためには、cargo の設定ファイルを編集する。プロジェクト単位で設定を変更したければ、.cargo/config.toml ないしは .cargo/config、使用しているマシン全体の cargo の設定を変更したければ、$HOME/.cargo/config.toml ないしは $HOME/.cargo/config を変更する。macOS の場合、下記のように変更するとリンカの変更を反映できる[*12]。

下記は lld を設定する場合のサンプルである。rustflags に lld を使うよう設定する。

```
[build]
rustflags = ["-C", "link-arg=-fuse-ld=lld"]
```

もしくは、cargo build 時に次のように環境変数 RUST_FLAGS を指定することでもまた、lld リンカを使用することができる。

```
RUSTFLAGS="-C link-arg=-fuse-ld=lld" cargo make build
```

[*12] 執筆時点(2024 年 5 月)では、nightly 版の rustc にて x86_64-unknown-linux-gnu ターゲットのリンク時に、デフォルトで lld を使う試みが実施されている (https://blog.rust-lang.org/2024/05/17/enabling-rust-lld-on-linux.html)。

Cranelift を利用する

　Rust コードをコンパイルする際最も重いフェーズがどこかというと、それはコード生成のフェーズである。コード生成には LLVM というコンパイラバックエンドによる生成が含まれるわけだが、これがとにかく時間がかかるといわれている。逆にいうとこの部分を解消すると大幅にコンパイル時間を改善できる、ということでもある。

　Rust はこの部分に改善を入れようとしており、Cranelift というコンパイラバックエンドの開発に現在取り組み中である。Cranelift はまだプレビュー段階であり、かつ nightly ビルドでしか使用できない。SIMD が利用できないなどの制約もいくつかある。LLVM と比較すると少し実行速度に劣るコードが生成されるものの、コード生成にかかる時間を短縮できるという特性を持つ。

　本番環境への導入は少し挑戦的ではあるが、どうしてもビルドスピードを改善したいということであれば、一応導入の検討の余地があるかもしれない。妥協策として、たとえばローカルでの開発は Cranelift を利用するようにする、などの導入方法が考えられる。

- rustc_codegen_cranelift: https://github.com/rust-lang/rustc_codegen_cranelift
- 紹介記事: https://blog.rust-lang.org/inside-rust/2020/11/15/Using-rustc_codegen_cranelift.html

7.2.3 Docker イメージの調整

　Docker 向けのビルドを実施し、その成果物を AWS の ECR などをはじめとするレジストリに登録し、コンピュートエンジン上でそれらを動かすというデプロイ方式をとっている現場は多いはずである。本書でもやはり同様に Docker 上でのビルドを CI で行った。その際に気をつけて実装したことを改めて整理しておく。また、ツールを使用するとさらなる高速化を期待できる場面もあり、それも同時に紹介する。なお、本書は Docker の専門書ではないため、あくまで表面的な紹介程度に留める。詳しく正確な内容については、Docker の専門書や Web サイトを参照してほしい。

● マルチステージビルドの利用

　まず一つは Docker の**マルチステージビルド**の使用である。これはすでに本書の実装においても利用済みである。マルチステージビルドは、ビルド時とビルド成果物の動作時を異なるイメージで動作させるものである。

　マルチステージビルドを使用すると、並列実行できる箇所が増えたり、ビルド時のキャッシュを意識して設定を組むことでキャッシュヒット率が向上したりするなど、ビルドスピードの高速化に寄与できる可能性がより広がる。同時に、最終的な成果物に必要なものを絞って Docker イメージに梱包することができるようになるため、イメージサイズを小さく抑えることができるようになる。これも、コンピュートエンジン側でビルドした Docker イメージを使用する際のダウンロード時間を縮減できるという点で、デプロイ時のスピードの向上につながる。

　マルチステージビルドは次のサンプルのように、ビルド時とイメージ生成時とで別々の FROM 句を指定することで行える。本書のサンプルでは、Rust のコードのビルドと出来上がったバイナリの起動のフェーズそれぞれにおいて、別々の FROM を設定している。

Dockerfile：マルチステージビルドの例

```
FROM rust:1.78.0 AS builder
WORKDIR /build

ARG DATABASE_URL
ENV DATABASE_URL=${DATABASE_URL}

COPY . .
RUN cargo build --release

FROM debian:buster-slim
WORKDIR /app
RUN adduser book && chown -R book /app
USER book
COPY --from=builder ./build/target/release/app ./target/release/app

ENV PORT 8080
EXPOSE $PORT
ENTRYPOINT ["./target/release/app"]
```

● BuildKit の利用

BuildKit は、もともとの Docker Engine と比べるといくつかの点で改良されたビルドの機能である。具体的にはキャッシュの効率化や、処理の並列化、アーキテクチャの見直しなどが行われた。これにより、ビルドパフォーマンスの向上などを期待できる。

BuildKit は最新の Docker であれば、少なくともデフォルトで有効になっているが、古いバージョンを利用している場合は自身で有効化する必要がある。手元の環境の docker バージョンを確認する。バージョンが 20.x であった場合、Docker の BuildKit はデフォルトで有効になっている。BuildKit を有効にするには環境変数に `DOCKER_BUILDKIT=1` を設定する必要がある。

● slim や distroless などの軽量イメージの利用

本書でも実装に使用したように、いわゆる slim イメージを利用する手もよく用いられる。多くは Debian ベースの軽量イメージで、無駄なパッケージが可能な限り省かれている。これによりイメージのダウンロードの時間が減るなどのメリットを享受できる。結果としてこれは、ビルド時間の短縮につながる。

もう一つの選択肢として、slim よりも小さな distroless というイメージを利用する手もある。これは Google が提供する超軽量イメージである。極限までパッケージが削られており、たとえば shell でさえも入っていない。これによりやはり、イメージのダウンロード時間を大幅に短縮することができる。また、依存パッケージが少ないということはその分脆弱性に晒される確率も下がるということであり、実際 distroless イメージは脆弱性が非常に少ない。一方で、shell や sleep など基本的なユーティリティコマンドですら入っていないことから、思わぬ困難に直面しやすい。このため、上級者向けのイメージであるといえるだろう。

参考までに、distroless を使用した場合の Dockerfile を下記に示す。「nonroot」タグは、ルートユーザーでないユーザーを使用するためのタグである。本書のアプリケーションの実装の限りでは一応起動しているが、実プロダクトに導入する場合はよく検証してから導入することをすすめる。

Dockerfile：軽量イメージの利用

```
FROM rust:1.78.0-slim-bookworm AS builder
WORKDIR /build

ARG DATABASE_URL
ENV DATABASE_URL=${DATABASE_URL}

COPY . .
RUN cargo build --release

FROM gcr.io/distroless/static-debian12:nonroot as runner
WORKDIR /app
COPY --from=builder ./build/target/release/app ./target/release/app

ENV PORT 8080
EXPOSE $PORT

ENTRYPOINT ["./target/release/app"]
```

● cargo-chef を利用する

たとえば、本書で実装したアプリケーションのようにワークスペース機能を利用していると、Docker 上で Rust コードをビルドする際、Cargo.toml がいくつもできて Docker のキャッシュを効かせるのが大変になることがある。これをある程度軽減するための手段として、cargo-chef[*13] というツールを利用する方法がある。

cargo-chef は、recipe.json という JSON ファイルに依存するクレートの情報を書き込んでおき、それを利用する。recipe.json はキャッシュ情報に近いものになっており、このファイルに変更が入っていなければキャッシュされた状態で Docker ビルドを走らせることができるようになる。

cargo-chef は Dockerfile を少し書き換えることで利用できる。本書ですでに用意した Dockerfile を次のように書き換えることで、cargo-chef を利用したビルドに切り替えることができる。下記のファイルでは、chef、planner というフェーズを追加しつつ、もともとあった builder フェーズは生成された recipe.json に基づいてビルドするように変更して利用する。

Dockerfile：cargo-chef の利用例

```
FROM lukemathwalker/cargo-chef:latest-rust-1 AS chef
WORKDIR /app

FROM chef AS planner
COPY . .
RUN cargo chef prepare --recipe-path recipe.json

FROM chef AS builder
COPY --from=planner /app/recipe.json recipe.json
RUN cargo chef cook --release --recipe-path recipe.json

ARG DATABASE_URL
ENV DATABASE_URL=${DATABASE_URL}
```

[*13] https://github.com/LukeMathWalker/cargo-chef

```
COPY . .
RUN cargo build --release

FROM debian:bookworm-slim as runner
WORKDIR /app

COPY --from=builder ./app/target/release/app ./target/release/app

ENV PORT 8080
EXPOSE $PORT

ENTRYPOINT ["./target/release/app"]
```

実際にビルドを何度か回してみると、たしかに依存するクレートがきちんとキャッシュされてビルド時間が大幅に短縮されることを確認できるはずである。Docker のレイヤーキャッシュを効率よく効かせたいと考えた際にはぜひ利用したいツールである。

7.2.4 CI の調整

● ジョブの調整

ジョブ間の調整ならびに並列化は、一つのジョブ単位での実行時間の高速化とは別軸で、CI にかかる処理時間全体を短縮することができる。Rust の場合、いくつかの注意点を考慮しながらジョブの調整を行うことで、CI 全体の時間を大幅に短縮することができる。

コツは、どのツールチェインがどういったビルドを走らせるのかや、どのコマンドがどの成果物を利用するのか、あるいは完全に別物として走るのかを把握することである。

まずは、ツールチェインの実行順序を調整することである。たとえば cargo clippy は cargo build の成果物を利用する。成果物がない場合、cargo clippy はコード全体に対しての静的解析をかけるために一度コンパイルを走らせる。これを利用して、cargo check のあとに cargo clippy が走るように設定しておくことで、cargo clippy がコンパイルを余計に走らせてしまうのを防ぐことができる。他のツールチェインでも、ビルドの状況を観察していると何か発見があるかもしれない。

また、cargo build ならびに cargo check などと、cargo test とは成果物が異なる関係で、まったく別のパイプラインとしてコンパイルが走る。つまり、cargo test は cargo build を先に回しておいたとしても、そもそも使用する成果物が異なる関係で再コンパイルが走るということである。したがって、ビルドとテストのジョブを分けておき、これらを並列で走らせるようにすると、最終的に費やされる CI 全体の処理時間を短縮することができる。本書の第 3 章では、cargo make build と cargo make nextest のステップを同じジョブに入れている。しかしこれらは分離可能で、cargo build と cargo clippy をセットにしたジョブと、cargo make nextest 関連のジョブとをそれぞれ作り、それぞれを並列で走らせると、結果としてビルド時間を短縮することができるだろう。

● CI でのビルドオプションの調整

CI 専用にいくつか環境変数やビルドオプションを調整しておくとよいだろう。

まず、インクリメンタルコンパイルを司る環境変数である CARGO_INCREMENTAL を 0（つまりオフ）に設定する。CI 上ではフルビルドが走りやすい関係で、インクリメンタルコンパイルをオンにしておくとむしろ、不要な I/O のオーバーヘッドの発生やキャッシュの効率性を犠牲にするなどデメリットが多い。であれば、

いっそのことオフにしてしまうのも手である。GitHub Actions であれば、env というセクションに CARGO_INCREMENTAL: 0 と設定する。

まとめると、GitHub Actions の設定ファイルに次の項目を追加することで、インクリメンタルコンパイルをオフにできる。

GitHub Actions での設定例

```
env:
  CARGO_INCREMENTAL: 0
```

また、Cargo.toml 内にデバッグ用情報の出力を切る設定を追加する。これにより、CI 上のキャッシュサイズを小さくすることができ、たとえばキャッシュのロードの時間の短縮などに貢献するかもしれない。ただしローカル環境での開発にも影響が出る点には注意が必要である。下記のように Cargo.toml に設定する。

Cargo.toml

```
[profile.dev]
debug = 0
```

● キャッシュ戦略の見直し

CI のキャッシュは必ずチェックしておいたほうがよいだろう。ビルドするプロジェクトの依存関係に変更がない限りキャッシュを利用したビルドが可能になるため、キャッシュのありなしで相当ビルド時間に影響が出てくるためである。

GitHub Actions でまず利用できるのは、公式が提供する actions/cache[14] である。このアクションを利用すれば基本的なキャッシュを利用することができるようになる。たとえば次のようにキャッシュ向けの設定を手元のアクション用設定ファイルに記述することで利用できる。

GitHub Actions 設定ファイルでのキャッシュ利用設定例

```
- uses: actions/cache@v4
  with:
    path: |
      ~/.cargo/bin/
      ~/.cargo/registry/index/
      ~/.cargo/registry/cache/
      ~/.cargo/git/db/
      target/
    key: ${{ runner.os }}-cargo-${{ hashFiles('**/Cargo.lock') }}
```

GitHub Actions を利用中で、サードパーティ製のアクションを利用可能であれば、Swatinem/rust-cache[15] を利用するのもよいだろう。このアクションは actions/cache より高度な設定をいくつか利用できる。高度な設定というのはたとえば、どういう環境変数を使用したかや、ワークスペースがどこだったか、ワークスペース間やジョブ間で共有するキャッシュのキーを設定できるなどである。

このアクションは本書のサンプルコードでも使用した。個別でカスタマイズした設定を利用しない限りは

---

[14] https://github.com/actions/cache
[15] https://github.com/Swatinem/rust-cache

次の1行で利用することができる。カスタマイズが必要な場合は、GitHub リポジトリの README を参照する。

サードパーティ製のアクションでのキャッシュ利用設定例
```
- uses: Swatinem/rust-cache@v2
```

7.3 OpenAPI

OpenAPI を蔵書管理アプリケーションに組み込むための方法について解説する。OpenAPI は今回実装したような REST API を持つアプリケーションを実装する際に使用される。これを用いることで、API の全体感をドキュメントとして残しておくことができる。Rust では OpenAPI は utoipa というクレートを使って自動生成させてしまうことが多い。

7.3.1 OpenAPI とは何か

OpenAPI は正式には OpenAPI Specification と呼ばれる。主には本書で実装した蔵書管理アプリケーションのような REST(ful) API を利用した API の定義を記述するために利用される。API の定義としてはたとえば、その API に対して送信するリクエストの定義情報ならびに返されるレスポンスの定義情報、渡すパラメータ、認証方式などを記述しておくことができる。

OpenAPI は OpenAPI ドキュメントという、JSON ないしは YAML で定義される定義情報を持つ。このドキュメントの中には、どのようなエンドポイントがあるのか、それらのエンドポイントにはどのようなメソッドでリクエストを送ることができるのか、エンドポイントのパラメータは何か、レスポンスにはどのようなものがあるのか、などが記述されている。

OpenAPI ドキュメントを読み込み、ブラウザ上で定義情報を閲覧することができる。代表的なツールは Swagger UI というツールだ。そのほかに、Redoc や Rapidoc といったツールもよく用いられる。この UI 上では、OpenAPI ドキュメントの情報を詳細に閲覧できるほか、Swagger UI などにはサンプルリクエストの送信機能などの便利な機能が用意されていることがある。

OpenAPI を使用するメリットは、クライアントライブラリの生成ができること、サーバー側の実装を用意できること（サーバースタブと呼ばれる）、そして OpenAPI ドキュメント上でサンプルリクエストをはじめとしたエンドポイントの検証を手軽にできるようになる点が挙げられる。

OpenAPI の定義を参照してクライアントライブラリやサーバースタブを生成させることができる。たとえば Rust ではクライアント生成には Progenitor というクレート[16]、サーバースタブの生成には openapi-generator の rust-server[17] という機能を利用することができる[18]。OpenAPI の定義情報を使用してコードを自動生成できるため、ミスが少なく実装時間も大幅に短縮できるというメリットがある。

先ほども説明したが、一部の OpenAPI ドキュメントの UI ツールには、サンプルリクエストを送信できるものもある。その場で送りたいリクエストボディを記述し、レスポンスとしてどのようなものが得られるかを確認することができる。自身が用意したリクエストが受理されうるのかを手早く確認でき、これもまた開

---

[16] https://github.com/oxidecomputer/progenitor
[17] https://github.com/OpenAPITools/openapi-generator/blob/master/docs/generators/rust-server.md。npm の CLI を通じて使用することができる。
[18] `rust-server` の機能を利用するとたしかにいわゆるスキーマ駆動開発が可能になるのだが、本書では使用しない。というのも `rust-server` が生成するコードは Hyper が大きく現れたものであり、`axum` や `actix-web` のようなクレートには対応していないためである。

発生産性の向上に貢献するだろう。

7.3.2 RustでのOpenAPIの利用

Rustでは現状、**utoipa**[19]というクレートを使用することが多い。これはサーバー側のOpenAPI定義情報を自動生成させるために利用できるクレートである。このクレートが提供するマクロをエンドポイントに対して実装しておくと、裏で必要なOpenAPI定義を生成する。最終的にはこの定義情報をSwaggerなどのOpenAPIを読み取れるサービスを経由して読み取り、ブラウザなどで定義情報を閲覧できるようになる。また、yamlファイルを生成し、それを共有することでたとえばフロントエンド側で読み込み、クライアントを自動生成させることもできる。

utoipaはRustで利用される多くのHTTPサーバーを実装するためのクレートに対応したユーティリティを公開している。現状公開されているのは、本書でも使用したaxumのほか、actix-web、warp、tide、Rocketなどである。

また、インタフェース側はSwagger以外にもRedoc、Rapidocにも対応している。本書ではRedocを使用したサンプルを実装する。

7.3.3 utoipaをセットアップする

utoipaを利用するにあたり、必要な設定をCargo.tomlに追加する。ワークスペースルートのCargo.tomlに次のように追加する。workspace.dependenciesにクレートの依存情報を、dependenciesセクションにworkspace.dependenciesに定義した情報を使用するように設定をそれぞれ追加する。

Cargo.toml：utoipaの依存の追加

```
[dependencies]
# コードの続き
utopia.workspace = true
utoipa-redoc.workspace = true

# ...続く

[workspace.dependencies]
# コードの続き
utoipa = { version = "4.1.0", features = ["axum_extras", "uuid", "chrono"] }
utoipa-redoc = { version = "2.0.0", features = ["axum"] }
```

OpenAPIの閲覧ツールとしてRedocを使用する。RedocはOpenAPIを表示するために利用できるツールで、シンプルで見やすいUIを提供するツールである。似た機能を持つツールとしてはSwaggerがあるが、Swaggerより機能が絞られており、たとえば画面上でテストリクエストを送信する機能などは実装されていない。

また、apiワークスペースにも次のようにutoipaを使用するようdependenciesに設定する。

---

[19] https://github.com/juhaku/utoipa。余談だが、「ユートピア（utopia）」ではなく、「ユトイパ（utoipa）」である点に注意。

api/Cargo.toml：utoipa の依存の利用

```
[dependencies]
utoipa.workspace = true
```

7.3.4 アプリケーションに組み込む

● utoipa 専用の構造体を用意する

utoipa をアプリケーションに組み込むためには、utoipa::OpenApi とそれに関連するマクロを使って任意の構造体に対して設定を追加する必要がある。api ワークスペース配下に、openapi.rs という新規ファイルをまずは作成する。作成後、api/src/lib.rs にモジュールを追加する。

api/src/lib.rs：モジュール指定の追加

```
mod extractor;
pub(crate) mod handler;
pub mod model;
pub mod openapi;
pub mod route;
```

openapi モジュールに ApiDoc という構造体を用意する。この構造体にマクロを使って OpenAPI を定義するために必要となる情報を追加する。今回は次のように実装した。

api/src/openapi.rs：OpenAPI の定義

```
use crate::{handler, model};

#[derive(utoipa::OpenApi)]
#[openapi(
    info(
        title = "Book App - 書籍『Rust による Web アプリケーション開発』向けのサンプルアプリケーション。",
        contact(
            name = "Rust による Web アプリケーション開発",
            url = "todo",
            email = "todo"
        ),
        description = r#"
(省略。詳しくは GitHub 上のコードを参考にしてください。この部分は仮に何も書かなくても動作します)
"#,
    ),
    paths(
        handler::health::health_check,
        handler::health::health_check_db,
        handler::book::show_book_list,
        handler::book::show_book,
        handler::book::register_book,
        handler::book::update_book,
        handler::book::delete_book,
        handler::checkout::checkout_book,
```

```
            handler::checkout::return_book,
            handler::checkout::checkout_history,
            handler::user::get_current_user,
            handler::auth::login,
            handler::auth::logout,
        ),
        components(schemas(
            model::book::CreateBookRequest,
            model::book::UpdateBookRequest,
            model::book::BookResponse,
            model::book::PaginatedBookResponse,
            model::book::BookCheckoutResponse,
            model::checkout::CheckoutsResponse,
            model::checkout::CheckoutResponse,
            model::checkout::CheckoutBookResponse,
            model::user::BookOwner,
            model::user::CheckoutUser,
            model::auth::LoginRequest,
            model::auth::AccessTokenResponse
        ))
)]
pub struct ApiDoc;
```

- openapi アトリビュートは 3 パートに分かれる。
    1. info: 今回作成する OpenAPI ドキュメンテーションのいわゆるメタ情報を定義する。今回はタイトル（title）と概要（description）を簡単に定義した。この info 自体は、OpenAPI 定義の Info Object と呼ばれる定義[20]に対応しており、ここに定義されているフィールドであれば設定できる。
    2. paths: OpenAPI 定義上で使用するパスを指定する。たとえば、handler::health::health_check をパスとして指定しておくと、/api/v1/health というパスに対する定義情報を生成する。この paths 自体は、OpenAPI 定義の Paths Object[21]と呼ばれる定義に対応しており、ここに定義されているフィールドであれば設定できる。
    3. components: OpenAPI ドキュメント内で使用できるコンポーネントの情報を定義する。ここに登録しておくことで、CreateBookRequest などの構造体を直に使って、後述するハンドラに付与する OpenAPI 定義を実装することができるようになる。この components 自体は OpenAPI 定義の Components Object[22]と呼ばれる定義に対応しており、ここに定義されているフィールドであれば設定できる。

● bootstrap 関数に utoipa の起動ポイントを追加する

Redoc を axum に組み込み表示できるようにするためには、axum の Router の merge 関数を使って Redoc の構造体を組み込む。たとえば次のように設定すると、デバッグビルド時に localhost:8080/docs というパスに Redoc のページが立ち上がるようになる。

---

[20] https://spec.openapis.org/oas/latest.html#info-object
[21] https://spec.openapis.org/oas/latest.html#paths-object
[22] https://spec.openapis.org/oas/latest.html#components-object

src/bin/app.rs：bootstrap 関数への utoipa 起動ポイントの追加

```
// モジュールの use として下記を追加しておく。
#[cfg(debug_assertions)]
use api::openapi::ApiDoc;
#[cfg(debug_assertions)]
use utoipa::OpenApi;
#[cfg(debug_assertions)]
use utoipa_redoc::{Redoc, Servable};

async fn bootstrap() -> Result<()> {
    // 上方にコードが続く

    // 1
    let router = Router::new().merge(v1::routes()).merge(auth::routes());
    #[cfg(debug_assertions)]
    let router = router.merge(Redoc::with_url("/docs", ApiDoc::openapi()));

    // router に対してさらに追加で設定が行われる。
    let app = router(...);

    // コードが続く
}
```

1. `Redoc::with_url` で /docs に対して Redoc のドキュメントが生成されるようになる。この際、デバッグビルドでのみ Redoc の生成を有効化したいため、`#[cfg(debug_assertions)]` を用いつつ、もとの HTTP サーバー用のルーターの設定側とは実装を分けている。リリースビルドの場合は Redoc の生成は行われず、/docs にアクセスしても表示されることはない。

use した `utoipa::OpenApi` トレイトは `ApiDoc` 構造体に対して `openapi` メソッドを追加で生やすのに必要になる。また、`utoipa_redoc::Servable` トレイトは `with_url` メソッドを使用するために必要になる。

● 各ハンドラに設定情報を追加する

最後に各ハンドラに OpenAPI の具体的な定義情報を追加する。今回本書では、次の事柄を大まかに示すことを目的として、OpenAPI 定義を実装する。

- メソッド、パス情報：どのリクエストメソッド（GET や POST など）でどのパスにアクセスする必要があるのかを示す。
- リクエストボディ：どのようなリクエストボディ（主には JSON）を含むリクエストを送る必要があるのかを示す。
- レスポンス情報：そのハンドラがどのようなレスポンスを返しうるのかを示す。正常系と異常系の両方について記述する。正常系のレスポンスかつ、その正常系のレスポンスにレスポンスボディが含まれうる場合は、どのようなレスポンスが具体的に返るのかも示す。

これから具体的な実装を示すが、すべてのハンドラの実装を示すのは紙幅の都合上難しい。そのため、代表的なバリエーションだけをいくつか示し、残りは GitHub リポジトリを参照しながら実装してほしい。

まずは、「蔵書一覧」のハンドラの OpenAPI 定義を実装する。パスは GET /api/v1/books であり、リクエスト時にはページネーションのためのクエリパラメータを同時に送ることもできる。レスポンスとして、正常系であれば api::model::book::PaginatedBookResponse を返す。

この情報を utoipa を使って定義すると次のようになる。

api/src/handler/book.rs：ハンドラへの OpenAPI 定義

```
// 1
#[cfg_attr(
    debug_assertions,
    // 2
    utoipa::path(
        get,
        path="/api/v1/books",
        responses(
            (status = 200, description = "蔵書一覧の取得に成功した場合。", body = PaginatedBookResponse),
            (status = 400, description = "指定されたクエリの値に不備があった場合。"),
            (status = 401, description = "認証されていないユーザーがアクセスした場合。"),
        ),
        params(
            ("limit" = i64, Query, description = "一度に取得する蔵書数の上限値の指定"),
            ("offset" = i64, Query, description = "取得対象とする蔵書一覧の開始位置"),
        )
    )
)]
#[tracing::instrument(
    skip(_user, registry),
    fields(
        user_id = %_user.user.id.to_string()
    )
)]
pub async fn show_book_list(
    _user: AuthorizedUser,
    Query(query): Query<BookListQuery>,
    State(registry): State<AppRegistry>,
) -> AppResult<Json<PaginatedBookResponse>> {
    // 関数内部の実装が続く
}
```

1. デバッグビルド時に utoipa を設定している。今回本書で実装するアプリケーションでは、リリースビルドには含めないためにこうしてある。
2. OpenAPI のドキュメントに記述したい内容を設定する。今回は、メソッド、パス、レスポンスとして何を返すか、ならびにクエリパラメータをドキュメントに出力する。

次に、リクエストボディを含む例を確認する。POST /api/v1/books は、書籍を新規作成できるエンドポイントであった。このエンドポイントは api::model::book::CreateBookRequest の形でリクエストボディを受け取ると、その情報を使って書籍情報を登録できる。

リクエストボディをドキュメントに表示させるには、request_body という設定を使う。ここにリクエス

トの対象としたい型を書いてやると、ドキュメント上にどのようなリクエストを送ればよいかを示すことができる。

api/src/handler/book.rs：ハンドラへの OpenAPI 定義（リクエストボディがある API）

```
#[cfg_attr(
    debug_assertions,
    utoipa::path(post, path="/api/v1/books",
        request_body = CreateBookRequest,
        responses(
            (status = 201, description = "蔵書の登録に成功した場合。"),
            (status = 400, description = "リクエストのパラメータに不備があった場合。"),
            (status = 401, description = "認証されていないユーザーがアクセスした場合。"),
            (status = 422, description = "リクエストした蔵書の登録に失敗した場合。")
        )
    )
)]
#[tracing::instrument(
    skip(user, registry),
    fields(
        user_id = %user.user.id.to_string()
    )
)]
pub async fn register_book(
    user: AuthorizedUser,
    State(registry): State<AppRegistry>,
    Json(req): Json<CreateBookRequest>,
) -> AppResult<StatusCode> {
    // 関数内部の実装
}
```

　最後に、実装後に localhost:8080/docs にアクセスする。すると、上記の情報や先ほど実装したメタ情報などを含む Redoc のページが表示されることを確認できる（図 7.3）。

第 7 章　アプリケーションの運用

図 7.3　Redoc によるレンダリング結果

第8章 エコシステムの紹介

> **本章の概要**
> Rust で Web バックエンド開発をするにあたり、筆者らがよく利用するクレートを今一度まとめておく。なお、これまでに本書で登場したクレートも改めて解説しておく。

Rust のエコシステム

● axum（https://crates.io/crates/axum）

すでに紹介済みではあるが、axum は HTTP サーバーを実装する際に使用できるクレートである。このクレートは比較的最近登場したもので、まだまだドキュメントの整備などは他の同類のクレートと比較するとそれほど充実してはいない。しかし、tokio チームがメンテナンスを行っているクレートであるという安心感からか、crates.io のダウンロード数を見る限りでは近年急速に利用者を伸ばしているようである。このクレートは非常に軽量に作られており、やってきた HTTP リクエストがどのパスに該当するかを識別する「ルーター」と、割り当てられた HTTP リクエストをどのように処理するかを規定する「ハンドラ」の2つから主に成り立っている。内部的な細かい処理は、tower や hyper といったクレートに任されている。tokio ランタイム上で動作する。

● actix-web（https://crates.io/crates/actix-web）

actix-web は、長い間 Rust で最もよく使われてきた HTTP サーバークレートといっても過言ではない。axum も、HTTP サーバーを実装するうえで必要な多くの機能に対応しているが、actix-web もやはりメンテナンスされている期間が長いこともあり、多くの機能に対応している。何よりこのクレートはすでにメジャーバージョンに到達しており、大きな破壊的変更がないことを保証できているといえる。

● rocket（https://crates.io/crates/rocket）

Rocket は、actix-web や axum よりかなり昔から Rust のエコシステムを支えてきた HTTP サーバークレートである。特徴はいわゆる batteries-included、つまり HTTP サーバーを構築するにあたって必要な機能はすべて Rocket という1つのクレートに含まれており、Rocket を使用するだけでそれらすべての恩恵を受けられるという点である。ドキュメントも充実しており、実装例を確認しやすいのも特徴的である。Rocket は、しばらく Rust の nightly でないと動かなかったり、あるいは Rust 本体への async/.await 対応が遅れたこともあって、しばらく使われないクレートになっていた。ところが、Rust 本体の開発の進捗により、stable で

297

動くようになったり、ごく最近にいたってはついに async/.await への対応も無事に済ませた。これから再び利用者の増加が見込まれるクレートであるといえるだろう。なお Rocket は tokio ランタイム上で動作する。

● **warp（https://crates.io/crates/warp）**
　warp は「組み立てやすさ（composable）」をデザインの中心に置いた HTTP サーバークレートである。warp を構成するものは、あらゆるものが Filter と呼ばれる独自のコンポーネントになっている。この Filter はパイプラインのようにつないで使用することができる。細かなコンポーネント単位に処理を切り分けながら、コンポーネント同士を map や and_then というアダプタでつないで一つのパイプラインとして HTTP サーバーを構築する。実際 HTTP リクエストを受け取り、HTTP レスポンスを返すという仕組みそれ自体は、実は「HTTP リクエストを入力として受け取り」「HTTP レスポンスを出力として返す」という関数にすぎない。そして関数同士は基本的には合成可能である。warp もここに着眼しクレートをデザインした[*1]。

● **tonic（https://crates.io/crates/tonic）**
　tonic は gRPC サーバーを立ち上げる際に使用するクレートである。tonic はサーバー立ち上げ以外にも、tonic-build のように、proto ファイルから必要になる gRPC クライアントやサーバーを自動で生成することができる機能を持つ。なお tonic は tower との互換性を持っており、同じく tower に対応する axum と組み合わせることで HTTP と gRPC の両方を受付可能なサーバーを立ち上げることが可能である。また、tokio ランタイム上で動作する。

● **async-graphql（https://crates.io/crates/async-graphql）**
　Rust で GraphQL サーバーを実装できるようにするクレートである。GraphQL には、GraphQL リゾルバをサーバーに実装し、ビルドツールが実装したコードに含まれている型情報などに基づいて SDL（Schema Definition Language; GraphQL のスキーマ定義言語）をコンパイルするという「コードファースト」アプローチと、最初に SDL を書き、そのスキーマ定義に従って一致するコードを実装したり自動生成したりする「スキーマファースト」アプローチとがある。async-graphql はコードファーストを採用する際に利用できるクレートである。本書で使用した axum との統合用のクレートも提供されており、今回本書が行った実装のような RESTful API ではなく、GraphQL ベースのサーバーを実装したい場合に利用できる。

● **tower（https://crates.io/crates/tower）**
　tower は HTTP サーバーや gRPC サーバーなどにミドルウェアを提供するための基本的な機能を提供するクレートである。「ミドルウェア」には、たとえばタイムアウトの実装や流量制限、リトライの実装をサーバーに差し込むといった用途がある。tower は Service と Layer という 2 つのトレイトを中心概念に据えている。Service は async Request -> Response という単純な非同期処理における入力→出力の関係性を扱うが、要するにこの間にタイムアウトや流量制限のチェックを挟み込むことによって、これらの機能をサーバーに提供することができるというものである。Layer は Service を束ねるもので、Layer はさらに別の Layer と依存関係を持ち合う。最終的に重ねられた Layer が一つの単位となってサーバーに差し込まれる。

● **tracing（https://crates.io/crates/tracing）**
　tracing は本書ですでに紹介済みだが、いわゆる分散トレーシングを行うための基本的な機能を提供する

---

*1　https://seanmonstar.com/blog/warp/

クレートである。tokio チームが管理しているが、tokio ランタイム以外でも動作する。分散トレーシングについては本書では範囲外であるため詳しく解説しないが、tracing-opentelemetry というクレートを使うとOpenTelemetry とも連携できる。opentelemetry-rust というクレートが提供する各ツールとの SDK を利用することにより、たとえば Datadog や Prometheus、Sentry といったツールと比較的手軽に連携することができる。

● utoipa（https://crates.io/crates/utoipa）

utoipa は本書ですでに紹介済みだが、Rust のコード内に用意されたマクロを埋め込んでおくことにより、OpenAPI のドキュメントを自動生成することができるクレートである。Swagger、Redoc などの各種 UI にも対応している。本書では Redoc を例に扱った。このクレートは一方で、OpenAPI 定義から Rust コードを自動生成する機能はない点に注意が必要である。

● hyper（https://crates.io/crates/hyper）

hyper は HTTP クライアントと HTTP サーバーのレイヤーの低い箇所に絞って機能を提供するクレートである。このクレートは、たとえば axum や後述する HTTP クライアント用のクレートである reqwest の実装の基礎部分を支えている。レイヤーが低いとはどういうことかというと、たとえば axum はサーバーを起動後生成されるスレッドの面倒などはすべて難しい実装を呼び出すことなく裏でクレートが扱ってくれるが、hyper を使って HTTP サーバーを立ち上げた場合、それは自前で実装する必要がある。また、HTTP クライアントだった場合、リクエストを送信したあとに返ってきたレスポンスのボディはほとんど生に近く、アプリケーションで扱いやすい形にパースするためには自前でその処理を実装する必要があるということである。hyper は直近で 1 系に到達しており、また HTTP/3 への対応も目下進行中である。cURL への採用という意味でも近年話題になった。

● reqwest（https://crates.io/crates/reqwest）

reqwest は HTTP クライアントを提供するクレートである。tokio 上で動作する。tokio 上で動くアプリケーションを実装している最中に HTTP クライアントを使いたくなった場合、まずこれを使うことが多い。hyper も似たような機能を提供してはいるが、先ほども説明したとおり hyper は少しレイヤーが低い HTTPの部分を扱うためのクレートであり、達成したい目的に対してやることが多くなり若干煩雑である。reqwestはそうした意味ではちょうどいい塩梅で HTTP クライアントを用意できる。もちろん、reqwest だけではきめ細かな処理は実装できないので、そうしたケースにおいては hyper が有用になるだろう。

● sqlx（https://crates.io/crates/sqlx）

sqlx は任意のデータベースに対して SQL を発行し、データの取得ないしは新規作成や更新系の処理を行う。sqlx の特徴は、query! ないしは query_as! マクロを使用してクエリを書くと、コンパイル時にデータベースにアクセスし、たとえばテーブルやカラムが存在するかや、そもそも書いたクエリがきちんとそのデータベースへのクエリとして正しく動作するかどうかまで検証するという機能を持つ点にある。これは一長一短あり、メリットとしてはコンパイルさえ終われば初歩的なクエリのミスはある程度なくなっていると保証できる点がある一方で、デメリットとしてはコンパイル時間がこれによって伸びるという点がある。CLI ツールを提供しており、これを利用するとマイグレーションまで面倒を見ることができる。

● diesel（https://crates.io/crates/diesel）

　diesel は Rust における代表的な ORM として数えられることが多い。しかし一方で公式としてはクエリビルダーも名乗っている。両者の特徴を兼ね備えたクレートであるといえる。比較的長い期間 Rust のエコシステムを支えてきていることから、利用事例も多い。ORM の利用を希望するのであれば一番有力な候補としたいところではあるのだが、一方で執筆時点では Rust の async/.await への対応が済んでおらず、操作をする際には deadpool クレートの利用ないしは、tokio と組み合わせて専用のスレッドプールを作って処理を管理する、あるいは diesel-async というクレートを利用するなど、使用時には追加の対策が必要である。ドキュメントは充実している。

● sea-orm（https://crates.io/crates/sea-orm）

　SeaORM は、sqlx の上に構築された ORM である。使用感は Ruby on Rails の ActiveRecord に近い。後発だけあって、async/.await 対応は最初から済んでいる。ならびに、ドキュメントが非常に充実している。こちらはどちらかというとあまりクエリを意識せずに実行できるため、ORM としての特徴が強く出ているといえる。マイグレーションの機能も実装されている。

● redis（https://crates.io/crates/redis）

　Rust で Redis を操作する際に利用できるクレートである。本書でも使用した。

● futures（https://crates.io/crates/futures）

　futures は Rust で Future を使ったプログラミングを行う際に必要になる、さまざまな機能を提供するクレートである。たとえば複数 Future をつなぐ join! マクロや、中で複数ポーリングした Future の完了を待機する join_all! といった便利なマクロから、ストリーミング処理を行うための基盤である Stream などのトレイトを提供している。Future を用いた async/.await による逐次実行のみでは対応しきれない実装を行う必要が出てきた場合に、使える機能がないかを探してみるとよいだろう。

● tokio（https://crates.io/crates/tokio）

　tokio は本書でもすでに紹介済みだが、Rust で非同期処理を用いた計算を行うための機能や実行基盤を提供するクレートである。本書では axum を実行するための基盤として tokio が必要であるという趣旨の説明をした。一方で本来の tokio は、実行基盤以外にもたとえば非同期処理を実行するためのスレッド（グリーンスレッド、などともいう）を生成したり、専用のチャネルを通じてデータをやりとりしたり、ファイルシステムや外部システムとの I/O を非同期で行うためのツールなどを提供している。tokio それ自体は本書では詳しくは解説できなかったが、興味のある読者は tokio の「Mini-Redis」と呼ばれるチュートリアル[*2] を一通りこなすことで、tokio が何をするためのクレートかへの理解がより一層深まるだろう。tokio それ自体はいくつかある Rust の非同期処理ランタイムの中では開発が最も活発であり、今後も引き続き活発な開発が見込める。どの非同期ランタイムを使うか悩んだ場合には、まず tokio を選んでおくのが無難な選択肢になりうるだろう。

● async-std（https://crates.io/crates/async-std）

　async-std は tokio と同様に非同期ランタイムを扱うクレートである。このクレートは tokio とは異なり、

[*2]　https://tokio.rs/tokio/tutorial

Rustの標準ライブラリにある機能群（たとえば std::io::Read など）を非同期化することを目標としたクレートである。一時期はよく開発されておりこれに対応する HTTP クライアントやサーバーのクレートも登場してきたものの、最近は開発があまり活発でないようである。

● serde（https://crates.io/crates/serde）

このクレートが提供する Serialize と Deserialize を構造体に derive することにより、任意のデータフォーマットへその構造体をシリアライズ・デシリアライズすることができるようになる。JSON へのフォーマットには serde_json、YAML へのフォーマットには serde_yaml という個別のデータフォーマットへの変換機能を提供するクレートと組み合わせることにより、そのデータフォーマットへ構造体を変換することができる。なお、serde それ自体は「シリアライズとデシリアライズを行うことができる」ということだけを示す抽象実装を提供するクレートである。

● anyhow（https://crates.io/crates/anyhow）

Rust のエラーハンドリング周りを便利にする際に使用できるクレートである。本書ではすでに紹介済みである。anyhow::Result や anyhow::Error といった型を提供しており、これらの型を利用することで Rust の（主に型合わせの面で煩雑な）エラーハンドリングを透過的に扱うことができる。またバックトレース機能も提供しており、これをオンにすることにより stable でもバックトレースを利用可能になる。

● eyre（https://crates.io/crates/eyre）

eyre は anyhow を fork して実装されているクレートで、基本的な機能は anyhow とよく似ている。しかしながら eyre は anyhow と比べるとよりわかりやすく読みやすいバックトレース機能を備えている。color-eyre というクレートと組み合わせることで、よくカラーリングされたパニック時のログやバックトレースログにすることができる。開発者体験を高く保ちたい場合には利用するとよいだろう。

● thiserror（https://crates.io/crates/thiserror）

Rust ではエラー型をアプリケーションやライブラリ独自で用意することが多い。よく型付けしておくと、その後の処理にてパターンマッチなどを用いて細かくハンドリングできるため、これを目的としてそうすることが多い。ただし、細かい型付けは時に大量の個別のハンドリングを必要とすることになり、実装が煩雑になることがある。thiserror は、そうしたサードパーティクレートが独自に用意するエラー型やアプリケーション内で独自に用意するエラー型をより使いやすくするために使用するクレートである。本書でもすでに利用してきたように、このクレートを利用すると、たとえば独自型を用意した際に追加のエラーメッセージをマクロで付与することができる。このクレートなしでエラーメッセージの定義を実装しようとなるとそれなりの実装量になってしまう。また、sqlx などが送出する独自のエラー型を改めてアプリケーションが扱いやすいエラー型に再定義して使うように、マクロを用いラップするなどの用途も示した。

● chrono（https://crates.io/crates/chrono）

Rust の標準ライブラリでは、std::time というモジュールに時刻を扱うための基礎的な型のみが定義されているが、暦やタイムゾーンを扱いたい場合にはそれでは力不足である。chrono は LocalDateTime や NaiveDateTime、タイムゾーン付きでは DateTime<Utc> などの型を提供している（なお正確には、JST など、Utc 以外のタイムゾーンの指定には chrono_tz（https://crates.io/crates/chrono-tz）というクレートの機能を使う）。タイムゾーン付きの型は本書でもすでに使用してきたが、型にタイムゾーン情報が埋め込まれる

ため、その`DateTime`型がどのタイムゾーンを扱っているかを一目見ただけでわかるというメリットがある。

● time（https://crates.io/crates/time）
　`time`というクレートは非常に簡素な日付時刻処理に関する機能を提供するクレートである。こちらは`chrono`のようにはタイムゾーンを設定することはできない。`time`は、一時期`chrono`のメンテナンスが止まったが、そのタイミングで急速に利用者を増やした。現在は`chrono`もメンテナンスが復活している。どちらも今後のメンテナンス状況がどうなるかはわからないが、基本的にはどちらを使っても構わないのではないかと筆者は考えている。差があるとすればたとえば、`time`の`Rust`のサポートバージョンは短く、`chrono`は比較的保守的で長めのサポートバージョンを指定しているようだ、という点である。両者を比較するにあたって、GitHub 上の次の Issue は参考になる。`chrono`側で議論されているものであるため、`chrono`優位のバイアスがかかっている点には注意されたい。

- Differences between this crate and time: https://github.com/chronotope/chrono/issues/1423

● mockall（https://crates.io/crates/mockall）
　Rustでテスト時にモックをする際によく使用するクレートである。トレイトないしは構造体の`impl`ブロックに対して`#[automock]`というマクロを指定すると、自動で`Mock`という名前ではじまるモック用の型を生成する。この型に付随して生成される`expect_`ではじまる関数を呼び出すことで、あらかじめ設定された結果を返すことができる。また、テストダブル[*3]における「モック」が持つべき機能、たとえば呼び出された回数の確認なども同時に行うことができる。

● mockito（https://crates.io/crates/mockito）
　Rust で HTTP サーバーのモックを立てられるクレートである。結合テストを行う際によく利用される。紛らわしいが、Java の同名ライブラリとは異なりこちらはモックそれ自体の機能を提供しているというよりは、HTTP サーバーのモックを提供している。

● rstest（https://crates.io/crates/rstest）
　いわゆるパラメータ化テストやテーブルベーステストを行う際に使用するクレートである。本書でもすでに説明したが、マクロを使って値の組み合わせを設定しておくと、裏でそれらの組み合わせに対応した関数を自動で生成する。パラメータ化テストではコードが冗長になりがちか、もしくはループなどを組み合わせる必要があるため少々煩雑になる傾向にあるが、このクレートを用いることで記述量を大幅に減らしたり、記述そのものの複雑度を下げることができる。テストコードもコードであるがゆえに保守対象となるわけであるが、保守のしやすさの担保という観点からも利用を検討したいクレートである。

● itertools（https://crates.io/crates/itertools）
　イテレータの操作について、標準ライブラリでは提供されていない便利な機能を提供するクレートである。代表的な例では、たとえば2つのベクターのデカルト積を取りたいとなったとき、そのまま Rust で書いても実装可能ではあるのだが少々まどろっこしい実装になる。itertools の`cartesian_product`メソッドないしは`iproduct!`マクロを使うことで非常にすっきり記述することができる。自分がやりたいと思った操作に

[*3] https://martinfowler.com/bliki/TestDouble.html

フィットするメソッドが標準ライブラリから提供されていない際には、このクレートに同等の機能がないかを確かめてみるとよい。

● aws-sdk-rust（https://crates.io/crates/aws-sdk-rust）

AWSが公式に提供する、AWSのリソースを操作するために使用できるクレートである。このクレートを使うことで、Amazon S3やAmazon DynamoDBなどをはじめとした、各種AWSサービスをRustから操作できるようになる。直近AWSよりGA（General Availability; プレビュー版を終えて、一般提供が開始されることを意味する）となったことが発表された。もともとrusotoというクレートが同等の役割を担っていたが、現在はrusotoはメンテナンスモードとなっており、aws-sdk-rustを使うのがよいだろう。

索引

欧字

actix-web 297
ALB 47
anyhow 48, 301
async-graphql 298
async-std 300
async-trait 84, 86
aws-sdk-rust 303
axum 30, 34, 297
BuildKit 285
cargo-chef 286
chrono 54, 301
CI 277
CORS 242
Cranelift 284
DI 69
diesel 300
distroless 285
eyre 301
futures 39, 300
GitHub Actions 61
hyper 35, 299
impl IntoResponse 49
instrument 270
itertools 302
Language Server 11
lld 283
macros 54
migrate 54
mockall 250, 302

mockito 302
Newtype パターン 139
OpenAPI 289
OpenTelemetry 268
postgres 54
redis 300
reqwest 41, 299
rocket 297
RPITIT 86
rstest 244, 302
runtime-tokio 54
rust-analyzer 11
RustRover 12
sea-orm 300
serde 104, 301
shaku 90
slim 285
SoC 66
sqlx 54, 299
thiserror 104, 301
time 302
tokio 33, 300
tonic 298
tower 35, 298
tracing 268, 298
utoipa 290, 299
uuid 104, 54
warp 298

索引

和字

あ行

アトリビュート	88
依存性の注入	69
イベント	266
インクリメンタルコンパイル	282
エコシステム	297
オブザーバビリティ	265
オリジン間リソース共有	242

か行

型エイリアス	37
型強制	110
関心の分離	66
グレースフルシャットダウン	274
クロージャ	38
継続的インテグレーション	277
結合テスト	243
コンポーネント	67

さ行

ジェネリクス	72
スタブ	251
スパン	267
静的ディスパッチ	70
セクション	33

た行

タスクランナー	17
脱糖	41
単一化	72
単体テスト	52, 114, 243
デーモン	15

テストダブル	251
デプロイパイプライン	59
動的ディスパッチ	70
トランザクション	216
トランザクション分離レベル	216
トレース	267

は行

発散型	109
パニック	19
パラメータ化テスト	247
ハンドラ	34
非同期プログラミング	36
非同期ランタイム	42
フィーチャーフラグ	31
フィーチャー	31
フィクスチャ	244
ヘルスチェック	47
ボイラープレート	137
ポーリング	37

ま行

マーカートレイト	85
マイグレーション	98
マルチステージビルド	284
ミドルウェア	35
モジュール	76
モック	68, 251

や行

ユニット型	38
ユニットテスト	52

ら行

リンカ 10
ルーター 34
レイヤー 66
レイヤードアーキテクチャ 65
ロードバランサ 47

わ行

ワークスペース 76

著者紹介

豊田 優貴（とよだ・ゆうき）
いくつかの Rust に関連する書籍・雑誌の執筆やレビュー、Web 上のメディアでの連載の経験をもつ。また、日本国内向けの Rust のカンファレンスも行っている。そのほか、Rust に関連する OSS への貢献を行っている。著書に『実践 Rust プログラミング入門』（秀和システム、共著）がある。

松本 健太郎（まつもと・けんたろう）
株式会社 estie。不動産業界をデータで支えるサービスを Rust で開発するソフトウェアエンジニア。「Shinjuku.rs」や「Rust、何もわからない…」といった LT 会を運営している。著書に『実践 Rust プログラミング入門』（秀和システム、共著）がある。

吉川 哲史（よしかわ・さとし）
フェアリーデバイセズ株式会社プロダクト開発部部長／プログラマ。自社製品へ Rust を導入し、自らも実装を行う。著書に『実践 Rust プログラミング入門』（秀和システム、共著）がある。

NDC007　319p　24cm

Rust による Web アプリケーション開発
設計からリリース・運用まで

2024 年 9 月 26 日　第 1 刷発行

著　者	豊田 優貴・松本 健太郎・吉川 哲史	
発行者	篠木和久	
発行所	株式会社　講談社　KODANSHA	

〒112-8001　東京都文京区音羽 2-12-21
　　販　売　(03) 5395-4415
　　業　務　(03) 5395-3615

編　集　株式会社　講談社サイエンティフィク
　　　　代表　堀越俊一
〒162-0825　東京都新宿区神楽坂 2-14　ノービィビル
　　編　集　(03) 3235-3701

本文データ制作　株式会社　トップスタジオ
印刷・製本　株式会社　KPSプロダクツ

落丁本・乱丁本は、購入書店名を明記のうえ、講談社業務宛にお送り下さい。送料小社負担にてお取替えします。
なお、この本の内容についてのお問い合わせは講談社サイエンティフィク宛にお願いいたします。定価はカバーに表示してあります。
© Y. Toyoda, K. Matsumoto, S. Yoshikawa, 2024

本書のコピー、スキャン、デジタル化等の無断複製は著作権法上での例外を除き禁じられています。本書を代行業者等の第三者に依頼してスキャンやデジタル化することはたとえ個人や家庭内の利用でも著作権法違反です。

[JCOPY]〈(社) 出版者著作権管理機構　委託出版物〉
複写される場合は、その都度事前に (社) 出版者著作権管理機構 (電話 03-5244-5088, FAX 03-5244-5089, e-mail: info@jcopy.or.jp) の許諾を得て下さい。

Printed in Japan
ISBN 978-4-06-536957-9